概率论与数理统计学习指导

主编　王殿坤

科学出版社

北　京

内 容 简 介

　　本书是《概率论与数理统计》(王殿坤主编)的配套学习参考资料. 本书完全与教材内容对接, 共分为两大部分. 第一章到第五章为概率论部分, 第六章到第九章为数理统计部分. 每章包括基本内容、基本要求、扩展例题与习题详解, 并且在最后为读者设计了概率论、概率论与数理统计的自测题, 方便读者对自己所学的知识进行测试, 及时掌握自己的学习情况.

　　本书可作为高等院校非数学专业概率论与数理统计教材的学习指导, 也可以为参加研究生入学考试的读者提供参考.

图书在版编目(CIP)数据

概率论与数理统计学习指导 / 王殿坤主编. —北京: 科学出版社, 2021.8
ISBN 978-7-03-069363-1

Ⅰ. ①概… Ⅱ. ①王… Ⅲ. ①概率论-高等学校-教学参考资料
②数理统计-高等学校-教学参考资料 Ⅳ. ①O21

中国版本图书馆 CIP 数据核字(2021)第 138978 号

责任编辑: 胡云志　范培培 / 责任校对: 彭珍珍
责任印制: 霍　兵 / 封面设计: 蓝正设计

科 学 出 版 社 出版
北京东黄城根北街 16 号
邮政编码: 100717
http://www.sciencep.com

石家庄继文印刷有限公司 印刷

科学出版社发行　各地新华书店经销

*

2021 年 8 月第 一 版　开本: 720×1000　1/16
2024 年 1 月第七次印刷　印张: 12 1/2
字数: 273 800

定价: 39.00 元
(如有印装质量问题, 我社负责调换)

编　委　会

主　编　王殿坤

副主编　王敏会　袁冬梅　于加举

　　　　李桂玲　李冬梅　王广彬

编　委　（按姓名拼音排序）

　　　　程　冰　李冬梅　李桂玲　孙金领

　　　　王　萍　王殿坤　王广彬　王敏会

　　　　王忠锐　尹晓翠　于加举　袁冬梅

前　言

　　概率论与数理统计是高等院校大部分本科专业的重要专业基础课之一, 它以高等数学为基础, 研究随机现象的统计规律, 其概念与理论具有高度的抽象性, 学生在学习过程中会遇到很大的困难. 为了帮助读者更好地学习和理解本学科的知识、提高学习效率, 经过总结多年的教学经验, 在前人的工作基础上, 我们编写了本书与《概率论与数理统计》配套. 本书内容丰富、结构合理, 可以帮助读者快速掌握所学的知识, 提高应用概率知识解决实际问题的能力. 每章的内容分为四个部分.

　　一、基本内容. 把教材中的内容进行梳理、归纳、总结, 抽取教材中重要的概念、定理和公式, 方便读者在学习过程中快速查找, 提高学习效率.

　　二、基本要求. 教学基本要求对教材的内容进行分级, 分为熟练掌握、掌握、了解等几个层次, 有利于读者了解每一章节内容的性质、在教学过程中的地位以及考核重点. 它是课堂教学实施的基本保障.

　　三、扩展例题. 每章都配有扩展例题及详细的求解过程. 这部分例题是对教材例题、练习题的补充、拓展和提高. 有些题目来自历年研究生入学考试的真题, 都与章节内容相匹配, 能够准确体现考研大纲与教学大纲的要求, 帮助学有余力的读者提高分析综合问题的能力, 加深对所学知识的理解.

　　四、习题详解. 本部分对主教材中的所有课后习题、自测题都给出了答案和详细的求解过程, 可以帮助读者检验自己的学习成果, 达到自查自纠的学习效果.

　　本书最后附有 3 套概率论和 3 套概率论与数理统计的自测题, 试题类型多样、题目难易适中, 符合教学大纲的基本要求, 可以作为读者检验学习本课程效果的依据.

　　所有的编者都希望编写一本适合本科教学的优质辅导书, 也为此付出了辛苦的劳动, 由于编者水平有限, 难免会出现不足之处. 恳请各位读者批评指正, 多提宝贵意见和建议, 以使本书再版时能得到很大的改善和提高.

王敏坤

2021 年 3 月

目 录

第一章　概率论基础

一、基本内容

1. 随机试验与样本空间

具有下列三个特性的试验称为随机试验:

(1) 试验可以在相同的条件下重复地进行;

(2) 每次试验的可能结果不止一个, 但事先知道每次试验所有可能的结果;

(3) 每次试验都会出现上述可能结果中的某一个, 但事先不能确定哪一个结果会出现.

试验的所有可能结果所组成的集合称为样本空间, 用 Ω 表示, 每一个结果称为样本空间中的样本点, 记作 ω.

2. 随机事件

样本空间 Ω 的任一子集称为随机事件(简称事件). 通常把必然事件(记作 Ω)与不可能事件(记作 $\varnothing$)看作特殊的随机事件.

3. 事件的关系及运算

(1) 事件的包含: 若事件 A 发生必然导致事件 B 发生, 则称事件 B 包含事件 A, 记作 $A \subset B$(或 $B \supset A$).

(2) 事件的相等: 若两事件 A 与 B 相互包含, 即 $A \subset B$ 且 $B \subset A$, 则称事件 A 与事件 B 相等, 记作 $A = B$.

(3) 和事件: 事件 A 与事件 B 至少发生一个的事件称为 A 与 B 的和事件, 记作 $A \cup B$; n 个事件 $A_1, A_2, \cdots, A_n$ 中至少有一个发生的事件称为 $A_1, A_2, \cdots, A_n$ 的和, 记作 $A_1 \cup A_2 \cup \cdots \cup A_n \left(简记为 \bigcup\limits_{i=1}^{n} A_i\right)$.

(4) 积事件: 事件 A 与事件 B 同时发生的事件称为事件 A 与事件 B 的积事件, 记作 $A \cap B$(简记为 AB); n 个事件 $A_1, A_2, \cdots, A_n$ 同时发生的事件称为 $A_1, A_2, \cdots, A_n$ 的积事件, 记作 $A_1 \cap A_2 \cap \cdots \cap A_n \left(简记为 A_1 A_2 \cdots A_n 或 \bigcap\limits_{i=1}^{n} A_i\right)$.

(5) 互不相容事件: 若事件 A 和事件 B 不能同时发生, 即 $AB = \varnothing$, 那么称事件 A 与事件 B 互不相容(或互斥); 若 n 个事件 $A_1, A_2, \cdots, A_n$ 中任意两个事件不能同时发生,

即 $A_iA_j = \varnothing (1 \leqslant i < j \leqslant n)$，则称事件 $A_1, A_2, \cdots, A_n$ 两两互不相容.

(6) 差事件: 若事件 A 发生且事件 B 不发生, 则称这个事件为事件 A 与事件 B 的差事件, 记作 $A - B$ (或 $A\overline{B}$ 或 $A - AB$).

(7) 对立事件: 若事件 A 和事件 B 满足 $A \cup B = \Omega$, $A \cap B = \varnothing$, 则称事件 A 与事件 B 是对立的. 事件 A 的对立事件(或逆事件)记作 $\overline{A}$.

(8) 事件的运算律.

① 交换律: 对任意两个事件 A 和 B 有

$$A \cup B = B \cup A, \quad A \cap B = B \cap A.$$

② 结合律: 对任意事件 A, B, C 有

$$A \cup (B \cup C) = (A \cup B) \cup C,$$
$$A \cap (B \cap C) = (A \cap B) \cap C.$$

③ 分配律: 对任意事件 A, B, C 有

$$(A \cup B) \cap C = (A \cap C) \cup (B \cap C),$$
$$(A \cap B) \cup C = (A \cup C) \cap (B \cup C).$$

④ 对偶律(德·摩根(De Morgan)律): 对任意事件 A 和事件 B 有

$$\overline{A \cup B} = \overline{A} \cap \overline{B},$$
$$\overline{A \cap B} = \overline{A} \cup \overline{B}.$$

4. 频率的定义

若随机事件 A 在 n 次重复试验中发生了 n_A 次, 则称 n_A 为 A 在这 n 次试验中发生的频数, 称 $f_n(A) = \dfrac{n_A}{n}$ 为 A 在这 n 次试验中发生的频率.

5. 概率的统计定义

在相同的条件下, 重复进行 n 次试验, 如果随着试验次数的增大, 事件 A 出现的频率 $f_n(A)$ 稳定地在某一确定的常数 p 附近摆动, 则称常数 p 为事件 A 发生的概率. 记为 $P(A) = p$, 这个定义称为概率的统计定义.

6. 概率的古典定义

具有下列两个特征的随机试验的数学模型称为古典概型:

(1) 试验的样本空间 Ω 是个有限集, 不妨记作 $\Omega = \{\omega_1, \omega_2, \cdots, \omega_n\}$;

(2) 在每次试验中, 每个样本点 $\omega_i (i = 1, 2, \cdots, n)$ 发生的概率相同, 即

$$P(\omega_1) = P(\omega_2) = \cdots = P(\omega_n).$$

在古典概型中, 规定事件 A 的概率为

$$P(A) = \frac{n_A}{n},$$

n_A 表示 A 中基本事件的个数；n 表示 Ω 中基本事件的个数.

7. 概率的几何定义

如果随机试验的样本空间是一个区域(可以是直线上的区间、平面或空间中的区域)，且样本空间中每个试验结果的出现具有等可能性，那么规定事件 A 的概率为

$$P(A) = \frac{m_A}{m_\Omega},$$

m_A 表示 A 的度量(长度、面积或体积)；m_Ω 表示 Ω 的度量(长度、面积或体积).

8. 概率的公理化定义

设随机试验的样本空间为 Ω，随机事件 A 是 Ω 的子集，$P(A)$ 是实值函数，若满足下列三条公理：

公理 1 (非负性) 对于任一随机事件 A，有 $P(A) \geqslant 0$；

公理 2 (规范性) 对于必然事件 Ω，有 $P(\Omega) = 1$；

公理 3 (可列可加性) 对于两两互不相容的事件 $A_1, A_2, \cdots, A_i, \cdots$，有

$$P\left(\bigcup_{i=1}^{+\infty} A_i\right) = \sum_{i=1}^{+\infty} P(A_i),$$

则称 $P(A)$ 为随机事件 A 的概率.

9. 概率的性质

性质 1 $P(\varnothing) = 0$.

性质 2 (有限可加性) 若 $A_1, A_2, \cdots, A_n$ 两两互不相容，则 $P\left(\bigcup_{i=1}^{n} A_i\right) = \sum_{i=1}^{n} P(A_i)$.

性质 3 若 $\overline{A}$ 为 A 的对立事件，则 $P(\overline{A}) = 1 - P(A)$.

性质 4 (差公式) 对任意事件 A, B，有 $P(A - B) = P(A) - P(AB)$.

推论 若 $B \subset A$，则 $P(A - B) = P(A) - P(B)$，且 $P(A) \geqslant P(B)$.

性质 5 对任意两个事件 A, B 有

$$P(A \bigcup B) = P(A) + P(B) - P(AB).$$

10. 条件概率

设 A, B 为随机试验 E 的两个随机事件，Ω 为样本空间，如果 $P(B) > 0$，称

$$P(A \mid B) = \frac{P(AB)}{P(B)}$$

为在事件 B 发生的条件下 A 发生的条件概率.

11. 乘法公式

对于任意两个事件 A 与 B, 有

$$P(AB) = P(B)P(A \mid B), \quad P(B) > 0,$$

$$P(AB) = P(A)P(B \mid A), \quad P(A) > 0.$$

12. 事件的独立性

设 A, B 为两个事件, 如果 $P(AB) = P(A)P(B)$, 则称事件 A 与事件 B 相互独立.

一般地, 设 $A_1, A_2, \cdots, A_n$ 是 n 个事件, 若对于其中任意 k 个事件 $A_{i_1}, A_{i_2}, \cdots, A_{i_k}$ $(1 \leqslant i_1 < i_2 < \cdots < i_k \leqslant n)$, 都有 $P(A_{i_1} A_{i_2} \cdots A_{i_k}) = P(A_{i_1}) P(A_{i_2}) \cdots P(A_{i_k})$, 则称事件 $A_1, A_2, \cdots, A_n$ 相互独立. 这里实际上包含了 $2^n - n - 1$ 个等式.

13. 全概率公式

设 Ω 是随机试验 E 的样本空间, B 为 Ω 中的一个事件, $A_1, A_2, \cdots, A_n$ 为 Ω 的一个划分, 且 $P(A_i) > 0$, 则

$$P(B) = \sum_{i=1}^{n} P(A_i) P(B \mid A_i).$$

14. 贝叶斯公式

设 Ω 是随机试验 E 的样本空间, $A_1, A_2, \cdots, A_n$ 为 Ω 的一个划分, 且 $P(A_j) > 0$, B 为 Ω 中的任一事件, $P(B) > 0$, 则

$$P(A_j \mid B) = \frac{P(A_j) P(B \mid A_j)}{\sum_{i=1}^{n} P(A_i) P(B \mid A_i)}, \quad j = 1, 2, \cdots, n.$$

15. 伯努利概型与二项概率公式

设 A 为试验 E 的事件, $P(A) = p$, 在相同的条件下, 重复地做 n 次试验, 且各试验及其结果都是相互独立的, 如果每次试验都只有两个可能结果, 称这一类试验为 n 重伯努利试验, 或 n 重伯努利概型.

设在一次试验中事件 A 出现的概率为 p $(0 < p < 1)$, 在 n 重伯努利试验中, 事件 A 恰好出现 k 次的概率为

$$P_n(k) = C_n^k p^k (1-p)^{n-k} \quad (k = 0, 1, 2, \cdots, n),$$

这个公式称为**二项概率公式**.

二、基 本 要 求

(1) 理解样本空间、随机事件、概率、条件概率、事件的独立性、独立重复试验等基本概念.

(2) 掌握事件的关系及计算、概率的基本性质; 会计算古典概率和几何概率; 熟练掌握概率的加法公式、减法公式、乘法公式、全概率公式以及贝叶斯公式; 会用事件独立性进行概率计算; 会用重复独立试验计算有关事件的概率.

三、扩 展 例 题

例1 (2018 年考研真题) 设随机事件 A 与 B 相互独立, A 与 C 相互独立, $BC = \varnothing$, 若 $P(A) = P(B) = \dfrac{1}{2}$, $P(AC \mid AB \cup C) = \dfrac{1}{4}$, 则 $P(C) = ($).

解 $P(AC \mid AB \cup C) = \dfrac{P(AC(AB \cup C))}{P(AB \cup C)} = \dfrac{1}{4}$, 其中

$$P(AC(AB \cup C)) = P(ABC \cup AC) = P(AC) = P(A)P(C) = \frac{1}{2}P(C),$$

$$P(AB \cup C) = P(AB) + P(C) = P(A)P(B) + P(C) = \frac{1}{2} \cdot \frac{1}{2} + P(C) = \frac{1}{4} + P(C).$$

所以, $\dfrac{1}{4} = \dfrac{\dfrac{1}{2}P(C)}{\dfrac{1}{4} + P(C)}$, 即 $P(C) = \dfrac{1}{8} + \dfrac{1}{2}P(C)$, 解得 $P(C) = \dfrac{1}{4}$.

例 2 (2019 年考研真题) 设 A, B 为随机事件, 则 $P(A) = P(B)$ 的充分必要条件为 ( ).

A. $P(A \cup B) = P(A) + P(B)$;   B. $P(AB) = P(A)P(B)$;

C. $P(A\bar{B}) = P(B\bar{A})$;   D. $P(AB) = P(\bar{A}\,\bar{B})$.

解 $P(A\bar{B}) = P(A) - P(AB) = P(B\bar{A}) = P(B) - P(AB) \Leftrightarrow P(A) = P(B)$, 故选 C. A 选项是互斥, B 选项是独立, D 选项推不出来.

例 3 (2017 年考研真题) 设 A, B 为随机事件, 若 $0 < P(A) < 1$, $0 < P(B) < 1$, 则 $P(A \mid B) > P(A \mid \bar{B})$ 的充分必要条件为 ( ).

A. $P(B \mid A) > P(B \mid \bar{A})$;   B. $P(B \mid A) < P(B \mid \bar{A})$;

C. $P(\bar{B} \mid A) > P(B \mid \bar{A})$;   D. $P(\bar{B} \mid A) < P(B \mid \bar{A})$.

解 题设条件 $P(A \mid B) > P(B \mid \bar{A})$ 等价于

$$\frac{P(AB)}{P(B)} > \frac{P(A\overline{B})}{P(\overline{B})} = \frac{P(A) - P(AB)}{1 - P(B)},$$

即 $P(AB) - P(B)P(AB) > P(A)P(B) - P(B)P(AB)$，即 $P(AB) > P(A)P(B)$．

总之，$P(A|B) > P(A|\overline{B})$ 的充分必要条件为 $P(AB) > P(A)P(B)$．

由 $P(B|A) > P(B|\overline{A})$ 也可得 $P(AB) > P(A)P(B)$，故选 A．

例 4 (2016 年考研真题) 设 A,B 为随机事件，$0 < P(A) < 1$，$0 < P(B) < 1$，若 $P(A|B) = 1$，则下面正确的是( )．

A. $P(\overline{B}|\overline{A}) = 1$；   B. $P(A|\overline{B}) = 0$；

C. $P(A+B) = 1$；   D. $P(B|A) = 1$．

解 由题设条件 $P(A|B) = 1$ 可得 $P(AB) = P(B)$，

$$P(\overline{B}|\overline{A}) = \frac{P(\overline{A}\overline{B})}{P(\overline{A})} = \frac{1 - P(A\cup B)}{1 - P(A)} = \frac{1 - P(A) - P(B) + P(AB)}{1 - P(A)} = 1.$$

故选 A．

例 5 (2015 年考研真题) 设 A,B 为随机事件，则( )．

A. $P(AB) \leqslant P(A)P(B)$；   B. $P(AB) \geqslant P(A)P(B)$；

C. $P(AB) \leqslant \dfrac{P(A)+P(B)}{2}$；   D. $P(AB) \geqslant \dfrac{P(A)+P(B)}{2}$．

解 由于 $AB \subset A\cup B$，故 $P(AB) \leqslant P(A\cup B)$．又根据加法公式 $P(A\cup B) = P(A) + P(B) - P(AB)$，所以 $P(AB) \leqslant P(A) + P(B) - P(AB)$，即 $2P(AB) \leqslant P(A) + P(B)$，即 $P(AB) \leqslant \dfrac{P(A)+P(B)}{2}$，故选 C．

四、习 题 详 解

习题 1-1

1. 写出下列随机试验的样本空间:

(1) 抛三枚硬币, 观察出现的正反面情况;

(2) 抛三颗骰子, 观察出现的点数;

(3) 连续抛一枚硬币, 直到出现正面为止;

(4) 在某十字路口, 观察一小时内通过的机动车辆数;

(5) 观察某城市一天内的用电量.

解 (1) $\Omega = \{(0,0,0),(0,0,1),(0,1,0),(1,0,0),(0,1,1),(1,0,1),(1,1,0),(1,1,1)\}$，共含有 $2^3 = 8$ 个样本点, 其中 0 表示反面, 1 表示正面.

(2) $\Omega = \{(x,y,z) \mid x,y,z = 1,2,3,4,5,6\}$, 含有 $6^3 = 216$ 个样本点.

(3) $\Omega = \{(1),(0,1),(0,0,1),(0,0,0,1),\cdots\}$, 含有可列个样本点, 其中 0 表示反面, 1 表

示正面.

(4) $\Omega = \{0, 1, 2, \cdots\}$，含有可列个样本点.

(5) $\Omega = \{t \mid t \geqslant 0\}$，含有无穷个样本点.

2. 某工人生产了 n 个零件，以事件 A_i $(1 \leqslant i \leqslant n)$ 表示他生产的第 i 个零件是合格品，用 A_i 表示下列事件：

(1) 没有一个零件是不合格品；

(2) 至少有一个零件是不合格品.

解　(1) $\bigcap\limits_{i=1}^{n} A_i$；(2) $\overline{\bigcap\limits_{i=1}^{n} A_i} = \bigcup\limits_{i=1}^{n} \overline{A_i}$.

3. 考察某养鸡场的 10 只小鸡在一年后能有几只产蛋. 设 A＝"只有 5 只产蛋"，B＝"至少有 5 只产蛋"，C＝"最多有 4 只产蛋"，试问：

(1) A 与 B，A 与 C，B 与 C 是否为互不相容事件？

(2) A 与 B，A 与 C，B 与 C 是否为对立事件？

解　(1) A 与 C，B 与 C 为互不相容事件；(2) B 与 C 为对立事件.

习题 1-2

1. 有 5 条线段，长度分别为 1, 3, 5, 7, 9，任取 3 条，求恰好能构成三角形的概率.

解　Ω 中含样本点的总数为 $n = C_5^3$，设 A＝"3 条线段恰好能构成三角形"，则 $n_A = 3$，故 $P(A) = \dfrac{n_A}{n} = \dfrac{3}{C_5^3} = \dfrac{3}{10}$.

2. 设袋中有 4 个白球和 2 个黑球，现从袋中依次取出 2 个球，分别就无放回取球和有放回取球两种情况，求：

(1) 这 2 个球都是白球的概率；

(2) 取到 2 个颜色相同球的概率.

解　设 A＝"2 个球都是白球"，B＝"取到 2 个球颜色相同".

无放回取球：Ω 中含样本点的总数为 $n = C_6^2$，$n_A = C_4^2$，$n_B = C_4^2 + C_2^2$，故

(1) $P(A) = \dfrac{n_A}{n} = \dfrac{C_4^2}{C_6^2} = 0.4$；　(2) $P(B) = \dfrac{n_B}{n} = \dfrac{C_4^2 + C_2^2}{C_6^2} = \dfrac{7}{15}$.

有放回取球：Ω 中含样本点的总数为 $n = 6^2$，$n_A = 4^2$，$n_B = 4^2 + 2^2$，故

(1) $P(A) = \dfrac{n_A}{6^2} = \dfrac{4^2}{6^2} = \dfrac{4}{9}$；　(2) $P(B) = \dfrac{n_B}{n} = \dfrac{4^2 + 2^2}{6^2} = \dfrac{5}{9}$.

3. 已知 10 个灯泡中有 7 个正品、3 个次品，从中不放回地抽取两次，每次取一个灯泡，求：

(1) 取出的两个灯泡都是正品的概率；　　(2) 取出的两个灯泡都是次品的概率；

(3) 取出一个正品、一个次品的概率；　　(4) 第二次取出的灯泡是次品的概率.

解 (1) $\dfrac{7\times6}{10\times9}=\dfrac{7}{15}$;   (2) $\dfrac{3\times2}{10\times9}=\dfrac{1}{15}$;

(3) $\dfrac{C_2^1\times7\times3}{10\times9}=\dfrac{7}{15}$;   (4) $\dfrac{7\times3+3\times2}{10\times9}=\dfrac{3}{10}$.

4. 将 3 个球随机地投入到 5 个盒子中, 求:

(1) 有 3 个盒子中各有 1 个球的概率;

(2) 3 个球放入 1 个盒子中的概率;

(3) 1 个盒子中有 2 个球, 另 1 个盒子中有 1 个球的概率.

解 (1) $\dfrac{A_5^3}{5^3}=\dfrac{C_5^3\times3!}{5^3}=\dfrac{12}{25}$;   (2) $\dfrac{C_5^1}{5^3}=\dfrac{1}{25}$;   (3) $\dfrac{C_5^1\times C_3^2\times C_4^1}{5^3}=\dfrac{12}{25}$.

5. (生日问题) 设某班级有 n 个人 ($n\leqslant365$), 求至少有两个人的生日在同一天的概率.

解 假定一年按 365 天计算, 每个人的生日在 365 天中的任一天是等可能的, 令 $A=\{n$个人中至少有两个人的生日相同$\}$, $B=\{n$个人的生日全不相同$\}$, 则

$$P(A)=P(\bar B)=1-P(B)=1-\dfrac{C_{365}^n\cdot n!}{365^n}.$$

6. 在 11 张卡片上分别写上 engineering 这 11 个字母, 从中任意连抽 6 张, 求依次排列结果为 ginger 的概率.

解 所求概率为 $\dfrac{C_2^1 C_2^1 C_3^1 C_1^1 C_3^1 C_1^1}{A_{11}^6}=\dfrac{1}{9240}$ 或 $\dfrac{2}{11}\times\dfrac{2}{10}\times\dfrac{3}{9}\times\dfrac{1}{8}\times\dfrac{3}{7}\times\dfrac{1}{6}=\dfrac{1}{9240}$.

7. 已知在 3 千米^{2}森林里有一只老虎, 若随机选择 $\dfrac{1}{30}$ 千米^{2}森林, 求恰好发现老虎的概率.

解 设 $A=$"恰好发现老虎", $P(A)=\dfrac{\dfrac{1}{30}}{3}=\dfrac{1}{90}$.

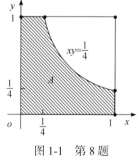

图 1-1 第 8 题

8. 在区间 $(0,1)$ 内任取两个数, 求它们的乘积不大于 $\dfrac{1}{4}$ 的概率.

解 设 x 和 y 表示任取的两个数, 视 (x,y) 为随机点, 它落入正方形区域 $\Omega=\{(x,y)\,|\,0<x<1,0<y<1\}$ 内(图 1-1), 记 $A=\left\{(x,y)\Big|xy\leqslant\dfrac{1}{4},0<x<1,0<y<1\right\}$, 则 (x,y) 应位于图 1-1 中阴影部分区域内, 由几何概率公式, 有

$$P(A)=\dfrac{m(A)}{m(\Omega)}=\dfrac{\dfrac{1}{4}\times1+\displaystyle\int_{\frac{1}{4}}^{1}\dfrac{1}{4x}\mathrm{d}x}{1\times1}$$

$$= \frac{1}{4} + \frac{1}{4}\left(0 - \ln\frac{1}{4}\right) = \frac{1 + 2\ln 2}{4} = 0.597.$$

习题 1-3

1. 设 A, B 为两事件，且 $P(A) = p, P(AB) = P(\overline{A} \cap \overline{B})$，求 $P(B)$.

解　$P(\overline{A} \cap \overline{B}) = P(\overline{A \cup B}) = 1 - P(A \cup B) = 1 - P(A) - P(B) + P(AB)$，故

$$P(B) = 1 - P(A) = 1 - p.$$

2. 设 A, B 是两个事件，且 $P(A) = 0.7$，$P(A - B) = 0.4$，求 $P(\overline{AB})$.

解　由于 $A - B = A - AB$，且 $AB \subset A$，所以 $P(A - B) = P(A) - P(AB)$，于是

$$P(AB) = P(A) - P(A - B) = 0.7 - 0.4 = 0.3,$$

因此

$$P(\overline{AB}) = 1 - P(AB) = 1 - 0.3 = 0.7.$$

3. $P(A) = 0.4, P(B) = 0.3, P(A \cup B) = 0.6$，求:

(1) $P(AB)$;　　　　　(2) $P(A\overline{B})$;　　　　　(3) $P(\overline{A}\overline{B})$.

解　(1)因为 $P(A \cup B) = P(A) + P(B) - P(AB)$，所以有

$$P(AB) = P(A) + P(B) - P(A \cup B) = 0.4 + 0.3 - 0.6 = 0.1;$$

(2) 因为 $P(A\overline{B}) = P(A - B) = P(A) - P(AB)$，所以有 $P(A\overline{B}) = 0.4 - 0.1 = 0.3$;

(3) 因为 $P(\overline{A}\overline{B}) = P(\overline{A \cup B}) = 1 - P(A \cup B)$，所以有 $P(\overline{A}\overline{B}) = 1 - 0.6 = 0.4$.

4. 设 A, B 是两个事件，证明 $P(AB) = 1 - P(\overline{A}) - P(\overline{B}) + P(\overline{A}\overline{B})$.

证明　法一: 因为 $P(A \cup B) = P(A) + P(B) - P(AB)$，故

$$\begin{aligned}
P(AB) &= P(A) + P(B) - P(A \cup B)\\
&= [1 - P(\overline{A})] + [1 - P(\overline{B})] - [1 - P(\overline{A \cup B})]\\
&= 1 - P(\overline{A}) - P(\overline{B}) + P(\overline{A \cup B})\\
&= 1 - P(\overline{A}) - P(\overline{B}) + P(\overline{A}\overline{B}).
\end{aligned}$$

法二:　$\begin{aligned}[t]
P(AB) &= 1 - P(\overline{AB}) = 1 - P(\overline{A} \cup \overline{B})\\
&= 1 - [P(\overline{A}) + P(\overline{B}) - P(\overline{A}\overline{B})]\\
&= 1 - P(\overline{A}) - P(\overline{B}) + P(\overline{A}\overline{B}).
\end{aligned}$

习题 1-4

1. 设随机事件 A, B 相互独立，$P(\overline{A}\overline{B}) = \frac{1}{25}$，$P(A\overline{B}) = P(\overline{A}B)$，求 $P(\overline{A})$.

解　因为 $P(\overline{A}\overline{B}) = 1 - P(A \cup B) = \frac{1}{25}$，故 $P(A \cup B) = P(A) + P(B) - P(AB) = \frac{24}{25}$.

由 $P(A\overline{B}) = P(\overline{A}B)$，有 $P(A) - P(AB) = P(B) - P(AB)$，故 $P(A) = P(B)$．又由已知 A, B 相互独立，所以有 $P(A) + P(A) - P^2(A) = \dfrac{24}{25}$，解得 $P(A) = \dfrac{4}{5}$．故 $P(\overline{A}) = \dfrac{1}{5}$．

2. 掷两颗均匀的骰子，已知第一颗掷出 6 点，求掷出点数之和不小于 10 的概率．

解　设 $A =$ "掷出点数之和不小于 10"，$B =$ "第一颗掷出 6 点"，则

$$P(A \mid B) = \frac{P(AB)}{P(B)} = \frac{3/36}{6/36} = \frac{1}{2}.$$

3. 已知某国家男性公民寿命大于 60 岁的概率为 70%，大于 50 岁的概率为 85%，若该国某男性公民今年已 50 岁，求他活到 60 岁的概率．

解　设事件 $A =$ "某人活到 50 岁"，事件 $B =$ "某人活到 60 岁"，则

$$P(B \mid A) = \frac{P(AB)}{P(A)} = \frac{P(B)}{P(A)} = \frac{70\%}{85\%} = 0.8235.$$

4. 假设一批产品中一、二、三等品各占 60%, 30%, 10%，从中任意取出一件，结果不是三等品，求取到的是一等品的概率．

解　设 $A_i = \{$取出的产品为第 i 等品$\}(i = 1, 2, 3)$，则 A_1, A_2, A_3 互不相容．故所求概率为

$$P(A_1 \mid A_1 \bigcup A_2) = \frac{P(A_1 \bigcap (A_1 \bigcup A_2))}{P(A_1 \bigcup A_2)} = \frac{P(A_1)}{P(A_1 \bigcup A_2)} = \frac{P(A_1)}{P(A_1) + P(A_2)} = \frac{0.6}{0.6 + 0.3} = \frac{2}{3}.$$

5. 设 $P(A) = 0.6, P(B) = 0.8, P(A \mid B) = 0.7$，求 $P(B \mid A)$．

解　$P(AB) = P(B)P(A \mid B) = 0.8 \times 0.7 = 0.56$，所以

$$P(B \mid A) = \frac{P(AB)}{P(A)} = \frac{0.56}{0.6} = 0.93.$$

6. 设袋中装有 r 个红球，t 个白球，每次自袋中任取一个球，观察其颜色后放回，并再放入 a 个与所取出的那个球同色的球．若在袋中连续取球四次，试求第一、二次取到红球且第三、四次取到白球的概率．

解　以 A_i $(i = 1, 2, 3, 4)$ 表示事件 "第 i 次取到红球"，则所求概率为

$$P(A_1 A_2 \overline{A_3} \overline{A_4}) = P(A_1)P(A_2 \mid A_1)P(\overline{A_3} \mid A_1 A_2)P(\overline{A_4} \mid A_1 A_2 \overline{A_3})$$

$$= \frac{r}{r+t} \cdot \frac{r+a}{r+t+a} \cdot \frac{t}{r+t+2a} \cdot \frac{t+a}{r+t+3a}.$$

7. 三个人独立地猜一个谜语，个人单独能猜出的概率分别为 0.2, 0.25, 0.3，求能将这个谜语猜出的概率．

解　设 $A = \{$能将这个迷语猜出$\}$，

$$P(A) = 1 - P(\overline{A}) = 1 - (1 - 0.2)(1 - 0.25)(1 - 0.3) = 0.58.$$

8. 从某单位外打电话给该单位某一办公室要由单位总机转进，若总机打通的概率

为 0.6, 办公室的分机占线率为 0.3, 设二者是独立的, 求从单位外向该办公室打电话能打通的概率.

解 设 $B = \{$从外向办公室打通电话$\}$, $A_1 = \{$总机打通$\}$, $A_2 = \{$办公室不占线$\}$,

$$P(B) = P(A_1 A_2) = P(A_1) P(A_2) = 0.6 \times (1 - 0.3) = 0.42 .$$

习题 1-5

1. 一等麦种混入 2% 的二等麦种、1.5% 的三等麦种、1% 的四等麦种, 一、二、三、四等麦种发出的穗结 50 颗以上麦粒的概率分别为 0.5, 0.15, 0.1, 0.05, 求用这批麦种播种时, 发出的穗结 50 颗麦粒以上的概率.

解 设 $A_i = $ "麦种为 i 等", $B = $ "发出的穗结 50 颗以上麦粒", A_i 两两互不相容且 $A_1 \cup A_2 \cup A_3 \cup A_4 = \Omega$, 由全概率公式得

$$P(B) = \sum_{i=1}^{4} P(A_i) P(B \mid A_i)$$
$$= 0.955 \times 0.5 + 0.02 \times 0.15 + 0.015 \times 0.1 + 0.01 \times 0.05 = 0.4825.$$

2. 有三个箱子, 分别编号为 1,2,3, 1 号箱有 1 个红球、4 个白球, 2 号箱有 2 个红球、3 个白球, 3 号箱有 3 个红球, 某人从三箱中任取一箱, 从中随机地取一个球, 求取到红球的概率.

解 设 $A_i = $ "任取一箱为 i 号箱", $i = 1,2,3$. $B = $ "任取一球取到红球", 则

$$P(A_i) = \frac{1}{3} (i = 1,2,3), \quad P(B \mid A_1) = \frac{1}{5}, \quad P(B \mid A_2) = \frac{2}{5}, \quad P(B \mid A_3) = 1,$$

由全概率公式得

$$P(B) = \sum_{i=1}^{3} P(A_i) P(B \mid A_i) = \frac{8}{15} .$$

3. 已知男性中有 5% 是色盲患者, 女性中有 0.25% 是色盲患者, 今从男女人数相等的人群中随机挑选一人, 恰好是色盲患者, 求此人是男性的概率.

解 设 $A = \{$任选一人是男性$\}$, $\bar{A} = \{$任选一人是女性$\}$, $B = \{$任选一人是色盲患者$\}$, 故

$$P(B) = P(A) P(B \mid A) + P(\bar{A}) P(B \mid \bar{A}) = \frac{1}{2} \times 5\% + \frac{1}{2} \times 0.25\% = 0.02625 ;$$

$$P(A \mid B) = \frac{P(A) P(B \mid A)}{P(B)} = \frac{20}{21} .$$

4. 在通信网络中装有密码钥匙, 设全部收到的信息中有 95% 是可信的, 又设全部不可信的信息中只有 0.1% 是使用密码钥匙传送的, 而全部可信信息是使用密码钥匙传送的. 求由密码钥匙传送的信息是可信信息的概率.

解 设 $A = $ "信息是使用密码钥匙传送的", $B = $ "信息是可信的".

根据贝叶斯公式, 有

$$P(B\,|\,A) = \frac{P(AB)}{P(A)} = \frac{P(B)P(A\,|\,B)}{P(B)P(A\,|\,B) + P(\bar{B})P(A\,|\,\bar{B})}$$

$$= \frac{95\% \times 1}{95\% \times 1 + 5\% \times 0.1\%} = \frac{19000}{19001} = 99.9947\%.$$

5. 已知一批产品中有 95%是合格品, 检验产品质量时, 一个合格品被误判为次品的概率为 0.02, 一个次品被误判为合格品的概率是 0.03. 求:

(1) 任意抽查一个产品, 它被判为合格品的概率;

(2) 如果一个产品经检查被判为合格, 那么它确实是合格品的概率.

解 记 $A_1 = \{$产品是合格品$\}$, $A_2 = \{$产品是不合格品$\}$, $B = \{$产品被判为合格品$\}$.

(1) 由全概率公式得

$$P(B) = P(A_1)P(B\,|\,A_1) + P(A_2)P(B\,|\,A_2)$$

$$= 95\% \times 0.98 + 5\% \times 0.03 = 0.9325.$$

(2) 由贝叶斯公式得

$$P(A_1\,|\,B) = \frac{P(A_1)P(B\,|\,A_1)}{P(B)} = 0.998\,.$$

6. 某射击小组共有 20 名射手, 其中一级射手 4 人、二级射手 8 人、三级射手 7 人、四级射手 1 人, 一、二、三、四级射手能通过选拔进入比赛的概率分别是 0.9, 0.7, 0.5, 0.2.

(1) 求任选一名射手, 能通过选拔进入比赛的概率;

(2) 若已知一名射手被选拔进入了比赛, 求他是一级射手的概率.

解 $A_i =$ "所选射手为 i 级", $i = 1,2,3,4$, $B =$ "射手被选拔进入比赛", 则

$$P(A_1) = \frac{1}{5}, \quad P(A_2) = \frac{2}{5}, \quad P(A_3) = \frac{7}{20}, \quad P(A_4) = \frac{1}{20},$$

$$P(B\,|\,A_1) = 0.9, \quad P(B\,|\,A_2) = 0.7, \quad P(B\,|\,A_3) = 0.5, \quad P(B\,|\,A_4) = 0.2.$$

(1) 根据全概率公式

$$P(B) = \sum_{i=1}^{4} P(A_i)P(B\,|\,A_i)$$

$$= \frac{1}{5} \times 0.9 + \frac{2}{5} \times 0.7 + \frac{7}{20} \times 0.5 + \frac{1}{20} \times 0.2 = \frac{129}{200} = 0.645.$$

(2) 由贝叶斯公式

$$P(A_1\,|\,B) = \frac{P(A_1)P(B\,|\,A_1)}{P(B)} = \frac{\dfrac{1}{5} \times 0.9}{\dfrac{129}{200}} = \frac{12}{43}\,.$$

习题 1-6

1. 一批产品的废品率为 0.1，每次抽取 1 个，观测后放回，下次再取 1 个，共重复 3 次，求 3 次中恰有两次抽到废品的概率.

解 $C_3^2 \cdot 0.1^2 \cdot (1-0.1)^{3-2} = 0.027$.

2. 设三次独立试验中，事件 A 出现的概率相等，若已知 A 至少出现一次的概率等于 $\dfrac{19}{27}$，求在一次试验中事件 A 出现的概率.

解 设 $P(A) = p$，则

$$P\{A \text{ 至少出现一次}\} = 1 - P\{A \text{ 一次也不出现}\} = 1 - (1-p)^3 = \frac{19}{27},$$

故 $(1-p)^3 = \dfrac{8}{27}$，所以 $p = \dfrac{1}{3}$.

3. 若电灯泡的耐用时数在 1000 小时以上的概率为 0.2，求三个电灯泡在使用 1000 小时以后最多只有一个损坏的概率. 设这三个电灯泡是相互独立使用的.

解 设 $A =$ "电灯泡使用 1000 小时以上"，依题意有 $P(A) = 0.2 = p$，$P(\overline{A}) = 0.8 = q$. 考察三个灯泡，视为进行三重伯努利试验，则

$$P = C_3^3 p^3 q^{3-3} + C_3^2 p^2 q^{3-2} = p^3 + 3p^2 q = 0.2^3 + 3 \times 0.2^2 \times 0.8 = 0.104.$$

自 测 题 一

1. 某班有 30 个同学，其中 8 个女同学，随机地选 10 个，求：

(1) 正好有 2 个女同学的概率；

(2) 最多有 2 个女同学的概率；

(3) 至少有 2 个女同学的概率.

解 (1) $\dfrac{C_8^2 C_{22}^8}{C_{30}^{10}}$;   (2) $\dfrac{C_{22}^{10} + C_8^1 C_{22}^9 + C_8^2 C_{22}^8}{C_{30}^{10}}$;   (3) $1 - \dfrac{C_{22}^{10} + C_8^1 C_{22}^9}{C_{30}^{10}}$.

2. (抽奖券问题) 设某超市有奖销售，投放 n 张奖券只有 1 张有奖，每位顾客可抽 1 张，求第 $k(1 \leqslant k \leqslant n)$ 位顾客中奖的概率.

解 记 $A = \{$第 k 位顾客中奖$\}$，抽奖券为不放回抽样，则

$$P(A) = \frac{A_{n-1}^{k-1} \times 1}{A_n^k} = \frac{(n-1) \times \cdots \times (n-k+1) \times 1}{n \times (n-1) \times \cdots \times (n-k+1)} = \frac{1}{n}.$$

3. 从 5 双不同鞋子中任取 4 只，求 4 只鞋子中至少有 2 只配成一双的概率.

解 记 $A =$ "4 只鞋子中至少有 2 只配成一双"，则 $\overline{A} =$ "4 只都不配对".

因为从 10 只中任取 4 只, 取法有 C_{10}^4 种, 每种取法等可能.

要 4 只都不配对, 可在 5 双中任取 4 双, 再在 4 双中的每一双里任取一只, 取法有 $C_5^4 \times 2^4$ 种. 所以有 $P(\overline{A}) = \dfrac{C_5^4 \times 2^4}{C_{10}^4} = \dfrac{8}{21}$, $P(A) = 1 - P(\overline{A}) = \dfrac{13}{21}$.

4. (相遇问题)　甲、乙二人相约在中午 12 点到 1 点在预订地点会面, 先到者等待 10 分钟就可离去, 试求二人能会面的概率(假设二人在该时段到达预订地点是等可能的).

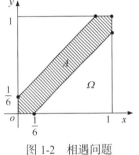

图 1-2　相遇问题

解　设 $A = \{$二人能会面$\}$, 且甲、乙二人到达的时刻分别为 x, y. 则样本空间对应于区域 $\Omega = \{(x, y) \mid 0 \leqslant x \leqslant 1, 0 \leqslant y \leqslant 1\}$. 而事件 A 对应于平面区域 $A = \left\{(x, y) \Big| |x - y| \leqslant \dfrac{1}{6}\right\}$, 如图 1-2 所示.

$$P(A) = \frac{m(A)}{m(\Omega)} = \frac{1^2 - \dfrac{1}{2} \times \left(\dfrac{5}{6}\right)^2 \times 2}{1^2} = \frac{11}{36}.$$

5. 10 个签中有 4 个是难签, 3 人参加抽签(无放回), 甲先、乙次、丙最后, 求甲抽到难签、甲乙都抽到难签、甲没有抽到难签而乙抽到难签及甲乙丙都抽到难签的概率.

解　设 $A = $ "甲抽到难签", $B = $ "乙抽到难签", $C = $ "丙抽到难签", 则

$$P(A) = \frac{4}{10}, \quad P(AB) = P(A)P(B \mid A) = \frac{4}{10} \cdot \frac{3}{9} = \frac{2}{15},$$

$$P(\overline{A}B) = P(\overline{A})P(B \mid \overline{A}) = \frac{6}{10} \cdot \frac{4}{9} = \frac{4}{15},$$

$$P(ABC) = P(A)P(B \mid A)P(C \mid AB) = \frac{4}{10} \cdot \frac{3}{9} \cdot \frac{2}{8} = \frac{1}{30}.$$

6. 100 张彩票中有 7 张有奖, 现有甲先乙后各买了一张彩票, 试计算说明甲、乙两人中奖的概率是否相同.

解　设 $A = $ "甲中奖", $B = $ "乙中奖", 则 $P(A) = \dfrac{7}{100}$. 由全概率公式得

$$P(B) = P(A)P(B \mid A) + P(\overline{A})P(B \mid \overline{A}) = \frac{7}{100} \times \frac{6}{99} + \frac{93}{100} \times \frac{7}{99} = \frac{7}{100},$$

计算结果说明, 甲、乙中奖的概率是相同的, 与先后次序无关.

7. 设有两个相同的盒子, 第一盒子中有 4 个红球、6 个白球, 第二盒子中有 5 个红球、5 个白球, 随机地取一个盒子, 从中随机地取一个球, 求取到红球的概率.

解　设 $A = $ "从中取出的球为红球", $B = $ "取出的球为第一个盒中的", $\overline{B} = $ "取出的球为第二个盒中的", 由全概率公式得

$$P(A) = P(B)P(A|B) + P(\overline{B})P(A|\overline{B})$$

$$= \frac{1}{2} \times \frac{4}{10} + \frac{1}{2} \times \frac{5}{10} = 0.45.$$

8. 电路如图 1-3, 其中 A, B, C, D 为开关. 设各开关闭合与否相互独立, 且每一开关闭合的概率均为 p, 求 L 与 T 为通路(用 T 表示)的概率.

图 1-3 电路图

解 用 A, B, C, D 分别表示开关闭合, 于是 $T = AB \cup CD$. 由概率的性质及 A, B, C, D 的相互独立性, 得

$$P(T) = P(AB) + P(CD) - P(ABCD)$$
$$= P(A)P(B) + P(C)P(D) - P(A)P(B)P(C)P(D)$$
$$= p^2 + p^2 - p^4 = 2p^2 - p^4.$$

9. 某商店有 100 台相同型号的冰箱待售, 其中 60 台是甲厂生产的, 25 台是乙厂生产的, 15 台是丙厂生产的, 已知这三个厂生产的冰箱质量不同, 它们的不合格率依次为 0.1, 0.4, 0.2, 现有一位顾客从这批冰箱中随机地取了一台, 试求:

(1) 该顾客取到一台合格冰箱的概率;

(2) 顾客开箱测试后发现冰箱不合格, 求这台冰箱来自甲厂的概率.

解 设 $B =$ "任取一台为不合格", 设 $A_i =$ "冰箱分别由甲、乙、丙厂生产" $(i = 1, 2, 3)$.

(1) 由全概率公式可得

$$P(B) = \sum_{i=1}^{3} P(A_i)P(B|A_i) = 0.6 \times 0.1 + 0.25 \times 0.4 + 0.15 \times 0.2 = 0.19.$$

所以 $P(\overline{B}) = 0.81$.

(2) 由贝叶斯公式得, $P(A|B) = \dfrac{P(A)P(B|A)}{P(B)} = \dfrac{0.6 \times 0.1}{0.19} = \dfrac{6}{19}$.

10. 某人有一串 m 把外形相同的钥匙, 其中只有一把能打开家门, 如果每次从 m 把钥匙中随便拿一把去开门, 问此人在第 k 次才把门打开的概率.

解 $P(第 k 次把门打开) = \left(1 - \dfrac{1}{m}\right)^{k-1} \dfrac{1}{m}.$

11. 某一型号的高射炮, 每一门炮发射一弹击中飞机的概率为 0.6, 现若干门炮同时发射(每炮一发), 问欲以 99%的把握击中来犯的一架敌机, 至少需要几门炮?

解 设配置 n 门炮, 令 $A_i = \{$第 i 门炮击中飞机$\}$, $i = 1, 2, \cdots, n$, $B = \{$敌机被击中$\}$, 则

$$P(B) = P(A_1 \cup A_2 \cup \cdots \cup A_n) = 1 - P(\overline{A_1 \cup A_2 \cup \cdots \cup A_n}) = 1 - P(\overline{A_1} \, \overline{A_2} \cdots \overline{A_n})$$
$$= 1 - P(\overline{A_1}) \cdots P(\overline{A_n}) = 1 - 0.4^n \geqslant 0.99,$$

解得 $n \geqslant \log_{0.4} 0.01$, 即 $n \geqslant 5.026$, 故至少需要配置 6 门炮.

12. 甲、乙篮球运动员的投篮命中率分别为 0.7 和 0.6, 每人投三次, 求:

(1) 两人进球相等的概率; 　(2) 甲比乙进球多的概率.

解 设 $A_i =$ "甲三次投篮进 i 个球" ($i = 1,2,3$), $B_j =$ "乙三次投篮进 j 个球" ($j = 1,2,3$), 则

$$P(A_0) = C_3^0 (0.7)^0 (0.3)^3 = 0.027, \quad P(B_0) = C_3^0 (0.6)^0 (0.4)^3 = 0.064,$$

$$P(A_1) = C_3^1 (0.7)^1 (0.3)^2 = 0.189, \quad P(B_1) = C_3^1 (0.6)^1 (0.4)^2 = 0.288,$$

$$P(A_2) = C_3^2 (0.7)^2 (0.3)^1 = 0.441, \quad P(B_2) = C_3^2 (0.6)^2 (0.4)^1 = 0.432,$$

$$P(A_3) = C_3^3 (0.7)^3 (0.3)^0 = 0.343, \quad P(B_3) = C_3^3 (0.6)^3 (0.4)^0 = 0.216.$$

(1) 设 $C = $ "两人进球数相等", 则 $C = A_0 B_0 \bigcup A_1 B_1 \bigcup A_2 B_2 \bigcup A_3 B_3 (A_i, B_j$ 相互独立), 故 $P(C) = P(A_0 B_0 \bigcup A_1 B_1 \bigcup A_2 B_2 \bigcup A_3 B_3) = 0.321$.

(2) 设 $D = $ "甲比乙进球多", 则 $D = A_1 B_0 \bigcup A_2 (B_0 \bigcup B_1) \bigcup A_3 (B_0 \bigcup B_1 \bigcup B_2)$, 故

$$P(D) = P(A_1)P(B_0) + P(A_2)[P(B_0) + P(B_1)] + P(A_3)[P(B_0) + P(B_1) + P(B_2)] = 0.436.$$

第二章　随机变量及其概率分布

一、基 本 内 容

1. 随机变量的概念

(1) 随机变量与高等数学中函数的区别;
(2) 随机变量表示随机事件的方法.

2. 随机变量分类

随机变量主要分为离散型随机变量和连续型随机变量.
常见离散型随机变量:
(1) 0-1 分布; (2) 二项分布; (3) 泊松分布; (4) 几何分布; (5) 超几何分布.

3. 随机变量分布函数的概念

(1) 随机变量分布函数的定义;
(2) 随机变量分布函数的性质.

4. 连续型随机变量

设随机变量 X 的分布函数为 $F(x)$，如果存在非负可积函数 $f(x)$，使得对于任意的实数 x，有 $F(x) = \int_{-\infty}^{x} f(t)\mathrm{d}t\ (-\infty < x < +\infty)$，则称随机变量 X 为连续型随机变量，其中 $f(x)$ 称为连续型随机变量 X 的概率密度函数，简称密度.

概率密度函数 $f(x)$ 的性质:

(1) $f(x) \geqslant 0$，$-\infty < x < +\infty$；

(2) $\int_{-\infty}^{+\infty} f(x)\mathrm{d}x = 1$；

(3) 对任意实数 a，$b\,(a < b)$，有 $P\{a < X \leqslant b\} = F(b) - F(a) = \int_{a}^{b} f(x)\mathrm{d}x$；

(4) 如果 $f(x)$ 在 x 点连续，则 $F'(x) = f(x)$.

下面介绍几种常见的连续型随机变量的分布.

(1) **均匀分布**　若随机变量 X 的概率密度函数为 $f(x) = \begin{cases} \dfrac{1}{b-a}, & a < x < b, \\ 0, & \text{其他}, \end{cases}$ 其中

$a,b\,(a<b)$ 为常数, 则称 X 服从区间 (a,b) 上的均匀分布, 记作 $X\sim U(a,b)$.

(2) **指数分布**　若随机变量 X 的概率密度函数为 $f(x)=\begin{cases}\lambda\mathrm{e}^{-\lambda x}, & x>0,\\ 0, & x\leqslant 0,\end{cases}$ 其中 $\lambda>0$ 为常数, 则称随机变量 X 服从参数为 λ 的指数分布, 记作 $X\sim E(\lambda)$.

(3) **正态分布**　若随机变量 X 的概率密度函数为 $f(x)=\dfrac{1}{\sqrt{2\pi}\,\sigma}\mathrm{e}^{-\frac{(x-\mu)^2}{2\sigma^2}}$ $(-\infty<x<+\infty)$, 其中 $\mu,\sigma>0$ 为常数, 则称随机变量 X 服从参数为 μ 和 σ^2 的正态分布, 记作 $X\sim N(\mu,\sigma^2)$. 当 $\mu=0,\sigma=1$ 时, 称随机变量 X 服从标准正态分布, 记作 $X\sim N(0,1)$, 此时, X 的概率密度函数为 $\varphi(x)=\dfrac{1}{\sqrt{2\pi}}\mathrm{e}^{-\frac{x^2}{2}}$ $(-\infty<x<+\infty)$.

若 $X\sim N(0,1)$, 则 X 的分布函数为 $\varPhi(x)=\displaystyle\int_{-\infty}^{x}\dfrac{1}{\sqrt{2\pi}}\mathrm{e}^{-\frac{t^2}{2}}\mathrm{d}t$ $(-\infty<x<+\infty)$, 且 $\varPhi(-x)=1-\varPhi(x),\quad x\geqslant 0$.

正态分布的标准化: $P\{X<x\}=F(x)=\varPhi\left(\dfrac{x-\mu}{\sigma}\right)$. 故若 $X\sim N(\mu,\sigma^2)$, 则

$$P\{a<X\leqslant b\}=F(b)-F(a)=\varPhi\left(\dfrac{b-\mu}{\sigma}\right)-\varPhi\left(\dfrac{a-\mu}{\sigma}\right).$$

5. 随机变量函数的分布

一维离散型随机变量函数的分布: 设 X 为离散型随机变量, 其分布列为 $P\{X=x_i\}=p_i(i=1,2,\cdots)$, $y=g(x)$ 为任一函数, 则随机变量 $Y=g(X)$ 的取值为 $g(x_i)$ $(i=1,2,\cdots)$, 相应的分布列为

$Y=g(X)$	$g(x_1)$	$g(x_2)$	$\cdots$	$g(x_i)$	$\cdots$
P	p_1	p_2	$\cdots$	p_i	$\cdots$

但是需要注意的是, 与 $g(x_i)$ 取相同值对应的那些概率应合并相加.

设 X 为连续型随机变量, 其概率密度函数为 $f_X(x)$, $y=g(x)$ 为一连续函数, 则 $Y=g(X)$ 仍为连续型随机变量, 求 Y 的概率密度函数的方法有如下两种.

(1) **分布函数法**　$Y=g(X)$ 的分布函数 $F_Y(y)=P\{Y\leqslant y\}=P\{g(X)\leqslant y\}=P\{X\in I\}$, 其中 $I=\{x\,|\,g(x)\leqslant y\}$, 则 Y 的概率密度函数 $f_Y(y)=F_Y'(y)$.

(2) **公式法**　设随机变量 X 的概率密度函数为 $f_X(x)$, $y=g(x)$ 单调可导, 且其导数恒不为零, 记 $x=h(y)$ 为其反函数, 则 Y 的概率密度函数为

$$f_y(y)=\begin{cases}f_X[h(y)]\cdot|h'(y)|, & \alpha<y<\beta,\\0, & \text{其他},\end{cases}$$

其中 $\alpha=\min\{g(-\infty),g(+\infty)\},\beta=\max\{g(-\infty),g(+\infty)\}$.

二、基 本 要 求

(1) 理解随机变量的概念, 会运用随机变量表示随机事件, 掌握常见离散型随机变量的分布.

(2) 理解随机变量分布函数的概念, 熟练运用随机变量分布函数的性质.

① $0\leqslant F(x)\leqslant1$, $x\in\mathbb{R}$, $F(-\infty)=\lim\limits_{x\to-\infty}F(x)=0$, $F(+\infty)=\lim\limits_{x\to+\infty}F(x)=1$.

② 若 $x_1<x_2$, 则 $F(x_1)<F(x_2)$, 即 $F(x)$ 单调不减.

③ $F(x+0)=F(x)$, 即 $F(x)$ 为右连续函数.

④ $P\{a<X\leqslant b\}=F(b)-F(a)$.

(3) 要求掌握连续型随机变量的基本特点, 尤其是概率密度函数的几个性质, 常用的几个连续型随机变量的分布, 如均匀分布、指数分布、正态分布.

(4) 能熟练求出离散型随机变量函数的分布, 以及连续型随机变量函数的分布.

(5) 熟练应用分布函数法和公式法.

三、扩 展 例 题

例 1　设随机变量 X 的分布列为 $P\{X=k\}=a\dfrac{\lambda^k}{k!},k=0,1,2,\cdots$, 其中参数 $\lambda>0$ 为常数, 试确定常数 a.

解　根据分布列的性质知 $\sum\limits_{k=0}^{+\infty}a\dfrac{\lambda^k}{k!}=a\sum\limits_{k=0}^{+\infty}\dfrac{\lambda^k}{k!}=ae^\lambda=1$. 所以 $a=e^{-\lambda}$.

例 2　设一个口袋中有形状相同的 5 个球, 其中 3 个黑色球、2 个白色球, 先从中任取一个球, 设 $X=\begin{cases}1, & \text{取到白球},\\0, & \text{取到黑球},\end{cases}$ 求随机变量 X 的分布列.

解　由题意知 X 的取值为 0, 1, 且 $P\{X=0\}=\dfrac{C_2^1}{C_5^1}=\dfrac{2}{5}$, $P\{X=1\}=\dfrac{C_3^1}{C_5^1}=\dfrac{3}{5}$. 所以 X 的分布列为

X	0	1
P	$\dfrac{2}{5}$	$\dfrac{3}{5}$

例 3 设随机变量 $X \sim B(n,p)$，已知 $P\{X=1\}=P\{X=n-1\}$，求 p 与 $P\{X=2\}$ 的值.

解 因为 $X \sim B(n,p)$，所以

$$P\{X=1\}=C_n^1 p^1(1-p)^{n-1}, \quad P\{X=n-1\}=C_n^{n-1}p^{n-1}(1-p),$$

$$C_n^1 p^1(1-p)^{n-1}=C_n^{n-1}p^{n-1}(1-p), \quad 解得 \quad p=\frac{1}{2}.$$

$$P\{X=2\}=C_n^2 p^2(1-p)^{n-2}=\frac{n(n-1)}{2^{n+1}}.$$

例 4 设随机变量 $X \sim B(2,p)$，$Y \sim B(4,p)$，若 $P\{X \geqslant 1\}=\dfrac{5}{9}$，求 $P\{Y \geqslant 1\}$.

解 由于 $X \sim B(2,p)$，所以 $P\{X \geqslant 1\}=1-P\{X<1\}=1-P\{X=0\}$，

$$P\{X=0\}=C_2^0 p^0(1-p)^2=1-\frac{5}{9}=\frac{4}{9},$$

解得 $p=\dfrac{1}{3}$，故 $P\{Y \geqslant 1\}=1-P\{Y=0\}=1-\left(\dfrac{2}{3}\right)^4=\dfrac{65}{81}$.

例 5 设某保险公司的某种人寿保险有 1000 人投保，每个投保人在一年内死亡的概率为 0.005，且每人在一年内是否死亡是相互独立的，试求在未来一年内这 1000 个投保人中死亡人数不超过 10 的概率.

解 设在未来一年内这 1000 人中死亡人数为 X，则 $X \sim B(1000,0.005)$，则

$$P\{X \leqslant 10\}=\sum_{k \leqslant 10}P\{X=k\}=\sum_{k \leqslant 10}C_{1000}^k p^k(1-p)^{1000-k}, \quad 其中 \ p=0.005.$$

上式右端计算量很大，然而 $n=1000$ 较大，$p=0.005$ 较小，且 $\lambda=np=5$ 适中，所以根据泊松定理，可得 $P\{X \leqslant 10\}=\displaystyle\sum_{k \leqslant 10}P\{X=k\}=\sum_{k \leqslant 10}\mathrm{e}^{-5}\dfrac{5^k}{k!}=0.9863$.

例 6 (2005 年考研真题) 设 $F_1(x),F_2(x)$ 为两个分布函数，其相应的概率密度函数 $f_1(x),f_2(x)$ 是连续函数，则必为概率密度函数的是(　　).

A. $f_1(x)f_2(x)$；　　　　B. $2f_2(x)F_1(x)$；

C. $f_1(x)F_2(x)$；　　　　D. $f_1(x)F_2(x)+f_2(x)F_1(x)$.

解 根据概率密度函数的性质：$\displaystyle\int_{-\infty}^{+\infty}f(x)\mathrm{d}x=1$. 所以

$$\int_{-\infty}^{+\infty}[f_1(x)F_2(x)+f_2(x)F_1(x)]\mathrm{d}x=\int_{-\infty}^{+\infty}[F_1'(x)F_2(x)+F_2'(x)F_1(x)]\mathrm{d}x=F_1(x)F_2(x)\Big|_{-\infty}^{+\infty}=1$$

可知，满足概率密度函数的性质，$f_1(x)F_2(x)+f_2(x)F_1(x)$ 为概率密度函数. 选 D.

例 7 (2008 年考研真题) 设随机变量 X 服从正态分布 $N(\mu,\sigma^2)$，且二次方程 $y^2+4y+X=0$ 无实根的概率为 $\dfrac{1}{2}$，则 $\mu=(\qquad)$.

解　二次方程 $y^2 + 4y + X = 0$ 无实根, 则 $\Delta = 16 - 4X < 0$, 即 $X > 4$. 因为 $P\{X > 4\} = \dfrac{1}{2}$, 故 $\mu = 4$.

评析: 正态分布是考研数学的重点, 正态分布的结论要熟记, 本题用到的结论为 $X \sim N(\mu, \sigma^2)$, 则 $P\{X \le \mu\} = P\{X > \mu\} = \dfrac{1}{2}$. 该结论在考研数学中经常会用到.

例 8 (2009 年考研真题)　设随机变量 X 的概率密度为 $f(x) = \begin{cases} \dfrac{1}{3\sqrt[3]{x^2}}, & 1 \le x \le 8, \\ 0, & \text{其他}, \end{cases}$
$F(x)$ 是 X 的分布函数, 求随机变量 $Y = F(X)$ 的分布函数.

解　当 $x < 1$ 时, $F(x) = 0$; 当 $x > 8$ 时, $F(x) = 1$; 当 $1 \le x \le 8$ 时, $F(x) = \int_1^x \dfrac{1}{3\sqrt[3]{t^2}} \mathrm{d}t = \sqrt[3]{x} - 1$. 令 $F_Y(y)$ 为 $Y = F(X)$ 的分布函数. 当 $y \le 0$ 时, $F_Y(y) = 0$; 当 $y \ge 1$ 时, $F_Y(y) = 1$. 当 $0 < y < 1$ 时,

$$F_Y(y) = P\{Y \le y\} = P\{F(X) \le y\} = P\{\sqrt[3]{X} - 1 \le y\} = P\{X \le (y+1)^3\}$$
$$= F[(y+1)^3] = y.$$

因此 $Y = F(X)$ 的分布函数为 $F_Y(y) = \begin{cases} 0, & y < 0, \\ y, & 0 \le y < 1, \\ 1, & y \ge 1, \end{cases}$ 即 $Y = F(X) \sim U(0, 1)$.

例 9 (2010 年考研真题)　从 $1, 2, 3, 4$ 中随机取一数, 记为 X, 从正整数 $1, \cdots, X$ 中任取一数, 记为 Y, 求 $P\{Y = 2\}$.

解　设事件 $\{X = i\}(i = 1, 2, 3, 4)$ 恰好是样本空间的一个完备事件组, 且 $P\{X = i\} = \dfrac{1}{4}$. 则

$$P\{Y = 2 \mid X = 1\} = 0, \quad P\{Y = 2 \mid X = 2\} = \dfrac{1}{2},$$
$$P\{Y = 2 \mid X = 3\} = \dfrac{1}{3}, \quad P\{Y = 2 \mid X = 4\} = \dfrac{1}{4}.$$

由全概率公式有

$$P\{Y = 2\} = \sum_{i=1}^4 P\{X = i\} P\{Y = 2 \mid X = i\} = \dfrac{1}{4} \sum_{i=2}^4 \dfrac{1}{i} = \dfrac{13}{48}.$$

四、习 题 详 解

习题 2-1

1. 随机变量与函数的区别是什么?

解 (1) 定义域不同, 函数的定义域是数集 D, 而随机变量的定义域是样本空间 Ω.

(2) 对应关系不同, 函数取值完全由定义域和对应法则所确定, 而随机变量的取值则完全由样本点 ω 确定, 若 ω 出现, 则随机变量 X 取值 $X(\omega)$. 由于在一次试验中究竟哪一个样本点出现是随机的, 因而随机变量取值也是随机的.

2. 一个盒子中有 10 个乒乓球, 标记编号分别是 $1,2,\cdots,10$. 现在从中任意取出一个球, 观察标号"小于 5""等于 5""大于 5"的情况, 试定义一个随机变量表示上述试验结果, 并求每个结果发生的概率.

解 设 $X =$ "乒乓球上的编号", 则 X 的取值为 $X=1,2,\cdots,10$, 并且 $P\{X=i\}=\dfrac{1}{10}$.
$\{X<5\} =$ "小于 5", $\{X=5\} =$ "等于 5", $\{X>5\} =$ "大于 5". 则

$$P\{X<5\}=\frac{4}{10}=\frac{2}{5}; \quad P\{X=5\}=\frac{1}{10}; \quad P\{X>5\}=\frac{5}{10}=\frac{1}{2}.$$

习题 2-2

1. 已知离散型随机变量 X 的分布列为 $P\{X=k\}=\dfrac{1-a}{4^k}, k=1,2,\cdots$, 求 a 的值.

解 因为 $P\{X=k\}=\dfrac{1-a}{4^k}, k=1,2,\cdots$, 根据分布列的性质有

$$\sum_{k=1}^{+\infty}\frac{1-a}{4^k}=(1-a)\sum_{k=1}^{+\infty}\frac{1}{4^k}=(1-a)\frac{1}{3}=1.$$

解之得 $a=-2$.

2. 设在 10 只灯泡中有 2 只次品, 在其中取 3 次, 每次任取 1 只, 作不放回抽样, X 表示取出的次品数, 求 X 的分布列.

解 根据题意随机变量 X 的取值为 $0, 1, 2$,

$$P\{X=0\}=\frac{8}{10}\times\frac{7}{9}\times\frac{6}{8}=\frac{7}{15};$$

$$P\{X=1\}=\frac{2}{10}\times\frac{8}{9}\times\frac{7}{8}+\frac{8}{10}\times\frac{2}{9}\times\frac{7}{8}+\frac{8}{10}\times\frac{7}{9}\times\frac{2}{8}=\frac{7}{15};$$

$$P\{X=2\}=\frac{2}{10}\times\frac{1}{9}\times\frac{8}{8}+\frac{2}{10}\times\frac{8}{9}\times\frac{1}{8}+\frac{8}{10}\times\frac{2}{9}\times\frac{1}{8}=\frac{1}{15}.$$

所以 X 的分布列为

X	0	1	2
P	$\dfrac{7}{15}$	$\dfrac{7}{15}$	$\dfrac{1}{15}$

3. 一袋中装有6个小球, 编号为1, 2, 3, 4, 5, 6. 从袋中同时取出4个小球, 用 X 表示取出的小球中的最大号码, 求 X 的分布列.

解 X 的可能取值为 $4, 5, 6$.

$$P\{X=4\}=\frac{1}{C_6^4}=\frac{1}{15}, \quad P\{X=5\}=\frac{C_4^3}{C_6^4}=\frac{4}{15}, \quad P\{X=6\}=\frac{C_5^3}{C_6^4}=\frac{2}{3}.$$

所以 X 的分布列为

X	4	5	6
P	$\frac{1}{15}$	$\frac{4}{15}$	$\frac{2}{3}$

4. 有5件产品, 其中2件次品, 从中任取2件, 取得的次品数为随机变量 X, 求:

(1) X 的分布列; (2) $P\left\{X \leqslant \frac{1}{2}\right\}$; (3) $P\left\{1 \leqslant X \leqslant \frac{3}{2}\right\}$; (4) $P\{1 < X < 2\}$.

解 X 的可能取值为 $0, 1, 2$.

(1) $P\{X=0\}=\frac{C_3^2}{C_5^2}=\frac{3}{10}, \quad P\{X=1\}=\frac{C_3^1 \times C_2^1}{C_5^2}=\frac{6}{10}, \quad P\{X=2\}=\frac{C_2^2}{C_5^2}=\frac{1}{10}.$

所以 X 的分布列如下

X	0	1	2
P	$\frac{3}{10}$	$\frac{6}{10}$	$\frac{1}{10}$

(2) $P\left\{X \leqslant \frac{1}{2}\right\}=P\{X=0\}=\frac{3}{10}.$

(3) $P\left\{1 \leqslant X \leqslant \frac{3}{2}\right\}=P\{X=1\}=\frac{6}{10}.$

(4) $P\{1 < X < 2\}=0.$

5. 某宿舍楼内有5台投币自助洗衣机, 设每台洗衣机是否被使用相互独立. 调查表明在任意时刻每台洗衣机被使用的概率为0.1, 求在同一时刻,

(1) 恰有2台洗衣机被使用的概率. (2) 至多有3台洗衣机被使用的概率.

解 设 X 为同一时刻使用洗衣机的数量, 则 X 服从二项分布, 即 $X \sim B(5, 0.1)$, 因此(1) $P\{X=2\}=C_5^2 0.1^2 0.9^3 = 0.0729$.

(2) $P\{X \leqslant 3\}=1-P\{X=4\}-P\{X=5\}=1-C_5^4 0.1^4 0.9^1 - C_5^5 0.1^5 0.9^0 = 0.99954$.

6. 某人从网上订购了6只茶杯, 在运输途中, 每只茶杯被打破的概率为0.02, 求:

(1) 该人收到茶杯时, 恰有2只茶杯被打破的概率;

(2) 该人收到茶杯时, 至少有 1 只茶杯被打破的概率;

(3) 该人收到茶杯时, 至多有 2 只茶杯被打破的概率.

解 设 X 为被打破茶杯的数量, 则 $X \sim B(6, 0.02)$, 则

(1) $P\{X = 2\} = C_6^2 0.02^2 0.98^4 = 0.0055$;

(2) $P\{X \geqslant 1\} = 1 - P\{X = 0\} = 0.1142$;

(3) $P\{X \leqslant 2\} = P\{X = 0\} + P\{X = 1\} + P\{X = 2\}$
$$= C_6^0 0.02^0 0.98^6 + C_6^1 0.02^1 0.98^5 + C_6^2 0.02^2 0.98^4 = 0.9998.$$

习题 2-3

1. 设离散型随机变量 X 的分布函数为 $F(x) = \begin{cases} 0, & x < 0, \\ 0.4, & 0 \leqslant x < 3, \\ 0.8, & 3 \leqslant x < 5, \\ 1, & x \geqslant 5, \end{cases}$ 求:

(1) X 的分布列; (2) $P\{1 < X \leqslant 2\}$.

解 (1) 根据分布函数, 随机变量 X 的可能取值为 $0, 3, 5$, 根据分布函数的性质 $P\{X = 0\} = F(0) - F(0 - 0) = 0.4$, $P\{X = 3\} = F(3) - F(3 - 0) = 0.8 - 0.4 = 0.4$, $P\{X = 5\} = F(5) - F(5 - 0) = 1 - 0.8 = 0.2$, 所以 X 的分布列为

X	0	3	5
P	0.4	0.4	0.2

(2) $P\{1 < X \leqslant 2\} = F(2) - F(1) = 0.4 - 0.4 = 0$.

2. 设随机变量 X 的分布函数为 $F(x) = \begin{cases} 1 - e^{-x}, & x \geqslant 0, \\ 0, & x < 0, \end{cases}$ 求:

(1) $P\{X \leqslant 2\}$; (2) $P\{X > 3\}$.

解 (1) $P\{X \leqslant 2\} = F(2) = 1 - e^{-2}$;

(2) $P\{X > 3\} = 1 - P\{X \leqslant 3\} = 1 - F(3) = e^{-3}$.

3. 设随机变量 $X \sim B(1, 0.3)$, 试写出 X 的分布函数.

解 因为 $X \sim B(1, 0.3)$, 所以 X 的分布列为

X	0	1
P	0.7	0.3

X 的分布函数为

$$F(x) = \sum_{k \leq x} P\{X = k\} = \begin{cases} 0, & x < 0, \\ 0.7, & 0 \leq x < 1, \\ 1, & x \geq 1. \end{cases}$$

4. 设随机变量 X 的分布函数为 $F(x) = \begin{cases} 0, & x \leq 0, \\ kx^2, & 0 < x \leq 2, \\ 1, & x > 2, \end{cases}$ 试确定常数 k 的值, 并求:

$P\{2 < X \leq 3\}$; $P\{X \geq 3\}$.

解 根据分布函数的性质, $\lim\limits_{x \to 2^+} F(x) = F(2)$, 即 $4k = 1$, 所以 $k = \dfrac{1}{4}$.

$$P\{2 < X \leq 3\} = F(3) - F(2) = 1 - 1 = 0;$$

$$P\{X \geq 3\} = 1 - P\{X < 3\} = 1 - F(3-0) = 0.$$

5. 设随机变量 X 的分布函数为 $F(x) = \begin{cases} A + Be^{-2x}, & x > 0, \\ 0, & x \leq 0, \end{cases}$ 求:

(1) A, B 的值; (2) $P\{0 < X \leq 2\}$; (3) $P\{X \geq 2\}$.

解 (1) 根据分布函数的性质, $F(0) = F(0+0)$. 因此 $\lim\limits_{x \to 0^+}(A + Be^{-2x}) = A + B = 0$,

又 $F(+\infty) = 1$, 即 $\lim\limits_{x \to +\infty}(A + Be^{-2x}) = A = 1$, 因此 $B = -1$.

X 分布函数为 $F(x) = \begin{cases} 1 - e^{-2x}, & x > 0, \\ 0, & x \leq 0. \end{cases}$

(2) $P\{0 < X \leq 2\} = F(2) - F(0) = 1 - e^{-4}$.

(3) $P\{X \geq 2\} = 1 - P\{X < 2\} = 1 - F(2-0) = e^{-4}$.

习题 2-4

1. 已知随机变量 X 的概率密度为 $f(x) = \begin{cases} x, & 0 \leq x < 1, \\ 2 - x, & 1 \leq x < 2, \\ 0, & 其他. \end{cases}$ 求:

(1) 分布函数 $F(x)$; (2) $P\{X < 0.5\}, P\{X > 1.3\}, P\{0.2 < X \leq 1.2\}$.

解 (1) $F(x) = \int_{-\infty}^{x} f(t)dt$.

当 $x < 0$ 时, $F(x) = \int_{-\infty}^{x} f(t)dt = \int_{-\infty}^{x} 0dt = 0$.

当 $0 \leq x < 1$ 时, $F(x) = \int_{-\infty}^{x} f(t)dt = \int_{0}^{x} tdt = \dfrac{1}{2}x^2$.

当 $1 \leq x < 2$ 时, $F(x) = \int_{-\infty}^{x} f(t)dt = \int_{-\infty}^{0} 0dt + \int_{0}^{1} tdt + \int_{1}^{x} (2-t)dt = -\dfrac{1}{2}x^2 + 2x - 1$.

当 $x \geqslant 2$ 时，$F(x) = \int_{-\infty}^{x} f(t)\mathrm{d}t = \int_{-\infty}^{0} 0\mathrm{d}t + \int_{0}^{1} t\mathrm{d}t + \int_{1}^{2}(2-t)\mathrm{d}t + \int_{2}^{x} 0\mathrm{d}t = 1$.

所以 X 的分布函数为 $F(x) = \begin{cases} 0, & x < 0, \\ \dfrac{1}{2}x^2, & 0 \leqslant x < 1, \\ -\dfrac{1}{2}x^2 + 2x - 1, & 1 \leqslant x < 2, \\ 1, & x \geqslant 2. \end{cases}$

(2) $P\{X < 0.5\} = F(0.5) = \dfrac{1}{8}$，$P\{X > 1.3\} = 1 - F(1.3) = 0.245$，$P\{0.2 < X \leqslant 1.2\} = F(1.2) - F(0.2) = 0.66$.

2. 设连续型随机变量 X 的分布函数为 $F(x) = \begin{cases} 0, & x \leqslant 0, \\ x^2, & 0 < x < 1, \\ 1, & 1 \leqslant x. \end{cases}$ 求：

(1) X 的概率密度函数 $f(x)$；　　(2) X 落入区间 $(0.3, 0.7)$ 的概率.

解　(1) 对 $F(x)$ 求导得 $f(x) = \begin{cases} 2x, & 0 < x < 1, \\ 0, & 其他. \end{cases}$

(2) $P\{0.3 < X < 0.7\} = F(0.7) - F(0.3) = 0.49 - 0.09 = 0.4$.

3. 设随机变量 X 在 $(-1,1)$ 上服从均匀分布，求方程 $t^2 - 3Xt + 1 = 0$ 有实根的概率.

解　随机变量 X 的概率密度函数为 $f(x) = \begin{cases} \dfrac{1}{2}, & -1 < x < 1, \\ 0, & 其他, \end{cases}$ 要使方程有实根，必须

使 $\Delta = 9X^2 - 4 \geqslant 0$，即 $X \geqslant \dfrac{2}{3}$ 或 $X \leqslant -\dfrac{2}{3}$. 所求概率为

$$P\left\{X \geqslant \dfrac{2}{3} 或 X \leqslant -\dfrac{2}{3}\right\} = P\left\{X \geqslant \dfrac{2}{3}\right\} + P\left\{X \leqslant -\dfrac{2}{3}\right\}$$

$$= \int_{\frac{2}{3}}^{1} \dfrac{1}{2}\mathrm{d}x + \int_{-1}^{-\frac{2}{3}} \dfrac{1}{2}\mathrm{d}x = \dfrac{1}{6} + \dfrac{1}{6} = \dfrac{1}{3}.$$

4. 某仪器装有 3 只独立工作的同型号的电子元件，其寿命 X (单位：小时) 都服从参数为 $\dfrac{1}{300}$ 的指数分布，在仪器使用的最初 150 小时内，求：

(1) 至少有 1 只电子元件损坏的概率;

(2) 至多有 2 只电子元件损坏的概率.

解　X 的密度函数为 $f(x) = \begin{cases} \dfrac{1}{300}\mathrm{e}^{-\frac{x}{300}}, & x > 0, \\ 0, & x \leqslant 0. \end{cases}$ 则

$$P\{X \leqslant 150\} = \int_{-\infty}^{150} f(x)\mathrm{d}x = \int_0^{150} \frac{1}{300}\mathrm{e}^{-\frac{x}{300}}\mathrm{d}x = 1 - \mathrm{e}^{-\frac{1}{2}} = p.$$

设 Y 表示 3 只电子元件中在仪器使用的最初 150 小时内损坏的数量,则 $Y \sim B(3,p)$,

(1) $P\{Y \geqslant 1\} = 1 - P\{Y=0\} = 1 - C_3^0 p^0 (1-p)^3 = 1 - (1-p)^3 = 1 - \mathrm{e}^{-\frac{3}{2}}$.

(2) $P\{Y \leqslant 2\} = 1 - P\{Y=3\} = 1 - C_3^3 p^3 (1-p)^0 = 1 - p^3 = 1 - \left(1 - \mathrm{e}^{-\frac{1}{2}}\right)^3$.

5. 某地抽样结果表明,考生的数学成绩 X(百分制)近似服从正态分布 $N(72,\sigma^2)$,96 分以上的占考生总数的 2.28%,求考生的数学成绩在 60 分到 84 分之间的概率.

解 由题意可得

$$P\{X > 96\} = 1 - P\{X \leqslant 96\} = 1 - \Phi\left(\frac{96-72}{\sigma}\right) = 1 - \Phi\left(\frac{24}{\sigma}\right) = 0.0228,$$

也就是 $\Phi\left(\dfrac{24}{\sigma}\right) = 0.9772$,查表可得 $\Phi(2) = 0.9772$,即 $\sigma = 12$.

$$P\{60 < X < 84\} = \Phi\left(\frac{84-72}{\sigma}\right) - \Phi\left(\frac{60-72}{\sigma}\right) = 2\Phi(1) - 1 = 0.6826.$$

6. 设随机变量 $X \sim N(5,9)$,试确定 c 的值使 $P\{X > c\} = P\{X \leqslant c\}$.

解 由题意可得 $P\{X > c\} = 1 - P\{X \leqslant c\} = P\{X \leqslant c\}$. 所以 $P\{X \leqslant c\} = \dfrac{1}{2} = \Phi\left(\dfrac{c-5}{3}\right)$,查表可得 $\Phi(0) = \dfrac{1}{2}$,所以 $c = 5$.

7. 设 $X \sim N(1.5,4)$,求:

(1) $P\{X < 2.5\}$;   (2) $P\{X < -4\}$;   (3) $P\{X > 3\}$;   (4) $P\{|X| < 2\}$.

解 (1) $P\{X < 2.5\} = F(2.5) = \Phi\left(\dfrac{2.5-1.5}{2}\right) = \Phi(0.5) = 0.6915$.

(2) $P\{X < -4\} = F(-4) = \Phi\left(\dfrac{-4-1.5}{2}\right) = \Phi(-2.75) = 1 - \Phi(2.75) = 0.003$.

(3) $P\{X > 3\} = 1 - F(3) = 1 - \Phi\left(\dfrac{3-1.5}{2}\right) = 1 - \Phi(0.75) = 1 - 0.7734 = 0.2266$.

(4) $P\{|X| < 2\} = F(2) - F(-2) = \Phi\left(\dfrac{2-1.5}{2}\right) - \Phi\left(\dfrac{-2-1.5}{2}\right)$
$$= \Phi(0.25) - \Phi(-1.75) = \Phi(0.25) - 1 + \Phi(1.75)$$
$$= 0.5987 + 0.9599 - 1 = 0.5586.$$

8. 在电源电压不超过 200 V,200~240 V 和超过 240 V 三种情况下,某种电子元件损坏的概率分别为 0.1,0.001 和 0.2,假设电源电压 X 服从正态分布 $N(220,25^2)$,试求:

(1) 该电子元件损坏的概率;　　　　(2) 该电子元件损坏时, 电源电压超过240V 的概率.

解　设 $A_i(i=1,2,3)$ 分别表示电压不超过 $200\,\mathrm{V}$, $200\sim240\,\mathrm{V}$ 和超过 $240\,\mathrm{V}$ 三种情况, B 表示电子元件损坏. 由于 X 服从正态分布 $N(220,25^2)$, 所以

$$P(A_1) = P\{X \leqslant 200\} = F(200) = \varPhi\left(\frac{200-220}{25}\right)$$

$$= \varPhi(-0.8) = 1 - \varPhi(0.8) = 1 - 0.7881 = 0.2119,$$

$$P(A_2) = P\{200 \leqslant X \leqslant 240\} = \varPhi(0.8) - \varPhi(-0.8) = 0.5762,$$

$$P(A_3) = P\{X > 240\} = 1 - \varPhi\left(\frac{240-220}{25}\right) = 1 - \varPhi(0.8) = 0.2119.$$

(1) 由条件可知: $P(B|A_1) = 0.1, P(B|A_2) = 0.001, P(B|A_3) = 0.2$. 由全概率公式得

$$P(B) = \sum_{i=1}^{3} P(A_i)P(B|A_i) = 0.2119 \times 0.1 + 0.5762 \times 0.001 + 0.2119 \times 0.2 = 0.06415.$$

(2) 由贝叶斯公式得

$$P(A_3|B) = \frac{P(A_3)P(B|A_3)}{\sum\limits_{i=1}^{3} P(A_i)P(B|A_i)} = \frac{0.2119 \times 0.2}{0.06415} = 0.66.$$

习题 2-5

1. 已知离散型随机变量 X 的分布列如下

X	−2	−1	0	1	3
P	0.1	0.2	0.4	0.2	0.1

求 $Y = |X| + 2$ 的分布列.

解　$Y = |X| + 2$ 的分布列如下

Y	2	3	4	5
P	0.4	0.4	0.1	0.1

2. 设随机变量 X 的分布列为 $P\{X=k\} = \dfrac{1}{2^k}(k=1,2,3,\cdots)$, 试求 $Y = \sin\left(\dfrac{\pi X}{2}\right)$ 的分布列.

解　因为 $\sin\dfrac{k\pi}{2} = \begin{cases} -1, & k=4j-1, \\ 0, & k=2j, \qquad (j=1,2,3,\cdots), \\ 1, & k=4j-3 \end{cases}$ 所以随机变量 Y 的可能的取值

为 $-1, 0, 1$，且

$$P(Y=-1) = \sum_{k=1}^{+\infty} P(X=4k-1) = \sum_{k=1}^{+\infty} \frac{1}{2^{4k-1}} = \frac{1}{8} \cdot \frac{1}{1-\frac{1}{16}} = \frac{2}{15},$$

$$P(Y=0) = \sum_{k=1}^{+\infty} P(X=2k) = \sum_{k=1}^{+\infty} \frac{1}{2^{2k}} = \frac{1}{4} \cdot \frac{1}{1-\frac{1}{4}} = \frac{1}{3},$$

$$P(Y=1) = \sum_{k=1}^{+\infty} P(X=4k-3) = \sum_{k=1}^{+\infty} \frac{1}{2^{4k-3}} = \frac{1}{2} \cdot \frac{1}{1-\frac{1}{16}} = \frac{8}{15}.$$

Y 的分布列如下

Y	-1	0	1
P	$\dfrac{2}{15}$	$\dfrac{1}{3}$	$\dfrac{8}{15}$

3. 设随机变量 X 的分布列为

X	-1	0	3
P	$2a$	$2a$	a

求: (1)常数 a 的值; (2) X 的分布函数; (3) $P\left\{-1 \leqslant X \leqslant \dfrac{3}{2}\right\}$; (4) $Y=(X-1)^2$ 的分布列.

解 (1)因为 $2a+2a+a=1$，所以 $a=0.2$. 所以 X 的分布列为

X	-1	0	3
P	0.4	0.4	0.2

(2) 当 $x<-1$ 时，$F(x)=P(X \leqslant x)=0$.

当 $-1 \leqslant x<0$ 时，$F(x)=P(X \leqslant x)=P(X=-1)=0.4$.

当 $0 \leqslant x<3$ 时，$F(x)=P(X \leqslant x)=P(X=-1)+P(X=0)=0.8$.

当 $x \geqslant 3$ 时，$F(x)=P(X \leqslant x)=P(X=-1)+P(X=0)+P(X=3)=1$.

所以 X 的分布函数为 $F(x)=\begin{cases} 0, & x<-1, \\ 0.4, & -1 \leqslant x<0, \\ 0.8, & 0 \leqslant x<3, \\ 1, & x \geqslant 3. \end{cases}$

(3) $P\left\{-1 \leqslant X \leqslant \dfrac{3}{2}\right\} = F\left(\dfrac{3}{2}\right) - F(-1-0) = 0.8$.

(4) $Y = (X-1)^2$ 的分布列为

Y	1	4
P	0.4	0.6

4. 已知离散型随机变量 X 的分布列为

X	-2	-1	0	1
P	0.2	0.3	0.2	0.3

求: (1) $Y = -2X+1$ 的分布列; (2) $Y = X^2+1$ 的分布列.

解 (1) Y 的取值依次为 $5,3,1,-1$. 所以 $Y = -2X+1$ 的分布列为

X	5	3	1	-1
P	0.2	0.3	0.2	0.3

(2) Y 的取值依次为 $5,2,1,2$. 所以 $Y = X^2+1$ 的分布列为

Y	5	2	1
P	0.2	0.6	0.2

5. 设随机变量 $X \sim U(0,5)$, 求 $Y = 3X+2$ 的概率密度函数.

解 X 的概率密度函数为 $f_X(x) = \begin{cases} \dfrac{1}{5}, & 0 < x < 5, \\ 0, & \text{其他}. \end{cases}$ 设 $Y = 3X+2$ 的分布函数为

$F_Y(y)$, 则

$$F_Y(y) = P\{Y \leqslant y\} = P\{3X+2 \leqslant y\} = P\left\{X \leqslant \dfrac{y-2}{3}\right\} = F_X\left(\dfrac{y-2}{3}\right).$$

所以 $f_Y(y) = F_Y'(y) = \begin{cases} \dfrac{1}{15}, & 2 < y < 17, \\ 0, & \text{其他}. \end{cases}$

6. 设随机变量 X 的概率密度函数为 $f_X(x) = \begin{cases} e^{-x}, & x > 0, \\ 0, & x \leqslant 0, \end{cases}$ 求 $Y = X^2$ 的分布函数与

概率密度函数.

解 设 $Y = X^2$ 的分布函数为 $F_Y(y)$，则 $F_Y(y) = P\{Y \leqslant y\} = P\{X^2 \leqslant y\}$.

当 $y \leqslant 0$ 时，$F_Y(y) = 0$.

当 $y > 0$ 时，$F_Y(y) = P\{X^2 \leqslant y\} = P\{-\sqrt{y} \leqslant X \leqslant \sqrt{y}\} = \int_{-\sqrt{y}}^{\sqrt{y}} f_X(x)dx$

$$= \int_{-\sqrt{y}}^{0} 0dx + \int_{0}^{\sqrt{y}} e^{-x}dx = 1 - e^{-\sqrt{y}}.$$

所以 $Y = X^2$ 的分布函数为 $F_Y(y) = \begin{cases} 1 - e^{-\sqrt{y}}, & y > 0, \\ 0, & y \leqslant 0. \end{cases}$ 概率密度函数为

$$f_Y(y) = F_Y'(y) = \begin{cases} \dfrac{1}{2\sqrt{y}} e^{-\sqrt{y}}, & y > 0, \\ 0, & y \leqslant 0. \end{cases}$$

7. 设随机变量 X 在 $(0,1)$ 上服从均匀分布，求 $Y = e^X$ 的分布函数和概率密度函数.

解 X 在 $(0,1)$ 上服从均匀分布，所以 X 的概率密度函数为

$$f_X(x) = \begin{cases} 1, & 0 < x < 1, \\ 0, & 其他. \end{cases}$$

设 $Y = e^X$ 的分布函数为 $F_Y(y)$，则

$$F_Y(y) = P\{Y \leqslant y\} = P\{e^X \leqslant y\}.$$

当 $y \leqslant 1$ 时，$F_Y(y) = 0$.

当 $1 < y < e$ 时，$F_Y(y) = \int_{-\infty}^{\ln y} f_X(x)dx = \int_{-\infty}^{0} 0dx + \int_{0}^{\ln y} 1dx = \ln y$.

当 $y \geqslant e$ 时，$F_Y(y) = \int_{-\infty}^{\ln y} f_X(x)dx = \int_{-\infty}^{0} 0dx + \int_{0}^{1} 1dx + \int_{1}^{\ln y} 0dx = 1$.

所以 $Y = e^X$ 的分布函数为 $F_Y(y) = \begin{cases} 0, & y \leqslant 1, \\ \ln y, & 1 < y < e, \\ 1, & y \geqslant e. \end{cases}$ 概率密度函数为

$$f_Y(y) = F_Y'(y) = \begin{cases} \dfrac{1}{y}, & 1 < y < e, \\ 0, & 其他. \end{cases}$$

8. 设随机变量 X 服从参数为 2 的指数分布，求 $Y = 1 + e^{-2X}$ 的概率密度函数.

解 X 的概率密度函数为 $f_X(x) = \begin{cases} 2e^{-2x}, & x > 0, \\ 0, & x \leqslant 0. \end{cases}$ 设 $Y = 1 + e^{-2X}$ 的分布函数为

$F_Y(y)$，则

$$F_Y(y) = P\{Y \leqslant y\} = P\left\{1 + e^{-2X} \leqslant y\right\} = P\left\{e^{-2X} \leqslant y-1\right\} = P\left\{X \geqslant -\frac{1}{2}\ln(y-1)\right\}.$$

当 $y \leqslant 1$ 时，$F_Y(y) = 0$，此时 $f_Y(y) = F_Y'(y) = 0$.

当 $1 < y < 2$ 时，$F_Y(y) = \int_{-\frac{\ln(y-1)}{2}}^{+\infty} f_X(x)\mathrm{d}x = \int_{-\frac{\ln(y-1)}{2}}^{+\infty} 2e^{-2x}\mathrm{d}x$，此时

$$f_Y(y) = F_Y'(y) = -2e^{-2\left[-\frac{\ln(y-1)}{2}\right]}\left[-\frac{1}{2(y-1)}\right] = 1 \,;$$

当 $y \geqslant 2$ 时，$F_Y(y) = \int_{-\frac{\ln(y-1)}{2}}^{+\infty} f_X(x)\mathrm{d}x = \int_{-\frac{\ln(y-1)}{2}}^{0} 0\mathrm{d}x + \int_{0}^{+\infty} 2e^{-2x}\mathrm{d}x$，此 时 $f_Y(y) =$
$F_Y'(y) = 0$. 综上，Y 的概率密度函数为 $f_Y(y) = \begin{cases} 1, & 1 < y < 2, \\ 0, & 其他. \end{cases}$

自　测　题　二

1. 设随机变量 X 的概率密度函数为 $f(x) = \frac{1}{2}e^{-|x|}$，$-\infty < x < +\infty$，求 X 的分布函数 $F(x)$.

解　$F(x) = \int_{-\infty}^{x} f(t)\mathrm{d}t$.

当 $x < 0$ 时，$F(x) = \int_{-\infty}^{x} f(t)\mathrm{d}t = \frac{1}{2}\int_{-\infty}^{x} e^{t}\mathrm{d}t = \frac{1}{2}e^{x}$.

当 $x \geqslant 0$ 时，$F(x) = \int_{-\infty}^{x} f(t)\mathrm{d}t = \frac{1}{2}\int_{-\infty}^{0} e^{t}\mathrm{d}t + \frac{1}{2}\int_{0}^{x} e^{-t}\mathrm{d}t = 1 - \frac{1}{2}e^{-x}$.

所以 $F(x) = \begin{cases} \dfrac{1}{2}e^{x}, & x < 0, \\ 1 - \dfrac{1}{2}e^{-x}, & x \geqslant 0. \end{cases}$

2. 设随机变量 X 的分布函数为 $F(x) = \begin{cases} 1 - e^{-x}, & x \geqslant 0, \\ 0, & x < 0. \end{cases}$ 求：

(1) $P\{X \leqslant 2\}$；　(2) $P\{X > 3\}$；　(3) X 的概率密度函数 $f(x)$.

解　(1) $P\{X \leqslant 2\} = F(2) = 1 - e^{-2}$.

(2) $P\{X > 3\} = 1 - P\{X \leqslant 3\} = 1 - F(3) = e^{-3}$.

(3) $f(x) = F'(x) = \begin{cases} e^{-x}, & x \geqslant 0, \\ 0, & x < 0. \end{cases}$

3. 已知随机变量 X 的概率密度函数为 $f(x) = \begin{cases} ax + b, & x \in (0,1), \\ 0, & 其他, \end{cases}$ 且 $P\left\{X > \dfrac{1}{2}\right\} = \dfrac{5}{8}$，

求: (1) a,b 的值; (2) X 的分布函数 $F(x)$; (3) $P\left\{\dfrac{1}{4}<X\leqslant\dfrac{1}{2}\right\}$.

解 (1) 由于 $\int_{-\infty}^{+\infty}f(x)\mathrm{d}x=1$, 所以 $\int_{-\infty}^{0}f(x)\mathrm{d}x+\int_{0}^{1}f(x)\mathrm{d}x+\int_{1}^{+\infty}f(x)\mathrm{d}x=1$, 即

$$\int_{-\infty}^{0}0\mathrm{d}x+\int_{0}^{1}(ax+b)\mathrm{d}x+\int_{1}^{+\infty}0\mathrm{d}x=\int_{0}^{1}(ax+b)\mathrm{d}x=\frac{a}{2}+b=1,$$

又 $\quad P\left\{X>\dfrac{1}{2}\right\}=\int_{\frac{1}{2}}^{+\infty}f(x)\mathrm{d}x=\int_{\frac{1}{2}}^{1}(ax+b)\mathrm{d}x+\int_{1}^{+\infty}0\mathrm{d}x=\dfrac{3a}{8}+\dfrac{b}{2}=\dfrac{5}{8}$,

所以 $a=1,b=\dfrac{1}{2}$, 即 $f(x)=\begin{cases}x+\dfrac{1}{2}, & x\in(0,1),\\[2mm] 0, & \text{其他}.\end{cases}$

(2) $F(x)=\int_{-\infty}^{x}f(t)\mathrm{d}t$.

当 $x\leqslant 0$ 时, $F(x)=\int_{-\infty}^{x}f(t)\mathrm{d}t=\int_{-\infty}^{x}0\mathrm{d}t=0$.

当 $0<x<1$ 时, $F(x)=\int_{-\infty}^{x}f(t)\mathrm{d}t=\int_{-\infty}^{0}0\mathrm{d}t+\int_{0}^{x}\left(t+\dfrac{1}{2}\right)\mathrm{d}t=\dfrac{1}{2}(x^2+x)$.

当 $x\geqslant 1$ 时, $F(x)=\int_{-\infty}^{x}f(t)\mathrm{d}t=\int_{-\infty}^{0}0\mathrm{d}t+\int_{0}^{1}\left(t+\dfrac{1}{2}\right)\mathrm{d}t+\int_{1}^{x}0\mathrm{d}t=1$.

所以 X 的分布函数为 $F(x)=\begin{cases}0, & x\leqslant 0,\\[2mm]\dfrac{1}{2}(x^2+x), & 0<x<1,\\[2mm]1, & x\geqslant 1.\end{cases}$

(3) $P\left\{\dfrac{1}{4}<X\leqslant\dfrac{1}{2}\right\}=F\left(\dfrac{1}{2}\right)-F\left(\dfrac{1}{4}\right)=\dfrac{7}{32}$, 或

$$P\left\{\dfrac{1}{4}<X\leqslant\dfrac{1}{2}\right\}=\int_{\frac{1}{4}}^{\frac{1}{2}}f(x)\mathrm{d}x=\int_{\frac{1}{4}}^{\frac{1}{2}}\left(x+\dfrac{1}{2}\right)\mathrm{d}x=\dfrac{7}{32}.$$

4. 设随机变量 X 的概率密度函数为 $f(x)=\begin{cases}k(3+2x), & x\in(2,4),\\ 0, & \text{其他},\end{cases}$ 求:

(1) k 的值; (2) X 的分布函数 $F(x)$; (3) $P\{1<X\leqslant 3\}$.

解 (1)由于 $\int_{-\infty}^{+\infty}f(x)\mathrm{d}x=1$, 所以 $\int_{-\infty}^{2}0\mathrm{d}x+\int_{2}^{4}k(3+2x)\mathrm{d}x+\int_{4}^{+\infty}0\mathrm{d}x=18k=1$, 因此 $k=\dfrac{1}{18}$.

(2) $F(x)=\int_{-\infty}^{x}f(t)\mathrm{d}t$.

当 $x\leqslant 2$ 时, $F(x)=\int_{-\infty}^{x}f(t)\mathrm{d}t=\int_{-\infty}^{x}0\mathrm{d}t=0$.

当 $2 < x < 4$ 时, $F(x) = \int_{-\infty}^{x} f(t)\mathrm{d}t = \int_{-\infty}^{2} 0\mathrm{d}t + \int_{2}^{x} \frac{1}{18}(3+2t)\mathrm{d}t = \frac{1}{18}(x^2+3x-10)$.

当 $x \geqslant 4$ 时, $F(x) = \int_{-\infty}^{x} f(t)\mathrm{d}t = \int_{-\infty}^{2} 0\mathrm{d}t + \int_{2}^{4} \frac{1}{18}(3+2t)\mathrm{d}t + \int_{4}^{x} 0\mathrm{d}t = 1$.

所以 X 的分布函数为 $F(x) = \begin{cases} 0, & x \leqslant 2, \\ \dfrac{1}{18}(x^2+3x-10), & 2 < x < 4, \\ 1, & x \geqslant 4. \end{cases}$

(3) $P\{1 < X \leqslant 3\} = F(3) - F(1) = \dfrac{4}{9}$.

5. 已知随机变量 X 在 $(0,5)$ 上服从均匀分布, 求矩阵 $\boldsymbol{A} = \begin{pmatrix} 2 & 0 & 0 \\ 0 & -X & 1 \\ 0 & -1 & 0 \end{pmatrix}$ 的特征值全

为实数的概率.

解　$X \sim U(0,5)$, 则 X 的密度函数为 $f(x) = \begin{cases} \dfrac{1}{5}, & 0 < x < 5, \\ 0, & \text{其他}. \end{cases}$ 因为

$$|\lambda \boldsymbol{E} - \boldsymbol{A}| = \begin{vmatrix} \lambda-2 & 0 & 0 \\ 0 & \lambda+X & -1 \\ 0 & 1 & \lambda \end{vmatrix} = (\lambda-2)(\lambda^2 + X\lambda + 1),$$

故欲使 $\boldsymbol{A}$ 的特征值全为实数, 即要使关于 λ 的一元二次方程 $\lambda^2 + X\lambda + 1 = 0$ 有实根, 须 $\Delta = X^2 - 4 \geqslant 0$, 即 $X \geqslant 2$ 或 $X \leqslant -2$. 所求概率为

$$P\{X \geqslant 2 \text{或} X \leqslant -2\} = P\{X \geqslant 2\} + P\{X \leqslant -2\}$$
$$= \int_{2}^{+\infty} f(x)\mathrm{d}x + \int_{-\infty}^{-2} f(x)\mathrm{d}x = \int_{2}^{5} \frac{1}{5}\mathrm{d}x + \int_{5}^{+\infty} 0\mathrm{d}x + \int_{-\infty}^{-2} 0\mathrm{d}x = \frac{3}{5}.$$

6. 设 $X \sim N(0,1)$, 求: (1) $P\{X < 1.36\}$; (2) $P\{X < -0.25\}$; (3) $P\{|X| < 1.6\}$.

解　(1) $P\{X < 1.36\} = \Phi(1.36) = 0.9131$.

(2) $P\{X < -0.25\} = \Phi(-0.25) = 1 - \Phi(0.25) = 1 - 0.5987 = 0.4013$.

(3) $P\{|X| < 1.6\} = \Phi(1.6) - \Phi(-1.6) = 2\Phi(1.6) - 1 = 2 \times 0.9452 - 1 = 0.8904$.

7. 某单位招聘 155 人, 按考试成绩录用, 共有 526 人报名, 假设报名者考试成绩 $X \sim N(70,100)$, 已知 90 分以上 12 人, 60 分以下 83 人, 若从高分到低分依次录取, 某人成绩为 78 分, 问此人能否被录取?

解　设被录取者最低分为 x_0, 则

$$P\{X \geqslant x_0\} = \frac{155}{526} = 0.2947 = 1 - P\{X < x_0\} = 1 - \Phi\left(\frac{x_0-70}{10}\right),$$

所以 $\Phi\left(\dfrac{x_0-70}{10}\right)=0.7053$，即 $\dfrac{x_0-70}{10}\approx0.54$，得 $x_0=75.4$，此人成绩 78 分，高于最低分，故此人能被录取.

8. 设随机变量 X 服从参数为 λ 的指数分布，求 $Y=X^3$ 的概率密度函数.

解 随机变量 X 的概率密度函数为 $f(x)=\begin{cases}\lambda\mathrm{e}^{-\lambda x}, & x>0,\\ 0, & \text{其他,}\end{cases}$ 则 Y 的分布函数

$$F_Y(y)=P\{Y\leqslant y\}=P\{X^3\leqslant y\}=P\{X\leqslant\sqrt[3]{y}\}=\int_{-\infty}^{\sqrt[3]{y}}f_X(x)\mathrm{d}x.$$

当 $y\leqslant0$ 时，$F_Y(y)=0$.

当 $y>0$ 时，$F_Y(y)=\int_{-\infty}^{\sqrt[3]{y}}f_X(x)\mathrm{d}x=\int_{-\infty}^0 0\mathrm{d}x+\int_0^{\sqrt[3]{y}}\lambda\mathrm{e}^{-\lambda x}\mathrm{d}x=\int_0^{\sqrt[3]{y}}\lambda\mathrm{e}^{-\lambda x}\mathrm{d}x$.

所以 Y 的概率密度函数为 $f_Y(y)=F_Y'(y)=\begin{cases}\dfrac{1}{3}\lambda\mathrm{e}^{-\lambda\sqrt[3]{y}}\cdot\dfrac{1}{\sqrt[3]{y^2}}, & y>0,\\ 0, & y\leqslant0.\end{cases}$

第三章　多维随机变量及其分布

一、基本内容

1. 二维随机变量定义

设 $X = X(\omega), Y = Y(\omega)$ 是定义在样本空间 Ω 上的两个随机变量，则称 (X, Y) 为二维随机变量或二维随机向量.

2. 二维随机变量的联合分布函数

二维随机变量 (X, Y) 的联合分布函数定义为

$$F(x, y) = P\{X \leqslant x, Y \leqslant y\}.$$

3. 联合分布函数的性质

(1) $0 \leqslant F(x, y) \leqslant 1$.

(2) $F(x, y)$ 是变量 x (固定 y) 或 y (固定 x) 的非减函数.

(3) $F(x, -\infty) = \lim_{y \to -\infty} F(x, y) = 0$，$F(-\infty, y) = \lim_{x \to -\infty} F(x, y) = 0$.

$F(-\infty, -\infty) = \lim_{\substack{x \to -\infty \\ y \to -\infty}} F(x, y) = 0$，$F(+\infty, +\infty) = \lim_{\substack{x \to +\infty \\ y \to +\infty}} F(x, y) = 1$.

(4) $F(x, y)$ 是变量 x (固定 y) 或 y (固定 x) 的右连续函数.

(5) $P\{x_1 < X \leqslant x_2, y_1 < Y \leqslant y_2\} = F(x_2, y_2) - F(x_2, y_1) - F(x_1, y_2) + F(x_1, y_1)$.

4. 二维随机变量的边缘分布函数

已知 (X, Y) 的联合分布函数为 $F(x, y)$，则关于 X 的边缘分布函数为

$$F_X(x) = F(x, +\infty);$$

关于 Y 的边缘分布函数为

$$F_Y(y) = F(+\infty, y).$$

5. 二维离散型随机变量

如果二维随机变量 (X, Y) 可能取值为有限个或可列无限个，则称 (X, Y) 为二维离散型随机变量.

6. 二维离散型随机变量的联合概率分布

二维离散型随机变量 (X,Y) 的可能取值为 $(x_i,y_j)(i,j=1,2,\cdots)$，称

$$P\{X=x_i,Y=y_j\}=p_{ij},\quad i,j=1,2,\cdots$$

为二维离散型随机变量 (X,Y) 的联合概率分布或联合分布列.

联合概率分布具有以下性质：

(1) $p_{ij}\geqslant 0,i,j=1,2,\cdots$;

(2) $\sum_i\sum_j p_{ij}=1.$

7. 二维离散型随机变量的边缘概率分布

设 (X,Y) 为二维离散型随机变量，$p_{ij},i=1,2,\cdots$ 为其联合概率分布，则

$$p_{i\cdot}=P\{X=x_i\}=\sum_{j=1}^{+\infty}p_{ij},\quad i=1,2,\cdots,$$

$$p_{\cdot j}=P\{Y=y_j\}=\sum_{i=1}^{+\infty}p_{ij},\quad j=1,2,\cdots$$

分别称为 (X,Y) 关于 X 和 Y 的边缘概率分布列, 简称边缘分布.

8. 二维连续型随机变量及联合概率密度

对于二维随机变量 (X,Y) 分布函数 $F(x,y)$，如果存在一个二元非负可积函数 $f(x,y)$ 使得对于任意的实数 x,y 都有

$$F(x,y)=\int_{-\infty}^{x}\int_{-\infty}^{y}f(s,t)\mathrm{d}s\mathrm{d}t$$

成立, 则 (X,Y) 称为二维连续型随机变量，$f(x,y)$ 称为二维连续型随机变量的联合概率密度.

9. 二维连续型随机变量的联合概率密度的性质

(1) $f(x,y)\geqslant 0$，$-\infty<x<+\infty$，$-\infty<y<+\infty$.

(2) $\int_{-\infty}^{+\infty}\int_{-\infty}^{+\infty}f(x,y)\mathrm{d}x\mathrm{d}y=1$.

(3) 在 $f(x,y)$ 的连续点处有

$$\frac{\partial^2 F(x,y)}{\partial x\partial y}=f(x,y).$$

(4) 设 (X,Y) 为二维连续型随机变量, 则对平面上任一区域 D 有

$$P\{(X,Y)\in D\}=\iint\limits_{D}f(x,y)\mathrm{d}x\mathrm{d}y\,.$$

10. 二维连续型随机变量的边缘概率密度

设 $f(x,y)$ 为二维连续型随机变量的联合概率密度, 则

$$f_X(x)=\int_{-\infty}^{+\infty}f(x,y)\mathrm{d}y\,,\quad f_Y(y)=\int_{-\infty}^{+\infty}f(x,y)\mathrm{d}x$$

分别称为 (X,Y) 关于 X 和 Y 的边缘概率密度.

11. 随机变量的独立性

(1) 两个随机变量独立性的定义.

设 $F(x,y)$ 及 $F_X(x)$, $F_Y(y)$ 分别是二维随机变量 (X,Y) 的分布函数及边缘分布函数, 若对于所有的 x,y 有

$$F(x,y)=F_X(x)\cdot F_Y(y)\,,$$

则称随机变量 X 和 Y 是相互独立的.

(2) 离散型随机变量的独立性.

设 (X,Y) 是二维离散型随机变量, X 和 Y 相互独立的充分必要条件为: 对一切 i,j, 有

$$P\{X=x_i,Y=y_j\}=P\{X=x_i\}\cdot P\{Y=y_j\}\,,\quad 即\ p_{ij}=p_{i\cdot}\cdot p_{\cdot j}\,.$$

(3) 连续型随机变量的独立性.

设 (X,Y) 为二维连续型随机变量, 其概率密度函数为 $f(x,y)$, $f_X(x)$, $f_Y(y)$ 为边缘概率密度函数, 则 X 和 Y 相互独立的充分必要条件为: 对任意的实数 x,y, 都有

$$f(x,y)=f_X(x)\cdot f_Y(y)\,.$$

12. 条件分布

(1) 离散型随机变量的条件分布.

设 (X,Y) 是二维离散型随机变量, 对于固定的 j, 如果 $P\{Y=y_j\}>0$, 则称

$$P\{X=x_i\mid Y=y_j\}=\frac{P\{X=x_i,Y=y_j\}}{P\{Y=y_j\}}=\frac{p_{ij}}{p_{\cdot j}}\,,\quad i=1,2,\cdots$$

为在 $Y=y_j$ 条件下随机变量 X 的条件分布列.

对于固定的 i, 如果 $P\{X=x_i\}>0$, 则称

$$P\{Y=y_j\mid X=x_i\}=\frac{P\{X=x_i,Y=y_j\}}{P\{X=x_i\}}=\frac{p_{ij}}{p_{i\cdot}}\,,\quad j=1,2,\cdots$$

为在 $X=x_i$ 条件下随机变量 Y 的条件分布列.

(2) 连续型随机变量的条件概率密度.

设二维连续型随机变量 (X,Y) 的联合概率密度函数 $f(x,y)$ 在点 (x,y) 处连续，Y 的边缘概率密度函数 $f_Y(y)$ 在 y 处连续，且 $f_Y(y)>0$，则在 $Y=y$ 条件下 X 的条件概率密度为

$$f_{X|Y}(x\,|\,y)=\frac{f(x,y)}{f_Y(y)}.$$

当 $f(x,y)$ 在点 (x,y) 处连续，X 的边缘概率密度函数 $f_X(x)$ 在 x 处连续，且 $f_X(x)>0$，则在 $X=x$ 条件下 Y 的条件概率密度为

$$f_{Y|X}(y\,|\,x)=\frac{f(x,y)}{f_X(x)}.$$

13. 二维随机变量函数的分布

(1) 二维离散型随机变量函数的分布.

设 (X,Y) 为二维离散型随机变量，其联合概率分布为

$$P\{X=x_i,Y=y_j\}=p_{ij}, \quad i,j=1,2,\cdots,$$

则随机变量函数 $Z=g(X,Y)$ 的概率分布为 $P\{Z=g(x_i,y_j)\}=p_{ij}$，$i,j=1,2,\cdots$，但要注意，取相同 $g(x_i,y_j)$ 值对应的那些概率应合并相加.

(2) 二维连续型随机变量函数的分布.

设 (X,Y) 为二维连续型随机变量，其概率密度函数为 $f(x,y)$，若 $Z=g(X,Y)$ 仍是连续型随机变量，求 $Z=g(X,Y)$ 的概率密度函数 $f_Z(z)$.

方法与一维随机变量函数的分布类似——分布函数法，步骤如下.

首先，求 $Z=g(X,Y)$ 的分布函数为

$$F_Z(z)=P\{Z\leqslant z\}=P\{g(X,Y)\leqslant z\}=\iint\limits_{g(x,y)\leqslant z}f(x,y)\mathrm{d}x\mathrm{d}y.$$

然后将 $F_Z(z)$ 对 z 求导得 $f_Z(z)=F_Z'(z)$，即 $Z=g(X,Y)$ 的概率密度函数.

(3) 和的分布.

设 (X,Y) 为二维连续型随机变量，其联合概率密度函数为 $f(x,y)$，则 $Z=X+Y$ 的概率密度函数为

$$f_Z(z)=\int_{-\infty}^{+\infty}f(x,z-x)\mathrm{d}x$$

或

$$f_Z(z)=\int_{-\infty}^{+\infty}f(z-y,y)\mathrm{d}y,$$

若 X,Y 相互独立，则有 $f(x,y)=f_X(x)f_Y(y)$，代入上面两式得

$$f_Z(z)=\int_{-\infty}^{+\infty}f_X(x)f_Y(z-x)\mathrm{d}x$$

或

$$f_Z(z) = \int_{-\infty}^{+\infty} f_X(z-y)f_Y(y)\mathrm{d}y,$$

这两个公式称为**卷积公式**.

(4) 商的分布.

设 (X,Y) 为二维连续型随机变量, 其联合概率密度为 $f(x,y)$, 则 $Z = \dfrac{X}{Y}$ 的概率密度为

$$f_Z(z) = \int_{-\infty}^{+\infty} |y|f(yz,y)\mathrm{d}y.$$

如果 X 与 Y 相互独立, 则有

$$f_Z(z) = \int_{-\infty}^{+\infty} |y| f_X(yz)f_Y(y)\mathrm{d}y.$$

对 $Z = XY$, 有

$$f_Z(z) = \int_{-\infty}^{+\infty} \frac{1}{|x|}f\left(x,\frac{z}{x}\right)\mathrm{d}x = \int_{-\infty}^{+\infty} \frac{1}{|y|}f\left(\frac{z}{y},y\right)\mathrm{d}y.$$

若 X,Y 相互独立, 则有

$$f_Z(z) = \int_{-\infty}^{+\infty} \frac{1}{|x|}f_X(x)f_Y\left(\frac{z}{x}\right)\mathrm{d}x = \int_{-\infty}^{+\infty} \frac{1}{|y|}f_X\left(\frac{z}{y}\right)f_Y(y)\mathrm{d}y.$$

(5) $M = \max\{X,Y\}$, $N = \min\{X,Y\}$ 的分布.

设 X 和 Y 是相互独立的随机变量, 它们的分布函数分别为 $F_X(x)$ 和 $F_Y(y)$, 则

$M = \max\{X,Y\}$ 的分布函数　$F_{\max}(z) = F_X(z)F_Y(z)$,

$N = \min\{X,Y\}$ 的分布函数　$F_{\min}(z) = 1-[1-F_X(z)][1-F_Y(z)]$.

二、基 本 要 求

(1) 理解二维随机变量及其分布、二维均匀分布和二维正态分布.

(2) 掌握二维随机变量分布的性质、随机变量相互独立的条件、条件分布, 会求与二维随机变量相关事件的概率.

(3) 熟练掌握二维离散型随机变量的联合概率分布、边缘分布, 以及二维连续型随机变量的联合概率密度函数和边缘密度函数的计算.

三、扩 展 例 题

例 1 (2012 年考研真题)　设随机变量 X 与 Y 相互独立, 且分别服从参数为 1 和 4 的指数分布, 则 $P\{X < Y\} = ($　　$)$.

A. $\dfrac{1}{5}$;　　　　B. $\dfrac{1}{3}$;　　　　C. $\dfrac{2}{5}$;　　　　D. $\dfrac{4}{5}$.

解　X 与 Y 的概率密度函数分别为 $f_X(x) = \begin{cases} e^{-x}, & x > 0, \\ 0, & x \leqslant 0 \end{cases}$ 和 $f_Y(y) = \begin{cases} 4e^{-4y}, & y > 0, \\ 0, & y \leqslant 0. \end{cases}$

由 X 与 Y 相互独立, 可得 $f(x,y) = f_X(x) \cdot f_Y(y) = \begin{cases} 4e^{-x-4y}, & x > 0, y > 0, \\ 0, & \text{其他}, \end{cases}$ 则

$$P\{X < Y\} = \iint\limits_{x<y} f(x,y)\mathrm{d}x\mathrm{d}y = \int_0^{+\infty} 4e^{-4y}\mathrm{d}y \int_0^y e^{-x}\mathrm{d}x = \int_0^{+\infty} 4e^{-4y}(1 - e^{-y})\mathrm{d}y = \frac{1}{5},$$

所以选 A.

例 2 (2005 年考研真题)　设二维随机变量 (X,Y) 的概率分布为

X ＼ Y	0	1
0	0.4	a
1	b	0.1

已知随机事件 $\{X = 0\}$ 与 $\{X + Y = 1\}$ 相互独立, 则(　　).

A. $a = 0.2, b = 0.3$;　　　　B. $a = 0.4, b = 0.1$;

C. $a = 0.3, b = 0.2$;　　　　D. $a = 0.1, b = 0.4$.

解　由独立性可知

$$P\{X = 0, X + Y = 1\} = P\{X = 0\} \cdot P\{X + Y = 1\}.$$

而　　　　$P\{X = 0, X + Y = 1\} = P\{X = 0, Y = 1\} = a,$

$$P\{X = 0\} = P\{X = 0, Y = 0\} + P\{X = 0, Y = 1\} = 0.4 + a,$$

$$P\{X + Y = 1\} = P\{X = 0, Y = 1\} + P\{X = 1, Y = 0\} = a + b = 0.5.$$

代入独立性等式, 得 $a = (0.4 + a) \times 0.5$, 解得 $a = 0.4$, 再由 $a + b = 0.5$ 得 $b = 0.1$, 故选 B.

例 3 (2015 年考研真题)　设二维随机变量 (X,Y) 服从正态分布 $N(1,0,1,1,0)$, 则 $P\{XY - Y < 0\} = $ ＿＿＿＿＿＿.

解　由 $(X,Y) \sim N(1,0,1,1,0)$ 可知, X 与 Y 独立, 且 $X \sim N(1,1)$, $Y \sim N(0,1)$, 也就有 $X - 1 \sim N(0,1)$ 与 Y 独立. 再根据对称性,

$$P\{X - 1 < 0\} = P\{X - 1 > 0\} = P\{Y < 0\} = P\{Y > 0\} = \frac{1}{2}.$$

$$\begin{aligned} P\{XY - Y < 0\} &= P\{(X-1)Y < 0\} \\ &= P\{X - 1 < 0, Y > 0\} + P\{X - 1 > 0, Y < 0\} \\ &= P\{X - 1 < 0\}P\{Y > 0\} + P\{X - 1 > 0\}P\{Y < 0\} \\ &= \frac{1}{2} \times \frac{1}{2} + \frac{1}{2} \times \frac{1}{2} = \frac{1}{2}. \end{aligned}$$

例 4 (2009 年考研真题) 设袋中有 1 个红球、2 个黑球与 3 个白球, 现有放回地从袋中取两次, 每次取一球, 以 X, Y, Z 分别表示两次取球所取得的红球、黑球与白球的个数, 求: (1) $P\{X=1 \mid Z=0\}$; (2) 二维随机变量 (X, Y) 的概率分布.

解 (1) 在没有取得白球的情况下取了一次红球, 则 $P\{X=1 \mid Z=0\}=\dfrac{C_2^1 \times 2}{C_3^1 \cdot C_3^1}=\dfrac{4}{9}$.

(2) X, Y 的取值范围是 0, 1, 2, 故

$$P\{X=0, Y=0\}=\frac{C_3^1 \cdot C_3^1}{C_6^1 \cdot C_6^1}=\frac{1}{4}, \qquad P\{X=1, Y=0\}=\frac{C_2^1 \cdot C_3^1}{C_6^1 \cdot C_6^1}=\frac{1}{6},$$

$$P\{X=2, Y=0\}=\frac{1}{C_6^1 \cdot C_6^1}=\frac{1}{36}, \qquad P\{X=0, Y=1\}=\frac{C_2^1 \cdot C_2^1 \cdot C_3^1}{C_6^1 \cdot C_6^1}=\frac{1}{3},$$

$$P\{X=1, Y=1\}=\frac{C_2^1 \cdot C_2^1}{C_6^1 \cdot C_6^1}=\frac{1}{9}, \qquad P\{X=2, Y=1\}=0,$$

$$P\{X=0, Y=2\}=\frac{C_2^1 \cdot C_2^1}{C_6^1 \cdot C_6^1}=\frac{1}{9}, \qquad P\{X=1, Y=2\}=0, \quad P\{X=2, Y=2\}=0.$$

X \\ Y	0	1	2
0	$\dfrac{1}{4}$	$\dfrac{1}{3}$	$\dfrac{1}{9}$
1	$\dfrac{1}{6}$	$\dfrac{1}{9}$	0
2	$\dfrac{1}{36}$	0	0

例 5 (2020 年考研真题) 设随机变量 X_1, X_2, X_3 相互独立, X_1, X_2 均服从标准正态分布, X_3 的概率分布为 $P\{X_3=0\}=P\{X_3=1\}=\dfrac{1}{2}$, $Y=X_3 X_1+(1-X_3)X_2$.

(1) 求二维随机变量 (X_1, Y) 的分布函数, 结果用标准正态分布函数 $\Phi(x)$ 表示;

(2) 证明随机变量 Y 服从标准正态分布.

解 (1) $F(x, y)=P\{X_1 \leqslant x, Y \leqslant y\}$

$\qquad\qquad =P\{X_1 \leqslant x, X_3(X_1-X_2)+X_2 \leqslant y, X_3=0\}$

$\qquad\qquad\quad +P\{X_1 \leqslant x, X_3(X_1-X_2)+X_2 \leqslant y, X_3=1\}$

$\qquad\qquad =P\{X_1 \leqslant x, X_2 \leqslant y, X_3=0\}+P\{X_1 \leqslant x, X_1 \leqslant y, X_3=1\}.$

若 $x \leqslant y$, $\quad P\{X_1 \leqslant x, X_1 \leqslant y, X_3=1\}=\dfrac{1}{2}P\{X_1 \leqslant x\}=\dfrac{1}{2}\Phi(x)$.

若 $x>y$, $\quad P\{X_1 \leqslant x, X_1 \leqslant y, X_3=1\}=\dfrac{1}{2}P\{X_1 \leqslant y\}=\dfrac{1}{2}\Phi(y)$.

故 $F(x,y)=\begin{cases}\dfrac{1}{2}\varPhi(x)\varPhi(y)+\dfrac{1}{2}\varPhi(x), & x\leqslant y,\\[3mm]\dfrac{1}{2}\varPhi(x)\varPhi(y)+\dfrac{1}{2}\varPhi(y), & x>y.\end{cases}$

证明 (2) $\quad F_Y(y)=P\{Y\leqslant y\}=P\{X_3(X_1-X_2)+X_2\leqslant y\}$

$$=\frac{1}{2}P\{X_3(X_1-X_2)+X_2\leqslant y\,|\,X_3=0\}+\frac{1}{2}P\{X_3(X_1-X_2)+X_2\leqslant y\,|\,X_3=1\}$$

$$=\frac{1}{2}P\{X_2\leqslant y\,|\,X_3=0\}+\frac{1}{2}P\{X_1\leqslant y\,|\,X_3=1\}$$

$$=\frac{1}{2}\varPhi(y)+\frac{1}{2}\varPhi(y)=\varPhi(y).$$

故随机变量 Y 服从标准正态分布.

例 6 (2004 年考研真题) 设随机变量 X 在区间 $(0,1)$ 上服从均匀分布, 在 $X=x(0<x<1)$ 的条件下, 随机变量 Y 在区间 $(0,x)$ 上服从均匀分布, 求: (1)随机变量 X 和 Y 的联合概率密度函数; (2) Y 的概率密度函数; (3)概率 $P\{X+Y>1\}$.

解 (1) 依题意 X 的概率密度函数为

$$f_X(x)=\begin{cases}1, & 0<x<1,\\0, & 其他.\end{cases}$$

在 $X=x\,(0<x<1)$ 的条件下, Y 的条件概率密度函数为 $f_{Y|X}(y\,|\,x)=\begin{cases}\dfrac{1}{x}, & 0<y<x<1,\\[2mm]0, & 其他.\end{cases}$

所以 X 和 Y 的联合概率密度函数为

$$f(x,y)=f_X(x)f_{Y|X}(y\,|\,x)=\begin{cases}\dfrac{1}{x}, & 0<y<x<1,\\[2mm]0, & 其他.\end{cases}$$

(2) 由 Y 的概率密度函数 $f_Y(y)=\displaystyle\int_{-\infty}^{+\infty}f(x,y)\mathrm{d}x$ 得

当 $y\leqslant 0$ 或 $y\geqslant 1$ 时, 有 $f_Y(y)=0$.

当 $0<y<1$ 时, 有 $f_Y(y)=\displaystyle\int_y^1\frac{1}{x}\mathrm{d}x=-\ln y$.

于是 Y 的概率密度函数为

$$f_Y(y)=\begin{cases}-\ln y, & 0<y<1,\\0, & 其他.\end{cases}$$

(3) $P\{X+Y>1\}=\displaystyle\iint\limits_{x+y>1}f(x,y)\mathrm{d}x\mathrm{d}y=\iint\limits_{\substack{x+y>1\\0<y<x<1}}\frac{1}{x}\mathrm{d}x\mathrm{d}y=\int_{\frac{1}{2}}^1\mathrm{d}x\int_{1-x}^x\frac{1}{x}\mathrm{d}y=1-\ln 2.$

例7 (2008年考研真题)　设随机变量 X 与 Y 相互独立, X 的概率分布为 $P\{X=i\}=$ $\frac{1}{3}(i=-1,0,1)$, Y 的概率密度函数为 $f_Y(y)=\begin{cases}1,&0\leqslant y<1,\\0,&其他,\end{cases}$ 记 $Z=X+Y$. 求:

(1) $P\left\{Z\leqslant\frac{1}{2}\mid X=0\right\}$;　(2) Z 的概率密度函数 $f_Z(z)$.

解　(1) $P\left\{Z\leqslant\frac{1}{2}\mid X=0\right\}=P\left\{X+Y\leqslant\frac{1}{2}\mid X=0\right\}$

$$=P\left\{Y\leqslant\frac{1}{2}\mid X=0\right\}=P\left\{Y\leqslant\frac{1}{2}\right\}=\int_0^{\frac{1}{2}}1\mathrm{d}y=\frac{1}{2}.$$

(2) Z 的分布函数为

$$F_Z(z)=P\{Z\leqslant z\}=P\{X+Y\leqslant z\}$$
$$=P\{X=-1,Y\leqslant z+1\}+P\{X=0,Y\leqslant z\}+P\{X=1,Y\leqslant z-1\}$$
$$=\frac{1}{3}(P\{Y\leqslant z+1\}+P\{Y\leqslant z\}+P\{Y\leqslant z-1\}).$$

当 $z<-1$ 时, $F_Z(z)=0$.

当 $-1\leqslant z<0$ 时, $F_Z(z)=\frac{1}{3}P\{Y\leqslant z+1\}=\frac{1}{3}\int_0^{z+1}1\mathrm{d}z=\frac{z+1}{3}$.

当 $0\leqslant z<1$ 时, $F_Z(z)=\frac{1}{3}(P\{Y\leqslant z+1\}+P\{Y\leqslant z\})=\frac{1}{3}\left(\int_0^1 1\mathrm{d}z+\int_0^z 1\mathrm{d}z\right)=\frac{z+1}{3}$.

当 $1\leqslant z<2$ 时, $F_Z(z)=\frac{1}{3}(P\{Y\leqslant z+1\}+P\{Y\leqslant z\}+P\{Y\leqslant z-1\})$

$$=\frac{1}{3}(1+1+z-1)=\frac{z+1}{3}.$$

当 $z\geqslant 2$ 时, $F_Z(z)=1$.

Z 的分布函数为 $F_Z(z)=\begin{cases}0,&z<-1,\\\dfrac{z+1}{3},&-1\leqslant z<2,\\1,&z\geqslant 2.\end{cases}$ 所以 Z 的概率密度函数为 $f_Z(z)=$

$$F_Z'(z)=\begin{cases}\dfrac{1}{3},&-1\leqslant z<2,\\0,&其他.\end{cases}$$

例8 (2016年考研真题)　设二维随机变量 (X,Y) 在区域

$$D=\{(x,y)\mid 0<x<1,x^2<y<\sqrt{x}\}$$

上服从均匀分布, 令 $U=\begin{cases}1,&X\leqslant Y,\\0,&X>Y.\end{cases}$ (1)写出 (X,Y) 的概率密度函数; (2)问 U 与 X 是否相互独立? (3)求 $Z=U+X$ 的分布函数 $F(z)$.

解 (1)区域 D 的面积 $S(D) = \int_0^1 (\sqrt{x} - x^2) \mathrm{d}x = \dfrac{1}{3}$，所以 (X,Y) 的概率密度函数为

$$f(x,y) = \begin{cases} 3, & 0 < x < 1, x^2 < y < \sqrt{x}, \\ 0, & \text{其他.} \end{cases}$$

(2) U 与 X 不独立.

$$P\left\{U \leqslant \frac{1}{2}, X \leqslant \frac{1}{2}\right\} = P\left\{U = 0, X \leqslant \frac{1}{2}\right\} = P\left\{X > Y, X \leqslant \frac{1}{2}\right\}$$

$$= 3\int_0^{\frac{1}{2}} (x - x^2) \mathrm{d}x = \frac{1}{4},$$

$$P\left\{U \leqslant \frac{1}{2}\right\} = P\{U = 0\} = P\{X > Y\} = \frac{1}{2},$$

$$P\left\{X \leqslant \frac{1}{2}\right\} = \int_0^{\frac{1}{2}} 3\mathrm{d}x \int_{x^2}^{\sqrt{x}} \mathrm{d}y = \frac{1}{\sqrt{2}} - \frac{1}{8},$$

所以 $P\left\{U \leqslant \dfrac{1}{2}, X \leqslant \dfrac{1}{2}\right\} \neq P\left\{U \leqslant \dfrac{1}{2}\right\} P\left\{X \leqslant \dfrac{1}{2}\right\}$，故 U 与 X 不独立.

(3) $\quad F(z) = P\{U + X \leqslant z\} = P\{X \leqslant z, U = 0\} + P\{1 + X \leqslant z, U = 1\}$

$\qquad = P\{X \leqslant z, X > Y\} + P\{1 + X \leqslant z, X \leqslant Y\}.$

因为

$$P\{X \leqslant z, X > Y\} = \begin{cases} 0, & z < 0, \\ \dfrac{3}{2}z^2 - z^3, & 0 \leqslant z < 1, \\ \dfrac{1}{2}, & z \geqslant 1, \end{cases}$$

$$P\{1 + X \leqslant z, X \leqslant Y\} = \begin{cases} 0, & z < 1, \\ 2(z-1)^{\frac{3}{2}} - \dfrac{3}{2}(z-1)^2, & 1 \leqslant z < 2, \\ \dfrac{1}{2}, & z \geqslant 2, \end{cases}$$

所以

$$F(z) = \begin{cases} 0, & z < 0, \\ \dfrac{3}{2}z^2 - z^3, & 0 \leqslant z < 1, \\ 2(z-1)^{\frac{3}{2}} - \dfrac{3}{2}(z-1)^2 + \dfrac{1}{2}, & 1 \leqslant z < 2, \\ 1, & z \geqslant 2. \end{cases}$$

四、习　题　详　解

习题 3-1

1. 设二维连续型随机变量 (X,Y) 的分布函数为

$$F(x,y)=\begin{cases}(1-\mathrm{e}^{-2x})(1-\mathrm{e}^{-y}), & x>0, y>0,\\ 0, & \text{其他}.\end{cases}$$

求 X,Y 的边缘分布函数.

解
$$F_X(x)=F(x,+\infty)=\lim_{y\to+\infty}F(x,y)=\begin{cases}1-\mathrm{e}^{-2x}, & x>0,\\ 0, & \text{其他},\end{cases}$$

$$F_Y(y)=F(+\infty,y)=\lim_{x\to+\infty}F(x,y)=\begin{cases}1-\mathrm{e}^{-y}, & y>0,\\ 0, & \text{其他}.\end{cases}$$

2. 设二维连续型随机变量 (X,Y) 的分布函数为

$$F(x,y)=A\left(B+\arctan\frac{x}{2}\right)\left(C+\arctan\frac{y}{3}\right), \quad -\infty<x,y<+\infty.$$

求常数 A,B,C.

解　由分布函数的性质, 有

$$F(+\infty,+\infty)=A\left(B+\frac{\pi}{2}\right)\left(C+\frac{\pi}{2}\right)=1,$$

$$F(x,-\infty)=A\left(B+\arctan\frac{x}{2}\right)\left(C-\frac{\pi}{2}\right)=0,$$

$$F(-\infty,y)=A\left(B-\frac{\pi}{2}\right)\left(C+\arctan\frac{y}{3}\right)=0.$$

解得 $A=\dfrac{1}{\pi^2}$, $B=C=\dfrac{\pi}{2}$.

习题 3-2

1. 10 件产品中有 3 件次品、7 件正品, 每次任取一件, 连续取两次, 记

$$X_i=\begin{cases}0, & \text{第 } i \text{ 次取到正品},\\ 1, & \text{第 } i \text{ 次取到次品},\end{cases} \quad i=1,2.$$

在有放回抽样情况下, 写出 (X_1,X_2) 的联合概率分布.

解　(X_1,X_2) 的可能取值为 $(0,0),(0,1),(1,0),(1,1)$. 由于事件 $\{X_1=i\}$ 与 $\{X_2=j\}$ 相互独立, 所以有

$$P\{X_1=i,X_2=j\}=P\{X_1=i\}\cdot P\{X_2=j\}.$$

即 (X_1, X_2) 的联合概率分布为

X_1 ＼ X_2	0	1
0	0.49	0.21
1	0.21	0.09

2. 将一枚硬币连续掷三次, 以 X 表示三次中出现正面的次数, 以 Y 表示三次中出现正面的次数与出现反面的次数之差的绝对值, 写出 (X, Y) 的联合概率分布.

解　X 的取值为 0, 1, 2, 3, 则对应出现反面的次数为 3, 2, 1, 0, 所以 Y 的取值为 1, 3, 则有

$$P\{X=0, Y=3\} = \left(\frac{1}{2}\right)^3 = \frac{1}{8}, \qquad P\{X=1, Y=1\} = C_3^1 \left(\frac{1}{2}\right)^1 \left(\frac{1}{2}\right)^2 = \frac{3}{8},$$

$$P\{X=2, Y=1\} = C_3^2 \left(\frac{1}{2}\right)^2 \left(\frac{1}{2}\right)^1 = \frac{3}{8}, \quad P\{X=3, Y=3\} = \left(\frac{1}{2}\right)^3 = \frac{1}{8}.$$

于是, (X, Y) 的联合概率分布为

Y ＼ X	0	1	2	3
1	0	$\frac{3}{8}$	$\frac{3}{8}$	0
3	$\frac{1}{8}$	0	0	$\frac{1}{8}$

3. 箱内装有 10 件产品, 其中一、二、三等品各 1, 4, 5 件. 从箱内任意取出两件产品, 用 X 和 Y 分别表示取出的一等品和二等品的数目. 求:

(1) (X, Y) 的联合概率分布及其关于 X 和 Y 的边缘概率分布;

(2) 求取出的一等品和二等品相等的概率.

解　(1) X 的所有可能取值为 0, 1; Y 的所有可能取值为 0, 1, 2, 那么 (X, Y) 的所有可能取值为 $(0,0), (0,1), (0,2), (1,0), (1,1), (1,2)$.

由古典概率公式可求得

$$P\{X=0, Y=0\} = \frac{C_5^2}{C_{10}^2} = \frac{10}{45}, \qquad P\{X=0, Y=1\} = \frac{C_4^1 C_5^1}{C_{10}^2} = \frac{20}{45},$$

$$P\{X=0, Y=2\} = \frac{C_4^2}{C_{10}^2} = \frac{6}{45}, \qquad P\{X=1, Y=0\} = \frac{C_1^1 C_5^1}{C_{10}^2} = \frac{5}{45},$$

$$P\{X=1, Y=1\} = \frac{C_1^1 C_4^1}{C_{10}^2} = \frac{4}{45}, \qquad P\{X=1, Y=2\} = P\{\varnothing\} = 0.$$

则 (X, Y) 的概率分布及其关于 X 和 Y 的边缘分布如下表所示.

X \ Y	0	1	2	$p_{i\cdot}$
0	$\dfrac{10}{45}$	$\dfrac{20}{45}$	$\dfrac{6}{45}$	$\dfrac{4}{5}$
1	$\dfrac{5}{45}$	$\dfrac{4}{45}$	0	$\dfrac{1}{5}$
$p_{\cdot j}$	$\dfrac{1}{3}$	$\dfrac{8}{15}$	$\dfrac{2}{15}$	

(2) 所求概率为

$$P\{X = Y\} = P\{X = 0, Y = 0\} + P\{X = 1, Y = 1\} = \frac{10}{45} + \frac{4}{45} = \frac{14}{45}.$$

4. 设随机变量 X 在 $1, 2, 3$ 中等可能地取值，Y 在 $1 \sim X$ 中等可能地取整数值，求 (X, Y) 的联合概率分布及 $P\{X = Y\}$.

解　确定随机变量的取值

$$p_{ij} = P\{X = i, Y = j\} = P\{Y = j \mid X = i\} \cdot P\{X = i\} = \frac{1}{i} \cdot \frac{1}{3} \quad (i = 1, 2, 3, j \leqslant i),$$

X \ Y	1	2	3
1	$\dfrac{1}{3}$	0	0
2	$\dfrac{1}{6}$	$\dfrac{1}{6}$	0
3	$\dfrac{1}{9}$	$\dfrac{1}{9}$	$\dfrac{1}{9}$

$$P\{X = Y\} = P\{X = 1, Y = 1\} + P\{X = 2, Y = 2\} + P\{X = 3, Y = 3\} = \frac{1}{3} + \frac{1}{6} + \frac{1}{9} = \frac{11}{18}.$$

5. 已知随机变量 X 的分布列如下

X	-1	0	1
P	$\dfrac{1}{4}$	$\dfrac{1}{2}$	$\dfrac{1}{4}$

$Y = X^2$，求 (X, Y) 的分布列.

解

Y \ X	−1	0	1
0	0	$\dfrac{1}{2}$	0
1	$\dfrac{1}{4}$	0	$\dfrac{1}{4}$

习题 3-3

1. 设连续型二维随机变量 (X,Y) 的联合概率密度函数为

$$f(x,y)=\begin{cases} cxy, & 0\leqslant x\leqslant 2,0\leqslant y\leqslant 2,\\ 0, & \text{其他}. \end{cases}$$

求: (1)常数 c; (2) $P\{Y\geqslant X^2\}$; (3)边缘概率密度函数 $f_X(x)$, $f_Y(y)$.

解 (1) 由 $\int_{-\infty}^{+\infty}\int_{-\infty}^{+\infty}f(x,y)\mathrm{d}x\mathrm{d}y=\int_0^2\int_0^2 cxy\mathrm{d}x\mathrm{d}y=4c=1$ 得, $c=\dfrac{1}{4}$;

(2) $P\{Y\geqslant X^2\}=\int_0^{\sqrt{2}}\mathrm{d}x\int_{x^2}^2\dfrac{1}{4}xy\mathrm{d}y=\int_0^{\sqrt{2}}\left(\dfrac{1}{2}x-\dfrac{1}{8}x^5\right)\mathrm{d}x=\dfrac{1}{3}$;

(3) $f_X(x)=\int_{-\infty}^{+\infty}f(x,y)\mathrm{d}y=\begin{cases}\int_0^2\dfrac{1}{4}xy\mathrm{d}y, & 0\leqslant x\leqslant 2,\\ 0, & \text{其他}\end{cases}=\begin{cases}\dfrac{1}{2}x, & 0\leqslant x\leqslant 2,\\ 0, & \text{其他}.\end{cases}$

由对称性得 $f_Y(y)=\begin{cases}\dfrac{1}{2}y, & 0\leqslant y\leqslant 2,\\ 0, & \text{其他}.\end{cases}$

2. 设二维随机变量 (X,Y) 的概率密度为

$$f(x,y)=\begin{cases} x^2+\dfrac{1}{3}xy, & 0\leqslant x\leqslant 1,0\leqslant y\leqslant 2,\\ 0, & \text{其他}. \end{cases}$$

求: (1) X 与 Y 的边缘密度函数; (2) $P\{X+Y\geqslant 1\}$.

解 (1)当 $x<0$ 或 $x>1$ 时, $f_X(x)=\int_{-\infty}^{+\infty}f(x,y)\mathrm{d}y=\int_{-\infty}^{+\infty}0\mathrm{d}y=0$;

当 $0\leqslant x\leqslant 1$ 时, $f_X(x)=\int_0^2\left(x^2+\dfrac{1}{3}xy\right)\mathrm{d}y=2x^2+\dfrac{2}{3}x$;

所以 $f_X(x)=\begin{cases}2x^2+\dfrac{2}{3}x, & 0\leqslant x\leqslant 1,\\ 0, & \text{其他}.\end{cases}$

当 $y < 0$ 或 $y > 2$ 时, $f_Y(y) = \int_{-\infty}^{+\infty} f(x,y)\mathrm{d}x = \int_{-\infty}^{+\infty} 0\mathrm{d}x = 0$;

当 $0 \leqslant y \leqslant 2$ 时, $f_Y(y) = \int_0^1 \left(x^2 + \frac{1}{3}xy \right)\mathrm{d}x = \frac{1}{3} + \frac{1}{6}y$.

所以 $f_Y(y) = \begin{cases} \dfrac{1}{3} + \dfrac{1}{6}y, & 0 \leqslant y \leqslant 2, \\ 0, & \text{其他.} \end{cases}$

(2) $P\{X + Y \geqslant 1\} = \int_0^1 \mathrm{d}x \int_{1-x}^2 \left(x^2 + \frac{1}{3}xy \right)\mathrm{d}y = \frac{65}{72}$.

3. 设二维随机变量 (X, Y) 的联合概率密度函数为

$$f(x,y) = \begin{cases} cxy, & 0 \leqslant x \leqslant 1, 0 \leqslant y \leqslant x, \\ 0, & \text{其他.} \end{cases}$$

求: (1)常数 c ; (2) X 与 Y 的边缘密度函数 $f_X(x)$, $f_Y(y)$.

解 (1) 因为 $\int_{-\infty}^{+\infty} \int_{-\infty}^{+\infty} f(x,y)\mathrm{d}x\mathrm{d}y = 1$, 所以 $\int_0^1 \mathrm{d}x \int_0^x cxy\mathrm{d}y = 1$, 得 $c = 8$.

(2) 因为 $f_X(x) = \int_{-\infty}^{+\infty} f(x,y)\mathrm{d}y, -\infty < x < +\infty$, 所以

当 $0 \leqslant x \leqslant 1$ 时, 有 $f_X(x) = \int_{-\infty}^{+\infty} f(x,y)\mathrm{d}y = \int_0^x 8xy\mathrm{d}y = 4x^3$;

当 $x < 0$ 或 $x > 1$ 时, $f_X(x) = 0$. 故 $f_X(x) = \begin{cases} 4x^3, & 0 \leqslant x \leqslant 1, \\ 0, & \text{其他.} \end{cases}$

因为 $f_Y(y) = \int_{-\infty}^{+\infty} f(x,y)\mathrm{d}x, -\infty < y < +\infty$, 所以

当 $0 \leqslant y \leqslant 1$ 时, 有 $f_Y(y) = \int_{-\infty}^{+\infty} f(x,y)\mathrm{d}x = \int_y^1 8xy\mathrm{d}x = 4y(1 - y^2)$;

当 $y < 0$ 或 $y > 1$ 时, $f_Y(y) = 0$. 故 $f_Y(y) = \begin{cases} 4y(1 - y^2), & 0 \leqslant y \leqslant 1, \\ 0, & \text{其他.} \end{cases}$

4. 设二维连续型随机变量 (X, Y) 的概率密度函数为

$$f(x,y) = \frac{1}{\pi^2(1 + x^2)(1 + y^2)} .$$

求: (1) (X, Y) 的联合分布函数 $F(x, y)$;

(2) $P\{(X, Y) \in D\}$, 其中 D 为以点 $(0,0), (0,1), (1,1), (1,0)$ 为顶点的正方形区域.

解 (1) $F(x,y) = \int_{-\infty}^x \int_{-\infty}^y \frac{1}{\pi^2(1 + s^2)(1 + t^2)}\mathrm{d}s\mathrm{d}t$

$= \frac{1}{\pi^2} \left(\arctan x + \frac{\pi}{2} \right) \left(\arctan y + \frac{\pi}{2} \right) .$

(2) $P\{(X,Y)\in D\}=\iint\limits_{D} f(x,y)\mathrm{d}x\mathrm{d}y=\int_0^1\int_0^1\dfrac{1}{\pi^2(1+x^2)(1+y^2)}\mathrm{d}x\mathrm{d}y$

$$=\frac{1}{\pi^2}\arctan x\Big|_0^1\arctan y\Big|_0^1=\frac{1}{16}.$$

5. 设二维连续型随机变量 (X,Y) 的联合分布函数为

$$F(x,y)=\frac{1}{\pi^2}\left(\frac{\pi}{2}+\arctan\frac{x}{2}\right)\left(\frac{\pi}{2}+\arctan\frac{y}{3}\right),\quad -\infty<x,y<+\infty.$$

求 (X,Y) 的联合概率密度函数.

解 将上式两边对 x 与 y 求二阶混合偏导数, 即得 (X,Y) 的联合概率密度函数

$$f(x,y)=\frac{\partial^2 F(x,y)}{\partial x\partial y}=\frac{6}{\pi^2(x^2+4)(y^2+9)},\quad -\infty<x,y<+\infty.$$

习题 3-4

1. 已知随机变量 X_1 和 X_2 的概率分布分别为

X_1	−1	0	1
P	0.25	0.5	0.25

X_2	0	1
P	0.5	0.5

且 $P\{X_1X_2=0\}=1$, 求:

(1) 求 X_1 和 X_2 的联合分布列; (2)问 X_1 和 X_2 是否相互独立.

解 (1) X_1 和 X_2 的联合分布列和边缘分布列为

X_2 \ X_1	−1	0	1	$p_{\cdot j}$
0	c_{11}	c_{12}	c_{13}	0.5
1	c_{21}	c_{22}	c_{23}	0.5
$p_{i\cdot}$	0.25	0.5	0.25	

由 $P\{X_1X_2=0\}=1$ 得 $c_{21}=c_{23}=0$, $c_{11}=0.25, c_{13}=0.25, c_{12}=0, c_{22}=0.5$. 所以 X_1 和 X_2 的联合分布列为

X_2 \ X_1	−1	0	1
0	0.25	0	0.25
1	0	0.5	0

(2) $\quad 0.25=P\{X_1=-1,X_2=0\}\neq P\{X_1=-1\}P\{X_2=0\}=0.125$,

所以 X_1 和 X_2 不相互独立.

2. 设随机变量 X 的概率分布为

X	$-\pi$	0	π
P	$\dfrac{c}{9}$	$\dfrac{2c}{9}$	$\dfrac{c}{6}$

求: (1) 常数 c; (2) $Y = \cos X$ 的概率分布; (3) (X, Y) 的联合概率分布; (4) 判断 X 与 Y 是否独立.

解 (1) $\dfrac{c}{9} + \dfrac{2c}{9} + \dfrac{c}{6} = 1$, 所以 $c = 2$.

(2) $Y = \cos X$ 的概率分布为

$Y = \cos X$	-1	1
P	$\dfrac{5}{9}$	$\dfrac{4}{9}$

(3) (X, Y) 的取值为 $(-\pi, -1), (-\pi, 1), (0, -1), (0, 1), (\pi, -1), (\pi, 1)$, 所以 (X, Y) 的联合概率分布为

Y \ X	$-\pi$	0	π
-1	$\dfrac{2}{9}$	0	$\dfrac{1}{3}$
1	0	$\dfrac{4}{9}$	0

(4) 因为 $p_{2\cdot} = \dfrac{4}{9}$, $p_{\cdot 1} = \dfrac{5}{9}$, $p_{21} = 0$, 所以 $p_{21} \neq p_{2\cdot} \times p_{\cdot 1}$, 故 X 与 Y 不独立.

3. 已知 (X, Y) 的联合密度函数为 $f(x, y) = \begin{cases} 8xy, & 0 < x < y, 0 < y < 1, \\ 0, & \text{其他,} \end{cases}$ 讨论 X, Y 是否独立?

解 当 $x \leqslant 0$ 或 $x \geqslant 1$ 时, $f_X(x) = \int_{-\infty}^{+\infty} f(x, y) \mathrm{d}y = \int_{-\infty}^{+\infty} 0 \mathrm{d}y = 0$;

当 $0 < x < 1$ 时, $f_X(x) = \int_{-\infty}^{+\infty} f(x, y) \mathrm{d}y = \int_x^1 8xy \mathrm{d}y = 4x(1 - x^2)$.

故 X 的边缘密度函数为 $f_X(x) = \begin{cases} 4x(1 - x^2), & 0 < x < 1, \\ 0, & \text{其他.} \end{cases}$

当 $y \leqslant 0$ 或 $y \geqslant 1$ 时, $f_Y(y) = \int_{-\infty}^{+\infty} f(x, y) \mathrm{d}x = \int_{-\infty}^{+\infty} 0 \mathrm{d}x = 0$;

当 $0 \leqslant y \leqslant 1$ 时, $f_Y(y) = \int_{-\infty}^{+\infty} f(x, y) \mathrm{d}x = \int_0^y 8xy \mathrm{d}x = 4y^3$.

故 Y 的边缘密度函数为 $f_Y(y)=\begin{cases}4y^3, & 0<y<1,\\ 0, & \text{其他.}\end{cases}$ 显然, $f(x,y)\neq f_X(x)f_Y(y)$, 故 X,Y 不独立.

4. 设二维连续型随机变量 (X,Y) 的联合概率密度函数为 $f(x,y)=\begin{cases}\mathrm{e}^{-y}, & 0<x<y,\\ 0, & \text{其他.}\end{cases}$

(1) 求 X 与 Y 的边缘概率密度函数;　(2) 判断 X 与 Y 是否独立.

解　(1)　$f_X(x)=\displaystyle\int_{-\infty}^{+\infty}f(x,y)\mathrm{d}y=\begin{cases}\displaystyle\int_x^{+\infty}\mathrm{e}^{-y}\mathrm{d}y=\mathrm{e}^{-x}, & x>0,\\ 0, & x\leqslant 0,\end{cases}$

$$f_Y(y)=\int_{-\infty}^{+\infty}f(x,y)\mathrm{d}x=\begin{cases}\displaystyle\int_0^y\mathrm{e}^{-y}\mathrm{d}x=y\mathrm{e}^{-y}, & y>0,\\ 0, & y\leqslant 0.\end{cases}$$

(2) 易见, $f(x,y)\neq f_X(x)f_Y(y)$, 所以 X 和 Y 不相互独立.

5. 设二维随机变量 (X,Y) 在单位圆域 $D=\{(x,y)\mid x^2+y^2\leqslant 1\}$ 上服从均匀分布.

(1) 求 X 与 Y 的边缘概率密度;　(2) 判断 X 与 Y 是否独立.

解　(1)　(X,Y) 的联合概率密度函数为 $f(x,y)=\begin{cases}\dfrac{1}{\pi}, & x^2+y^2\leqslant 1,\\ 0, & x^2+y^2>1.\end{cases}$

当 $|y|\leqslant 1$ 时, $f_Y(y)=\displaystyle\int_{-\infty}^{+\infty}f(x,y)\mathrm{d}x=\int_{-\sqrt{1-y^2}}^{\sqrt{1-y^2}}\dfrac{1}{\pi}\mathrm{d}x=\dfrac{2}{\pi}\sqrt{1-y^2}$;

当 $|y|>1$ 时, $f_Y(y)=0$.

所以 $f_Y(y)=\begin{cases}\dfrac{2}{\pi}\sqrt{1-y^2}, & |y|\leqslant 1,\\ 0, & |y|>1.\end{cases}$ 同理: $f_X(x)=\begin{cases}\dfrac{2}{\pi}\sqrt{1-x^2}, & |x|\leqslant 1,\\ 0, & |x|>1.\end{cases}$

(2) 易见, 当 $|x|\leqslant 1,|y|\leqslant 1$ 时, $f(x,y)\neq f_X(x)f_Y(y)$. 所以 X 和 Y 不相互独立.

6. 设 X 和 Y 是相互独立的随机变量, 且都服从 $(0,1)$ 上的均匀分布, 试求方程 $a^2+2Xa+Y=0$ 有实根的概率.

解　方程有实根的条件为 $\Delta=4X^2-4Y\geqslant 0$, 即 $X^2\geqslant Y$, 而

$$f_X(x)=\begin{cases}1, & 0<x<1,\\ 0, & \text{其他,}\end{cases}\qquad f_Y(y)=\begin{cases}1, & 0<y<1,\\ 0, & \text{其他.}\end{cases}$$

由于 X 和 Y 相互独立, 所以 (X,Y) 的联合概率密度函数为

$$f(x,y)=\begin{cases}1, & 0\leqslant x\leqslant 1,0\leqslant y\leqslant 1,\\ 0, & \text{其他,}\end{cases}$$

故 $P\{X^2\geqslant Y\}=\displaystyle\iint\limits_{x^2\geqslant y}f(x,y)\mathrm{d}x\mathrm{d}y=\int_0^1\mathrm{d}x\int_0^{x^2}1\mathrm{d}y=\dfrac{1}{3}$.

习题 3-5

1. 设二维离散型随机变量 (X, Y) 的联合分布列如下

X \ Y	0	1	2
0	$\frac{1}{4}$	$\frac{1}{6}$	$\frac{1}{8}$
1	$\frac{1}{4}$	$\frac{1}{8}$	$\frac{1}{12}$

求: (1)在 $X = 0, 1$ 的条件下 Y 的条件分布列; (2)在 $Y = 0, 1, 2$ 的条件下 X 的条件分布列.

解 (1)

Y	0	1	2
P	$\frac{6}{13}$	$\frac{4}{13}$	$\frac{3}{13}$

Y	0	1	2
P	$\frac{6}{11}$	$\frac{3}{11}$	$\frac{2}{11}$

(2)

X	0	1
P	$\frac{1}{2}$	$\frac{1}{2}$

X	0	1
P	$\frac{4}{7}$	$\frac{3}{7}$

X	0	1
P	$\frac{3}{5}$	$\frac{2}{5}$

2. 设随机变量 X 在 $1, 2, 3, 4$ 四个整数中等可能取值, 另一个随机变量 Y 在 $1\sim X$ 中等可能地取整数值. 当 Y 取到数字 2 时, 求 X 取各个数的概率.

解 (X, Y) 的分布列及 X 和 Y 边缘分布列如下

X \ Y	1	2	3	4	$p_{i\cdot}$
1	$\frac{1}{4}$	0	0	0	$\frac{1}{4}$
2	$\frac{1}{8}$	$\frac{1}{8}$	0	0	$\frac{1}{4}$
3	$\frac{1}{12}$	$\frac{1}{12}$	$\frac{1}{12}$	0	$\frac{1}{4}$
4	$\frac{1}{16}$	$\frac{1}{16}$	$\frac{1}{16}$	$\frac{1}{16}$	$\frac{1}{4}$
$p_{\cdot j}$	$\frac{25}{48}$	$\frac{13}{48}$	$\frac{7}{48}$	$\frac{3}{48}$	

因此条件概率为

$$P\{X=i\,|\,Y=2\}=\frac{p_{i2}}{p_{\cdot2}}, \quad i=1,2,3,4.$$

根据上表数据可算得相应的概率分别为 $0,\dfrac{6}{13},\dfrac{4}{13},\dfrac{3}{13}$. 故在 $Y=2$ 的条件下 X 的条件分布为

X	1	2	3	4
P	0	$\dfrac{6}{13}$	$\dfrac{4}{13}$	$\dfrac{3}{13}$

3. 设二维连续型随机变量 (X,Y) 的联合概率密度函数为

$$f(x,y)=\begin{cases}Ae^{-(2x+y)}, & x>0, y>0, \\ 0, & \text{其他.}\end{cases}$$

求: (1) 常数 A; (2) $f_{X|Y}(x\,|\,y), f_{Y|X}(y\,|\,x)$; (3) $P\{X\leqslant 2\,|\,Y\leqslant 1\}$.

解 (1) 根据 $\displaystyle\int_{-\infty}^{+\infty}\int_{-\infty}^{+\infty}f(x,y)\mathrm{d}x\mathrm{d}y=1$, 有

$$\int_{-\infty}^{+\infty}\int_{-\infty}^{+\infty}f(x,y)\mathrm{d}x\mathrm{d}y=\int_{0}^{+\infty}\int_{0}^{+\infty}Ae^{-(2x+y)}\mathrm{d}x\mathrm{d}y$$

$$=A\int_{0}^{+\infty}e^{-2x}\mathrm{d}x\int_{0}^{+\infty}e^{-y}\mathrm{d}y$$

$$=A\left(-\frac{1}{2}e^{-2x}\Big|_{0}^{+\infty}\right)\left(-e^{-y}\Big|_{0}^{+\infty}\right)=\frac{A}{2}=1.$$

故 $A=2$. 即 $f(x,y)=\begin{cases}2e^{-(2x+y)}, & x>0, y>0, \\ 0, & \text{其他.}\end{cases}$

(2) 当 $x>0$ 时, $f_X(x)=\displaystyle\int_{-\infty}^{+\infty}f(x,y)\mathrm{d}y=\int_{0}^{+\infty}2e^{-(2x+y)}\mathrm{d}y=2e^{-2x}$, 故 X 的边缘密度函数为 $f_X(x)=\begin{cases}2e^{-2x}, & x>0, \\ 0, & \text{其他.}\end{cases}$

当 $y>0$ 时, $f_Y(y)=\displaystyle\int_{-\infty}^{+\infty}f(x,y)\mathrm{d}x=\int_{0}^{+\infty}2e^{-(2x+y)}\mathrm{d}x=e^{-y}$, 故 Y 的边缘密度函数为 $f_Y(y)=\begin{cases}e^{-y}, & y>0, \\ 0, & \text{其他.}\end{cases}$

当 $y>0$ 时, $f_{X|Y}(x\,|\,y)=\dfrac{f(x,y)}{f_Y(y)}=\begin{cases}2e^{-2x}, & x>0, \\ 0, & \text{其他,}\end{cases}$ 当 $y\leqslant 0$ 时, $f_{X|Y}(x\,|\,y)$ 不存在.

当 $x>0$ 时, $f_{Y|X}(y\,|\,x)=\dfrac{f(x,y)}{f_X(x)}=\begin{cases}e^{-y}, & y>0, \\ 0, & \text{其他,}\end{cases}$ 当 $x\leqslant 0$ 时, $f_{Y|X}(y\,|\,x)$ 不存在.

(3) $P\{X \le 2 \mid Y \le 1\} = \dfrac{P\{X \le 2, Y \le 1\}}{P\{Y \le 1\}}$ ，而

$$P\{X \le 2, Y \le 1\} = \int_{-\infty}^{2} \int_{-\infty}^{1} f(x,y)\mathrm{d}x\mathrm{d}y = (1-\mathrm{e}^{-4})(1-\mathrm{e}^{-1}),$$

$$P\{Y \le 1\} = \int_{-\infty}^{1} f_Y(y)\mathrm{d}y = 1-\mathrm{e}^{-1},$$

故 $P\{X \le 2 \mid Y \le 1\} = 1-\mathrm{e}^{-4}$.

4. 设随机变量 (X,Y) 的联合概率密度函数为

$$f(x,y) = \begin{cases} 1, & |y| < x, 0 < x < 1, \\ 0, & \text{其他}, \end{cases}$$

求条件密度 $f_{X|Y}(x \mid y)$ 和 $f_{Y|X}(y \mid x)$.

解 当 $x \ge 1$ 或 $x \le 0$ 时，$f_X(x) = 0$ ；

当 $0 < x < 1$ 时，$f_X(x) = \int_{-\infty}^{+\infty} f(x,y)\mathrm{d}y = \int_{-\infty}^{-x} 0\mathrm{d}y + \int_{-x}^{x} 1\mathrm{d}y + \int_{x}^{+\infty} 0\mathrm{d}y = 2x$ ；

故 $f_X(x) = \begin{cases} 2x, & 0 < x < 1, \\ 0, & \text{其他}. \end{cases}$

当 $y \ge 1$ 或 $y \le -1$ 时，$f_Y(y) = 0$ ；

当 $0 < y < 1$ 时，$f_Y(y) = \int_{-\infty}^{+\infty} f(x,y)\mathrm{d}x = \int_{-\infty}^{y} 0\mathrm{d}x + \int_{y}^{1} 1\mathrm{d}x + \int_{1}^{+\infty} 0\mathrm{d}x = 1-y$ ；

当 $-1 < y < 0$ 时，$f_Y(y) = \int_{-\infty}^{+\infty} f(x,y)\mathrm{d}x = \int_{-\infty}^{-y} 0\mathrm{d}x + \int_{-y}^{1} 1\mathrm{d}x + \int_{1}^{+\infty} 0\mathrm{d}x = 1+y$ ；

故 $f_Y(y) = \begin{cases} 1+y, & -1 < y < 0, \\ 1-y, & 0 < y < 1, \\ 0, & \text{其他} \end{cases} = \begin{cases} 1-|y|, & |y| < 1, \\ 0, & \text{其他}. \end{cases}$

当 $|y| < 1$ 时，$f_{X|Y}(x \mid y) = \dfrac{f(x,y)}{f_Y(y)} = \begin{cases} \dfrac{1}{1-|y|}, & |y| < x < 1, \\ 0, & \text{其他}. \end{cases}$

当 $0 < x < 1$ 时，$f_{Y|X}(y \mid x) = \dfrac{f(x,y)}{f_X(x)} = \begin{cases} \dfrac{1}{2x}, & |y| < x, \\ 0, & \text{其他}. \end{cases}$

5. 已知随机变量 Y 的密度函数为 $f_Y(y) = \begin{cases} 5y^4, & 0 < y < 1, \\ 0, & \text{其他}. \end{cases}$ 在给定 $Y = y$ 的条件下，

随机变量 X 的条件概率密度为 $f_{X|Y}(x \mid y) = \dfrac{f(x,y)}{f_Y(y)} = \begin{cases} \dfrac{3x^2}{y^3}, & 0 < x < y < 1, \\ 0, & \text{其他}. \end{cases}$ 求 $P\{X > 0.5\}$.

解 (X,Y) 的联合概率密度为 $f(x,y) = f_{X|Y}(x \mid y)f_Y(y) = \begin{cases} 15x^2y, & 0 < x < y < 1, \\ 0, & \text{其他}. \end{cases}$

当 $0 < x < 1$ 时, 有

$$f_X(x) = \int_{-\infty}^{+\infty} f(x,y)\mathrm{d}y = \int_x^1 15x^2 y\,\mathrm{d}y = \frac{15}{2}(x^2 - x^4).$$

当 $x \leqslant 0$ 或 $x \geqslant 1$ 时, 有 $f_X(x) = 0$. 即关于 X 的边缘概率密度为

$$f_X(x) = \begin{cases} \dfrac{15}{2}(x^2 - x^4), & 0 < x < 1, \\ 0, & \text{其他.} \end{cases}$$ 因此 $P\{X > 0.5\} = \int_{0.5}^{+\infty} f_X(x)\mathrm{d}x = \int_{0.5}^1 \frac{15}{2}(x^2 - x^4)\mathrm{d}x = \frac{47}{64}$.

6. 设数 X 在区间 $(0,1)$ 上等可能地随机取值, 当观察到 $X = x\,(0 < x < 1)$ 时, 数 Y 在区间 $(x,1)$ 上等可能地随机取值, 求 Y 的概率密度函数 $f_Y(y)$.

解 由题意, X 的概率密度函数为 $f_X(x) = \begin{cases} 1, & 0 < x < 1, \\ 0, & \text{其他.} \end{cases}$ 对于任意给定的值 $x\,(0 < x < 1)$, 在 $X = x$ 的条件下 Y 的条件概率密度为

$$f_{Y|X}(y \mid x) = \frac{f(x,y)}{f_X(x)} = \begin{cases} \dfrac{1}{1-x}, & x < y < 1, \\ 0, & \text{其他.} \end{cases}$$

因为 $f(x,y) = f_X(x) \cdot f_{Y|X}(y \mid x) = \begin{cases} \dfrac{1}{1-x}, & 0 < x < y < 1, \\ 0, & \text{其他,} \end{cases}$ 于是得关于 Y 的概率密度函

数为

$$f_Y(y) = \int_{-\infty}^{+\infty} f(x,y)\mathrm{d}x = \begin{cases} \displaystyle\int_0^y \frac{1}{1-x}\mathrm{d}x, & 0 < y < 1, \\ 0, & \text{其他} \end{cases} = \begin{cases} -\ln(1-y), & 0 < y < 1, \\ 0, & \text{其他.} \end{cases}$$

习题 3-6

1. 设离散型随机变量 X 与 Y 的分布列分别为

X	0	1	2
P	$\dfrac{1}{2}$	$\dfrac{3}{8}$	$\dfrac{1}{8}$

Y	0	1
P	$\dfrac{1}{3}$	$\dfrac{2}{3}$

且 X 与 Y 独立, 求:

(1) (X,Y) 的联合分布列;

(2) $Z = X + Y$ 的分布列;

(3) $Z = XY$ 的分布列.

解 (1) (X,Y) 的联合分布列为

X \ Y	0	1
0	$\frac{1}{6}$	$\frac{1}{3}$
1	$\frac{1}{8}$	$\frac{1}{4}$
2	$\frac{1}{24}$	$\frac{1}{12}$

(2) $Z = X + Y$ 的分布列为

$X+Y$	0	1	2	3
P	$\frac{1}{6}$	$\frac{11}{24}$	$\frac{7}{24}$	$\frac{1}{12}$

(3) $Z = XY$ 的分布列为

XY	0	1	2
P	$\frac{2}{3}$	$\frac{1}{4}$	$\frac{1}{12}$

2. 已知二维离散型随机变量 (X,Y) 的联合概率分布为

X \ Y	0	1	2
0	$\frac{1}{4}$	$\frac{1}{6}$	$\frac{1}{8}$
1	$\frac{1}{4}$	$\frac{1}{8}$	$\frac{1}{12}$

求: (1) $Z_1 = X - Y$ 的概率分布;

(2) $Z_2 = XY$ 的概率分布;

(3) $Z_3 = \max\{X,Y\}$ 的概率分布.

解

(X,Y)	(0,0)	(0,1)	(0,2)	(1,0)	(1,1)	(1,2)
$Z_1 = X - Y$	0	-1	-2	1	0	-1
$Z_2 = XY$	0	0	0	0	1	2
$Z_3 = \max\{X,Y\}$	0	1	2	1	1	2
P	$\frac{1}{4}$	$\frac{1}{6}$	$\frac{1}{8}$	$\frac{1}{4}$	$\frac{1}{8}$	$\frac{1}{12}$

(1) $Z_1 = X - Y$ 的概率分布为

$Z_1 = X - Y$	-2	-1	0	1
P	$\dfrac{1}{8}$	$\dfrac{1}{4}$	$\dfrac{3}{8}$	$\dfrac{1}{4}$

(2) $Z_2 = XY$ 的概率分布为

$Z_2 = XY$	0	1	2
P	$\dfrac{19}{24}$	$\dfrac{1}{8}$	$\dfrac{1}{12}$

(3) $Z_3 = \max\{X,Y\}$ 的概率分布为

$Z_3 = \max\{X,Y\}$	0	1	2
P	$\dfrac{1}{4}$	$\dfrac{13}{24}$	$\dfrac{5}{24}$

3. 设 X 与 Y 相互独立, 其概率密度函数分别为

$$f_X(x) = \begin{cases} \dfrac{1}{2}\mathrm{e}^{-\frac{x}{2}}, & x \geqslant 0, \\ 0, & x < 0, \end{cases} \qquad f_Y(y) = \begin{cases} \dfrac{1}{3}\mathrm{e}^{-\frac{x}{3}}, & y \geqslant 0, \\ 0, & y < 0, \end{cases}$$

求随机变量 $Z = X + Y$ 的概率密度函数.

解 由卷积公式得

$$f_Z(z) = \int_{-\infty}^{+\infty} f_X(x) f_Y(z-x) \mathrm{d}x.$$

考虑到 $f_X(x)$ 仅在 $x \geqslant 0$ 时不为零, $f_Y(z-x)$ 仅在 $z-x \geqslant 0$ 时不为零, 故上式右端的被积函数 $f_X(x)f_Y(z-x)$ 仅在 $0 \leqslant x \leqslant z$ 时才是非零的, 因此

当 $z \geqslant 0$ 时, $f_Z(z) = \displaystyle\int_0^z \dfrac{1}{2}\mathrm{e}^{-\frac{x}{2}}\dfrac{1}{3}\mathrm{e}^{-\frac{z-x}{3}}\mathrm{d}x = \mathrm{e}^{-\frac{z}{3}}\displaystyle\int_0^z \dfrac{1}{6}\mathrm{e}^{-\frac{x}{6}}\mathrm{d}x$

$$= \mathrm{e}^{-\frac{z}{3}}\int_0^z \mathrm{e}^{-\frac{x}{6}}\mathrm{d}\left(\dfrac{x}{6}\right) = \mathrm{e}^{-\frac{z}{3}}\left(1 - \mathrm{e}^{-\frac{z}{6}}\right).$$

当 $z < 0$ 时, $f_Z(z) = 0$, 故

$$f_Z(z) = \begin{cases} \mathrm{e}^{-\frac{z}{3}}(1 - \mathrm{e}^{-\frac{z}{6}}), & z \geqslant 0, \\ 0, & z < 0. \end{cases}$$

4. 设随机变量 X 与 Y 独立同分布, 共同概率密度函数为 $f(x) = \begin{cases} \mathrm{e}^{-x}, & x > 0, \\ 0, & x \leqslant 0. \end{cases}$ 求随机变量 $Z = X + Y$ 的概率密度函数.

解　由于 X 与 Y 相互独立, 所以 $f(x,y) = f_X(x)f_Y(y)$, 从而

$$f_Z(z) = \int_{-\infty}^{+\infty} f_X(x)f_Y(z-x)\mathrm{d}x = \begin{cases} \int_0^z \mathrm{e}^{-x}\mathrm{e}^{-(z-x)}\mathrm{d}x, & z > 0, \\ 0, & z \leqslant 0 \end{cases} = \begin{cases} z\mathrm{e}^{-z}, & z > 0, \\ 0, & z \leqslant 0. \end{cases}$$

5. 设二维随机变量 (X,Y) 的联合概率密度函数为 $f(x,y) = \dfrac{1}{2\pi}\mathrm{e}^{-\frac{x^2+y^2}{2}}$, 求 $Z = \dfrac{X}{Y}$ 的概率密度函数.

解　$Z = \dfrac{X}{Y}$ 的概率密度函数为

$$f_Z(z) = \int_{-\infty}^{+\infty} f(yz,y)|y|\mathrm{d}y = \frac{1}{2\pi}\left[\int_0^{+\infty} y\mathrm{e}^{-\frac{y^2(1+z^2)}{2}}\mathrm{d}y - \int_{-\infty}^0 y\mathrm{e}^{-\frac{y^2(1+z^2)}{2}}\mathrm{d}y\right].$$

令 $t = \dfrac{y^2(1+z^2)}{2}, \mathrm{d}t = y(1+z^2)\mathrm{d}y, 2t = y^2(1+z^2)$, 可得

$$f_Z(z) = \frac{1}{2\pi}\frac{1}{z^2+1}\left[\int_0^{+\infty}\mathrm{e}^{-t}\mathrm{d}t - \int_{+\infty}^0 \mathrm{e}^{-t}\mathrm{d}t\right] = \frac{1}{2\pi}\frac{1}{z^2+1}2 = \frac{1}{\pi(z^2+1)}.$$

6. 设 $X_1,\cdots,X_n$ 在 $(0,1)$ 上都服从均匀分布且相互独立, 求 $Z = \min\{X_1,X_2,\cdots,X_n\}$ 的概率密度函数.

解　由题意, $f_{X_i}(x) = \begin{cases} 1, & 0 < x < 1, \\ 0, & \text{其他}, \end{cases}$ $F_{X_i}(x) = \begin{cases} 0, & x < 0, \\ x, & 0 \leqslant x \leqslant 1, \\ 1, & x > 1. \end{cases}$ 则

$$F_{\min}(z) = 1 - [1 - F(z)]^n = \begin{cases} 0, & z < 0, \\ 1 - (1-z)^n, & 0 \leqslant z \leqslant 1, \\ 1, & z > 1. \end{cases}$$

$$f_{\min}(z) = F_{\min}'(z) = \begin{cases} n(1-z)^{n-1}, & 0 \leqslant z \leqslant 1, \\ 0, & \text{其他}. \end{cases}$$

7. 设二维随机变量 (X,Y) 的联合概率密度函数为

$$f(x,y) = \begin{cases} 2, & 0 < y < x, 0 < x < 1, \\ 0, & \text{其他}, \end{cases}$$

求: (1) $Z = X + Y$ 的概率密度函数;

　　(2) $Z = X - Y$ 的概率密度函数;

(3) $Z = \max\{X, Y\}$ 的概率密度函数 $f_z(z)$.

解　(1) $F_Z(z) = P(Z \leqslant z) = P(X + Y \leqslant z) = \iint\limits_{x+y \leqslant z} f(x, y) \mathrm{d}x\mathrm{d}y$

$$
= \begin{cases} 0, & z \leqslant 0, \\ \displaystyle\int_0^{\frac{z}{2}}\mathrm{d}y\int_y^{z-y} 2\mathrm{d}x, & 0 < z \leqslant 1, \\ \displaystyle\int_0^{\frac{z}{2}}\mathrm{d}x\int_0^x 2\mathrm{d}y + \int_{\frac{z}{2}}^1 \mathrm{d}x\int_0^{z-x} 2\mathrm{d}y, & 1 < z \leqslant 2, \\ 1, & 2 < z \end{cases} = \begin{cases} 0, & z \leqslant 0, \\ \dfrac{1}{2}z^2, & 0 < z \leqslant 1, \\ 2z - 1 - \dfrac{1}{2}z^2, & 1 < z \leqslant 2, \\ 1, & 2 < z, \end{cases}
$$

故　$f_Z(z) = F_Z'(z) = \begin{cases} z, & 0 < z \leqslant 1, \\ 2 - z, & 1 < z \leqslant 2, \\ 0, & \text{其他}. \end{cases}$

(2) $F_Z(z) = P(Z \leqslant z) = P(X - Y \leqslant z) = \iint\limits_{x-y \leqslant z} f(x, y) \mathrm{d}x\mathrm{d}y$

$$
= \begin{cases} 0, & z \leqslant 0, \\ \displaystyle\int_0^z \mathrm{d}x\int_0^x 2\mathrm{d}y + \int_z^1 \mathrm{d}x\int_{x-z}^x 2\mathrm{d}y, & 0 < z < 1, \\ \displaystyle\int_0^1 \mathrm{d}x\int_0^x 2\mathrm{d}y, & z \geqslant 1 \end{cases} = \begin{cases} 0, & z \leqslant 0, \\ 2z - z^2, & 0 < z < 1, \\ 1, & z \geqslant 1, \end{cases}
$$

故　$f_Z(z) = F_Z'(z) = \begin{cases} 2 - 2z, & 0 < z < 1, \\ 0, & \text{其他}. \end{cases}$

(3) $F_Z(z) = P\{Z \leqslant z\} = P\{\max\{X, Y\} \leqslant z\} = P\{X \leqslant z, Y \leqslant z\}$.

当 $z < 0$ 时，$F_Z(z) = 0$；

当 $0 \leqslant z < 1$ 时，$F_Z(z) = \displaystyle\int_0^z \mathrm{d}x\int_0^x 2\mathrm{d}y = z^2$；

当 $z \geqslant 1$ 时，$F_Z(z) = 1$.

故 $f_Z(z) = F_Z{}'(z) = \begin{cases} 2z, & 0 \leqslant z < 1, \\ 0, & \text{其他}. \end{cases}$

自 测 题 三

1. 设二维随机变量 (X, Y) 的联合概率密度函数为 $f(x, y) = \begin{cases} k\mathrm{e}^{-(2x+y)}, & x > 0, y > 0, \\ 0, & \text{其他}, \end{cases}$ 求：

(1) 常数 k；　　　　　　　　　　(2) 联合分布函数 $F(x, y)$；

(3) $P\{-1 < X \leqslant 1, -1 < Y \leqslant 1\}$；　(4) $P\{X + Y \leqslant 1\}$.

解 (1) $\int_{-\infty}^{+\infty}\int_{-\infty}^{+\infty}f(x,y)\mathrm{d}x\mathrm{d}y=\int_0^{+\infty}\int_0^{+\infty}k\mathrm{e}^{-(2x+y)}\mathrm{d}x\mathrm{d}y=\dfrac{k}{2}=1$, 所以 $k=2$.

(2) 当 $x>0,y>0$ 时,

$$F(x,y)=P\{X\leqslant x,Y\leqslant y\}=\int_0^x\int_0^y 2\mathrm{e}^{-(2x+y)}\mathrm{d}x\mathrm{d}y=(1-\mathrm{e}^{-2x})(1-\mathrm{e}^{-y})\ ;$$

当 $x\leqslant 0$ 或 $y\leqslant 0$ 时, $F(x,y)=0$.

所以 $F(x,y)=\begin{cases}(1-\mathrm{e}^{-2x})(1-\mathrm{e}^{-y}) & x>0,y>0,\\ 0 & \text{其他.}\end{cases}$

(3) $P\{-1<X\leqslant 1,-1<Y\leqslant 1\}=\int_{-1}^1\int_{-1}^1 f(x,y)\mathrm{d}x\mathrm{d}y=\int_0^1\int_0^1 2\mathrm{e}^{-(2x+y)}\mathrm{d}x\mathrm{d}y$

$$=\int_0^1 2\mathrm{e}^{-2x}\mathrm{d}x\int_0^1\mathrm{e}^{-y}\mathrm{d}y=(1-\mathrm{e}^{-2})(1-\mathrm{e}^{-1}).$$

(4) $P\{X+Y\leqslant 1\}=\iint\limits_{x+y\leqslant 1}f(x,y)\mathrm{d}x\mathrm{d}y=\int_0^1\mathrm{d}x\int_0^{1-x}2\mathrm{e}^{-(2x+y)}\mathrm{d}y$

$$=\int_0^1 2\mathrm{e}^{-2x}(1-\mathrm{e}^{x-1})\mathrm{d}x=1-2\mathrm{e}^{-1}+\mathrm{e}^{-2}.$$

2. 某仪器由两个部件构成, X,Y 分别表示两个部件的寿命(单位: 千小时), 已知 (X,Y) 的联合分布函数

$$F(x,y)=\begin{cases}1-\mathrm{e}^{-0.5x}-\mathrm{e}^{-0.5y}+\mathrm{e}^{-0.5(x+y)}, & x\geqslant 0,y\geqslant 0,\\ 0, & \text{其他.}\end{cases}$$

求: (1) X,Y 的边缘分布函数; (2)联合概率密度函数和边缘概率密度函数; (3)两部件寿命都超过 100 小时的概率.

解 (1) $F_X(x)=F(x,+\infty)=\lim\limits_{y\to+\infty}F(x,y)=\begin{cases}1-\mathrm{e}^{-0.5x}, & x\geqslant 0,\\ 0, & \text{其他,}\end{cases}$

$F_Y(y)=F(+\infty,y)=\lim\limits_{x\to+\infty}F(x,y)=\begin{cases}1-\mathrm{e}^{-0.5y}, & y\geqslant 0,\\ 0, & \text{其他.}\end{cases}$

(2) $f(x,y)=\dfrac{\partial^2 F(x,y)}{\partial x\partial y}=\begin{cases}0.25\mathrm{e}^{-0.5(x+y)}, & x\geqslant 0,y\geqslant 0,\\ 0, & \text{其他,}\end{cases}$

$f_X(x)=F_X'(x)=\begin{cases}0.5\mathrm{e}^{-0.5x}, & x\geqslant 0,\\ 0, & \text{其他,}\end{cases}$

$f_Y(y)=F_Y'(y)=\begin{cases}0.5\mathrm{e}^{-0.5y}, & y\geqslant 0,\\ 0, & \text{其他.}\end{cases}$

(3) $P\left\{X\geqslant\dfrac{100}{1000},Y\geqslant\dfrac{100}{1000}\right\}=\int_{0.1}^{+\infty}\int_{0.1}^{+\infty}f(x,y)\mathrm{d}x\mathrm{d}y=\mathrm{e}^{-0.1}$.

3. 设二维离散型随机变量 (X,Y) 的联合分布列如下

X \ Y	1	2	3
1	$\dfrac{1}{6}$	$\dfrac{1}{9}$	$\dfrac{1}{18}$
2	$\dfrac{1}{3}$	a	b

试根据下列条件分别求 a 和 b 的值;

(1) $P\{Y=2\}=\dfrac{1}{3}$; (2) $P\{X>1|Y=2\}=0.5$; (3) X 与 Y 相互独立.

解 由 $1=\sum_{i=1}^{2}\sum_{j=1}^{3}p_{ij}=\left(\dfrac{1}{6}+\dfrac{1}{9}+\dfrac{1}{18}\right)+\left(\dfrac{1}{3}+a+b\right)$ 得 $a+b=\dfrac{1}{3}$.

(1) 由 $\dfrac{1}{3}=P\{Y=2\}=\dfrac{1}{9}+a$ 得 $a=\dfrac{2}{9}$, 故 $b=\dfrac{1}{9}$.

(2) 由 $\dfrac{1}{2}=P\{X>1|Y=2\}=\dfrac{P\{X>1,Y=2\}}{P\{Y=2\}}=\dfrac{P\{X=2,Y=2\}}{P\{Y=2\}}=\dfrac{a}{\dfrac{1}{9}+a}$,

可得 $a=\dfrac{1}{9}$, $b=\dfrac{2}{9}$.

(3) 要使 X 与 Y 独立, 必须有 $p_{ij}=p_{i\cdot}\,p_{\cdot j}$, $i=1,2;j=1,2,3$. 故应有 $p_{12}=\dfrac{1}{9}=$

$\left(\dfrac{1}{6}+\dfrac{1}{9}+\dfrac{1}{18}\right)\left(\dfrac{1}{9}+a\right)=p_{1\cdot}p_{\cdot 1}$, 解得 $a=\dfrac{2}{9}$, 故 $b=\dfrac{1}{9}$.

4. 设二维随机变量 (X,Y) 的联合概率密度函数为 $f(x,y)=\begin{cases}Ax, & 0<x<1,0<y<x, \\ 0, & \text{其他.}\end{cases}$

求: (1) A; (2) X 与 Y 的边缘密度函数 $f_X(x),f_Y(y)$; (3)判断 X 与 Y 是否相互独立;
(4) $f_{Y|X}(y|x)$; (5) $P\{X+Y\leqslant 1\}$.

解 (1) 因为 $\displaystyle\int_{-\infty}^{+\infty}\int_{-\infty}^{+\infty}f(x,y)\mathrm{d}x\mathrm{d}y=1$, 所以 $\displaystyle\int_{0}^{1}\mathrm{d}x\int_{0}^{x}Ax\mathrm{d}y=1$, 得 $A=3$.

(2) 当 $0<x<1$ 时, 有

$$f_X(x)=\int_{-\infty}^{+\infty}f(x,y)\mathrm{d}y=\int_{0}^{x}3x\mathrm{d}y=3x^2.$$

当 $x\leqslant 0$ 或 $x\geqslant 1$ 时, $f_X(x)=0$. 即关于 X 的边缘概率密度函数为

$$f_X(x)=\begin{cases}3x^2, & 0<x<1, \\ 0, & \text{其他.}\end{cases}$$

同理关于 Y 的边缘概率密度为 $f_Y(y)=\begin{cases}\dfrac{3}{2}(1-y^2), & 0<y<1, \\ 0, & \text{其他.}\end{cases}$

(3) 显然，$f(x,y) \neq f_X(x)f_Y(y)$，故 X, Y 不相互独立.

(4) 当 $X = x\,(0 < x < 1)$ 时，Y 的条件概率密度为

$$f_{Y|X}(y \mid x) = \frac{f(x,y)}{f_X(x)} = \begin{cases} \dfrac{1}{x}, & 0 < y < x, \\ 0, & 其他. \end{cases}$$

(5) $P\{X + Y \leqslant 1\} = \int_0^{\frac{1}{2}} \mathrm{d}y \int_y^{1-y} 3x\mathrm{d}x = \frac{3}{2}\int_0^{\frac{1}{2}}(1-2y)\mathrm{d}y = \frac{3}{8}.$

5. 设 $(X,Y) \sim N(0,0,\sigma^2,\sigma^2,0)$. 求 $P\{X \leqslant Y\}$.

解　X 的概率密度函数为 $f(x,y) = \dfrac{1}{2\pi\sigma^2}\mathrm{e}^{-\frac{x^2+y^2}{2\sigma^2}}$，$-\infty < x < +\infty, -\infty < y < +\infty$, 所求

概率 $P\{X \leqslant Y\} = \iint\limits_{x \leqslant y} f(x,y)\mathrm{d}x\mathrm{d}y = \iint\limits_{x \leqslant y} \dfrac{1}{2\pi\sigma^2}\mathrm{e}^{-\frac{x^2+y^2}{2\sigma^2}}\mathrm{d}x\mathrm{d}y$. 其积分区域如图 3-1 所示. 采用

图 3-1

极坐标来计算二重积分，所求概率

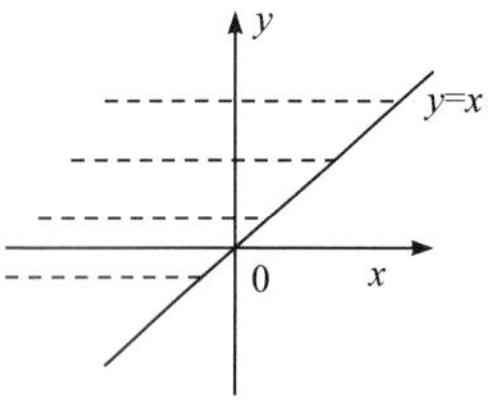

$$P\{X \leqslant Y\} = \iint\limits_{D} \frac{1}{2\pi\sigma^2}\mathrm{e}^{-\frac{r^2}{2\sigma^2}}r\mathrm{d}r\mathrm{d}\theta = \int_{\frac{\pi}{4}}^{\frac{5\pi}{4}}\mathrm{d}\theta\int_0^{+\infty}\frac{1}{2\pi\sigma^2}\mathrm{e}^{-\frac{r^2}{2\sigma^2}}r\mathrm{d}r$$

$$\left(令 u = \frac{r^2}{2\sigma^2}\right) = \pi \cdot \frac{1}{2\pi\sigma^2}\int_0^{+\infty}\mathrm{e}^{-u}\sigma^2\mathrm{d}u = \frac{1}{2}.$$

6. 设随机变量 X 与 Y 相互独立，X 在区间 $(0,2)$ 上服从均匀分布，Y 服从参数为 0.5 的指数分布，求: $(1)(X,Y)$ 的联合概率密度函数; $(2)\ P\{Y \leqslant X^2\}$.

解　(1)根据 X 在区间 $(0,2)$ 上服从均匀分布，Y 服从参数为 0.5 的指数分布，可得 X 与 Y 的概率密度函数分别为

$$f_X(x) = \begin{cases} 0.5, & 0 < x < 2, \\ 0, & 其他, \end{cases} \qquad f_Y(y) = \begin{cases} 0.5\mathrm{e}^{-0.5y}, & y > 0, \\ 0, & 其他, \end{cases}$$

又 X 与 Y 独立，所以 (X,Y) 的联合概率密度函数为

$$f(x,y) = f_X(x)f_Y(y) = \begin{cases} 0.25\mathrm{e}^{-0.5y}, & 0 < x < 2, y > 0, \\ 0, & 其他. \end{cases}$$

(2) $P\{Y \leqslant X^2\} = \int_0^2 \mathrm{d}x \int_0^{x^2} 0.25\mathrm{e}^{-0.5y}\mathrm{d}y = \int_0^2 \left[-0.5\mathrm{e}^{-0.5y}\right]\Big|_0^{x^2} \mathrm{d}x$

$\qquad\qquad = -0.5\int_0^2(\mathrm{e}^{-0.5x^2}-1)\mathrm{d}x = -0.5\left(\sqrt{2\pi}\int_0^2\frac{1}{\sqrt{2\pi}}\mathrm{e}^{-0.5x^2}\mathrm{d}x - 2\right)$

$\qquad\qquad = -0.5 \cdot \sqrt{2\pi}\big[\varPhi(2) - \varPhi(0)\big] + 1 \approx -0.5 \cdot \sqrt{2\pi}(0.98 - 0.5) + 1$

$\qquad\qquad = -0.24\sqrt{2\pi} + 1.$

7. 设 (X,Y) 的联合分布列为

X \ Y	0	1	2
1	0.15	0.25	0.35
3	0.05	0.18	0.02

求在 $X=3$ 的条件下, 随机变量 Y 的条件分布.

解 $P\{Y=0\,|\,X=3\}=\dfrac{P\{Y=0,X=3\}}{P\{X=3\}}=\dfrac{0.05}{0.05+0.18+0.02}=0.2$,

$P\{Y=1\,|\,X=3\}=\dfrac{P\{Y=1,X=3\}}{P\{X=3\}}=\dfrac{0.18}{0.05+0.18+0.02}=0.72$,

$P\{Y=2\,|\,X=3\}=\dfrac{P\{Y=2,X=3\}}{P\{X=3\}}=\dfrac{0.02}{0.05+0.18+0.02}=0.08$.

故随机变量 Y 在 $X=3$ 时的条件分布为

Y	0	1	2
P	0.2	0.72	0.08

8. 设二维随机变量 (X,Y) 的联合概率密度函数为

$$f(x,y)=\begin{cases}c(x+y), & 0\leqslant y\leqslant x\leqslant 1,\\ 0, & \text{其他.}\end{cases}$$

(1) 求常数 c; (2) 判断 X 与 Y 的独立性;

(3) 求 $f_{X|Y}(x\,|\,y),f_{Y|X}(y\,|\,x)$, $f\left(y\,\Big|\,x=\dfrac{1}{3}\right)$; (4) $P\{X+Y\leqslant 1\}$.

解 (1) $\displaystyle\int_{-\infty}^{+\infty}\int_{-\infty}^{+\infty}f(x,y)\mathrm{d}x\mathrm{d}y=1$, $\displaystyle\int_{-\infty}^{+\infty}\int_{-\infty}^{+\infty}f(x,y)\mathrm{d}x\mathrm{d}y=\int_0^1\int_0^x c(x+y)\mathrm{d}x\mathrm{d}y=\dfrac{c}{2}$, 所以 $c=2$.

(2) $f_X(x)=\displaystyle\int_{-\infty}^{+\infty}f(x,y)\mathrm{d}y$.

当 $x<0,x>1$ 时, $f_X(x)=0$;

当 $0\leqslant x\leqslant 1$ 时, $f_X(x)=\displaystyle\int_0^x c(x+y)\mathrm{d}y=3x^2$.

所以 $f_X(x)=\begin{cases}3x^2, & 0\leqslant x\leqslant 1,\\ 0, & \text{其他.}\end{cases}$ 同样可得 $f_Y(y)=\begin{cases}1+2y-3y^2, & 0\leqslant y\leqslant 1,\\ 0, & \text{其他.}\end{cases}$ 很显然,

$f(x,y)\neq f_X(x)f_Y(y)$, 故 X,Y 不相互独立.

(3) 在 $Y=y\,(0\leqslant y<1)$ 条件下, X 的条件概率密度函数

$$f_{X|Y}(x \mid y) = \frac{f(x,y)}{f_Y(y)} = \begin{cases} \dfrac{2(x+y)}{1+2y-3y^2}, & y \leqslant x \leqslant 1, \\ 0, & \text{其他.} \end{cases}$$

在 $X = x\,(0 < x \leqslant 1)$ 的条件下，Y 的条件概率密度函数

$$f_{Y|X}(y \mid x) = \frac{f(x,y)}{f_X(x)} = \begin{cases} \dfrac{2(x+y)}{3x^2}, & 0 \leqslant y \leqslant x, \\ 0, & \text{其他.} \end{cases}$$

故当 $X = \dfrac{1}{3}$ 时，$f\left(y \mid x = \dfrac{1}{3}\right) = \begin{cases} 2+6y, & 0 \leqslant y \leqslant \dfrac{1}{3}, \\ 0, & \text{其他.} \end{cases}$

(4) $P\{X+Y \leqslant 1\} = \displaystyle\int_0^{\frac{1}{2}} \mathrm{d}y \int_y^{1-y} 2(x+y)\mathrm{d}x = \int_0^{\frac{1}{2}} (1-4y^2)\mathrm{d}y = \dfrac{1}{3}.$

9. 设二维随机变量 (X,Y) 的联合分布列如下

Y \ X	0	1	2
0	0.10	0.25	0.15
1	0.15	0.20	0.15

求：(1) $Z = XY$ 的分布列；　(2) $Z = \max(X,Y)$ 的分布列；　(3) $Z = \min(X,Y)$ 的分布列.

解　(1)　$Z = XY$ 的分布列为

Z	0	1	2
P	0.65	0.2	0.15

(2)　$Z = \max(X,Y)$ 的分布列为

Z	0	1	2
P	0.1	0.6	0.3

(3)　$Z = \min(X,Y)$ 的分布列为

Z	0	1
P	0.65	0.35

第四章　随机变量的数字特征

一、基 本 内 容

1. 数学期望

(1) 随机变量的数学期望.

设离散型随机变量 X 的分布列为 $P\{X=x_i\}=p_i$，$i=1,2,\cdots$，如果级数 $\sum\limits_{i=1}^{+\infty}x_i\cdot p_i$ 绝对收敛，则称级数 $\sum\limits_{i=1}^{+\infty}x_i\cdot p_i$ 为随机变量 X 的数学期望，简称期望、期望值、均值，记为 $E(X)$，即

$$E(X)=\sum_{i=1}^{+\infty}x_i\cdot p_i=x_1p_1+x_2p_2+\cdots+x_ip_i+\cdots.$$

否则，称随机变量 X 的数学期望不存在.

设连续型随机变量 X 的概率密度函数为 $f(x)$，如果积分 $\int_{-\infty}^{+\infty}x\cdot f(x)\mathrm{d}x$ 绝对收敛，则称该积分 $\int_{-\infty}^{+\infty}x\cdot f(x)\mathrm{d}x$ 为随机变量 X 的数学期望，记为 $E(X)$，即

$$E(X)=\int_{-\infty}^{+\infty}x\cdot f(x)\mathrm{d}x.$$

否则，称随机变量 X 的数学期望不存在.

(2) 随机变量函数的数学期望.

设 X 是随机变量，$Y=g(X)$ 是 X 的连续函数，则有：

(i) 若 X 为离散型随机变量，其分布列为 $P\{X=x_i\}=p_i,i=1,2,\cdots$，如果级数 $\sum\limits_{k=1}^{+\infty}g(x_i)p_i$ 绝对收敛，则函数 $Y=g(X)$ 的数学期望为

$$E(Y)=E[g(X)]=\sum_{i=1}^{+\infty}g(x_i)p_i.$$

(ii) 若 X 为连续型随机变量，其概率密度函数为 $f(x)$，如果积分 $\int_{-\infty}^{+\infty}g(x)f(x)\mathrm{d}x$ 绝对收敛，则函数 $Y=g(Y)$ 的数学期望为

$$E(Y)=E[g(X)]=\int_{-\infty}^{+\infty}g(x)f(x)\mathrm{d}x.$$

(3) 二维随机变量函数的数学期望.

设 (X,Y) 是二维随机变量, $Z=g(X,Y)$ 是 X 和 Y 的连续函数, 则有:

(i) 若 (X,Y) 为离散型随机变量, 其联合分布列为

$$P\{X=x_i,Y=y_j\}=p_{ij}, \quad i,j=1,2,\cdots,$$

如果级数 $\sum\limits_{i=1}^{+\infty}\sum\limits_{j=1}^{+\infty}g(x_i,y_j)\cdot p_{ij}$ 绝对收敛, 则有

$$E(Z)=E[g(X,Y)]=\sum\limits_{i=1}^{+\infty}\sum\limits_{j=1}^{+\infty}g(x_i,y_j)\cdot p_{ij}.$$

(ii) 若 (X,Y) 为连续型随机变量, 其概率密度函数为 $f(x,y)$, 如果积分 $\int_{-\infty}^{+\infty}\int_{-\infty}^{+\infty}g(x,y)f(x,y)\mathrm{d}x\mathrm{d}y$ 绝对收敛, 则有

$$E(Z)=E[g(X,Y)]=\int_{-\infty}^{+\infty}\int_{-\infty}^{+\infty}g(x,y)f(x,y)\mathrm{d}x\mathrm{d}y.$$

(4) 数学期望的性质.

性质 1 设 C 为任意常数, 则 $E(C)=C$.

性质 2 设 X 为随机变量, C 为任意常数, 则 $E(CX)=CE(X)$.

性质 3 设 X,Y 为任意两个随机变量, 则有 $E(X+Y)=E(X)+E(Y)$.

推广: 对常数 $C_1,C_2,\cdots,C_n$ 有

$$E(C_1X_1+C_2X_2+\cdots+C_nX_n)=C_1E(X_1)+C_2E(X_2)+\cdots+C_nE(X_n).$$

性质 4 设随机变量 X,Y 相互独立, 则有 $E(XY)=E(X)E(Y)$.

推广: 若 $X_1,X_2,\cdots,X_n$ 为相互独立的随机变量, 则有

$$E(X_1X_2\cdots X_n)=E(X_1)E(X_2)\cdots E(X_n).$$

2. 方差

(1) 方差的概念.

设 X 是一随机变量, 如果 $E[X-E(X)]^2$ 存在, 则称 $E[X-E(X)]^2$ 为随机变量 X 的方差, 记为 $D(X)$ 或 $\mathrm{var}(X)$, 即

$$D(X)=E[X-E(X)]^2.$$

称 $\sqrt{D(X)}$ 为随机变量 X 的标准差或均方差, 记为 $\sigma(X)$.

(2) 方差的计算.

若 X 为离散型随机变量, 其分布列为 $P\{X=x_i\}=p_i$, $i=1,2,\cdots$, 则

$$D(X)=\sum\limits_{i=1}^{+\infty}[x_i-E(X)]^2 p_i.$$

若 X 为连续型随机变量, 其概率密度函数为 $f(x)$, 则

$$D(X) = \int_{-\infty}^{+\infty} [x - E(X)]^2 \cdot f(x)\mathrm{d}x .$$

另外, 还有一个常用的计算方差的重要公式:

$$D(X) = E(X^2) - [E(X)]^2 .$$

(3) 方差的性质.

性质 1 设 C 为任意常数, 则 $D(C) = 0$.

性质 2 设 X 为随机变量, C 为任意常数, 则 $D(CX) = C^2 D(X)$.

性质 3 设随机变量 X, Y 相互独立, 则有 $D(X \pm Y) = D(X) + D(Y)$.

注 若随机变量 $X_1, X_2, \cdots, X_n$ 相互独立, $C_1, C_2, \cdots, C_n$ 为常数, 则有

$$D\left(\sum_{i=1}^{n} X_i\right) = \sum_{i=1}^{n} D(X_i), \quad D\left(\sum_{i=1}^{n} C_i X_i\right) = \sum_{i=1}^{n} C_i^2 D(X_i) .$$

3. 协方差

(1) 协方差的概念.

设 (X, Y) 是二维随机变量, 若 $E\{[X - E(X)][Y - E(Y)]\}$ 存在, 则称 $E\{[X - E(X)] \cdot [Y - E(Y)]\}$ 为随机变量 X 与 Y 的协方差, 记为 $\mathrm{cov}(X, Y)$, 即

$$\mathrm{cov}(X, Y) = E\{[X - E(X)][Y - E(Y)]\} .$$

特别地, $\mathrm{cov}(X, X) = E\{[X - E(X)][X - E(X)]\} = D(X)$.

(2) 协方差的计算.

若 (X, Y) 为离散型随机变量, 联合分布列为 $P\{X = x_i, Y = y_j\} = p_{ij}, i, j = 1, 2, \cdots$, 则有

$$\mathrm{cov}(X, Y) = \sum_{i=1}^{+\infty} \sum_{j=1}^{+\infty} [x_i - E(X)][y_j - E(Y)] \cdot p_{ij} .$$

若 (X, Y) 为连续型随机变量, 概率密度函数为 $f(x, y)$, 则有

$$\mathrm{cov}(X, Y) = \int_{-\infty}^{+\infty} \int_{-\infty}^{+\infty} [x - E(X)][y - E(Y)] f(x, y)\mathrm{d}x\mathrm{d}y .$$

常用计算公式: $\mathrm{cov}(X, Y) = E(XY) - E(X)E(Y)$.

(3) 协方差的性质.

设 X, Y, Z 为随机变量, a, b 为任意实数, 则有:

性质 1 $\mathrm{cov}(X, Y) = \mathrm{cov}(Y, X)$.

性质 2 $\mathrm{cov}(aX, bY) = ab\,\mathrm{cov}(X, Y)$.

性质 3 $\mathrm{cov}(X + Y, Z) = \mathrm{cov}(X, Z) + \mathrm{cov}(Y, Z)$.

性质 4 若 X 与 Y 相互独立, 则 $\mathrm{cov}(X, Y) = 0$.

性质 5 对于任意两个随机变量 X 与 Y,

$$D(X \pm Y) = D(X) + D(Y) \pm 2\,\mathrm{cov}(X, Y) .$$

推广: $D(aX \pm bY) = a^2 D(X) + b^2 D(Y) \pm 2ab\,\mathrm{cov}(X,Y)$.

4. 相关系数

(1) 相关系数的概念.

设二维随机变量 (X,Y) 的协方差 $\mathrm{cov}(X,Y)$ 存在, 且有 $D(X) > 0, D(Y) > 0$, 则称 $\dfrac{\mathrm{cov}(X,Y)}{\sqrt{D(X)}\sqrt{D(Y)}}$ 为 X 与 Y 的相关系数, 或称为 X 与 Y 的标准协方差, 记为 ρ_{XY} 或 $\rho(X,Y)$, 即

$$\rho_{XY} = \rho(X,Y) = \frac{\mathrm{cov}(X,Y)}{\sqrt{D(X)}\sqrt{D(Y)}} .$$

(2) 相关系数的性质.

设 (X,Y) 为二维随机变量, ρ_{XY} 为 X 与 Y 的相关系数, 则有:

性质 1 $\rho_{XY} = \rho_{YX}$.

性质 2 $|\rho_{XY}| \leqslant 1$.

性质 3 $|\rho_{XY}| = 1$ 的充要条件为存在不全为零的常数 a 和 b , 使得

$$P\{Y = aX + b\} = 1 .$$

且当 $a > 0$ 时, $\rho_{XY} = 1$; 当 $a < 0$ 时, $\rho_{XY} = -1$.

注   (1) 相关系数 ρ_{XY} 反映了 X 与 Y 之间的线性相关程度, 当 $|\rho_{XY}| = 1$ 时, X 与 Y 之间以概率 1 存在线性关系 $Y = aX + b$. 反之, $|\rho_{XY}|$ 越小, X 与 Y 的线性关系就越差, 若 $\rho_{XY} = 0$, 则称 X 与 Y 是不相关的.

(2) 若 X 与 Y 相互独立, 则有 $\mathrm{cov}(X,Y) = 0$, 从而 $\rho_{XY} = 0$, 即若 X 与 Y 相互独立, 则 X 与 Y 不相关. 反之, 若 $\rho_{XY} = 0$, 即 X 与 Y 不相关, 只能说明 X 与 Y 不存在线性关系, 并不能说明它们之间没有其他函数关系, 也不能说明 X 与 Y 相互独立. 这说明 "不相关" 与 "相互独立" 是两个不同的概念, 其含义是不同的, 不相关只是就线性关系而言的.

(3) ρ_{XY} 是 X 与 Y 线性关系强弱的数字特征. 当 $\rho_{XY} > 0$ 时, 称 X 与 Y 是正相关的, 此时表明 X 的取值越大, Y 的取值也越大; X 的取值越小, Y 的取值也越小. 当 $\rho_{XY} < 0$ 时, 称 X 与 Y 是负相关的, 此时表明 X 的取值越大, Y 的取值越小; X 的取值越小, Y 的取值越大.

5. 矩

设 X 和 Y 为随机变量, 若 $E(X^k)\,(k = 1,2,\cdots)$ 存在, 则称其为随机变量 X 的 k 阶原点矩.

若 $E[X - E(X)]^k\,(k = 1,2,\cdots)$ 存在, 则称它为随机变量 X 的 k 阶中心矩.

若 $E(X^k Y^l), k,l = 1,2,\cdots$ 存在, 则称它为随机变量 X 和 Y 的 $k+l$ 阶混合原点矩.

若 $E\{[X-E(X)]^k[Y-E(Y)]^l\}(k,l=1,2,\cdots)$ 存在，则称它为随机变量 X 和 Y 的 $k+l$ 阶混合中心矩.

注　一阶原点矩是 $E(X)$，一阶中心矩是 0，二阶中心矩是 $D(X)$，二阶混合中心矩是 $\mathrm{cov}(X,Y)$.

6. 协方差矩阵

设二维随机变量 (X_1,X_2) 的四个二阶中心矩都存在，分别记为

$$c_{11}=E[X_1-E(X_1)]^2=D(X_1),\quad c_{12}=E\{[X_1-E(X_1)][X_2-E(X_2)]\}=\mathrm{cov}(X_1,X_2),$$

$$c_{21}=E\{[X_2-E(X_2)][X_1-E(X_1)]\}=\mathrm{cov}(X_2,X_1),\quad c_{22}=E[X_2-E(X_2)]^2=D(X_2),$$

则称矩阵 $\boldsymbol{C}=\begin{pmatrix}c_{11}&c_{12}\\c_{21}&c_{22}\end{pmatrix}$ 为二维随机变量 (X_1,X_2) 的协方差矩阵.

如果 n 维随机变量 $(X_1,X_2,\cdots,X_n)$ 的二阶中心矩

$$c_{ij}=\mathrm{cov}(X_i,X_j)=E\{[X_i-E(X_i)][X_j-E(X_j)]\}\quad(i,j=1,2,\cdots,n).$$

都存在，则称矩阵

$$\boldsymbol{C}=\begin{pmatrix}c_{11}&c_{12}&\cdots&c_{1n}\\c_{21}&c_{22}&\cdots&c_{2n}\\\vdots&\vdots&&\vdots\\c_{n1}&c_{n2}&\cdots&c_{nn}\end{pmatrix}$$

为 n 维随机变量 $(X_1,X_2,\cdots,X_n)$ 的协方差矩阵.

注　(1) 协方差矩阵是一个对称矩阵.

(2) $c_{ii}=D(X_i)\ (i=1,2,\cdots,n)$.

(3) $c_{ij}=\mathrm{cov}(X_i,X_j)\ (i\neq j,i,j=1,2,\cdots,n)$.

7. 常见分布列及其数学期望与方差(表4-1)

表 4-1　常见分布列及其数学期望与方差

概率分布	分布列或概率密度	数学期望	方差
0-1 分布 $X\sim B(1,p)$	$P\{X=k\}=p^kq^{1-k},$ $k=0,1,\ 0<p<1,q=1-p$	p	pq
二项分布 $X\sim B(n,p)$	$P\{X=k\}=\mathrm{C}_n^kp^kq^{n-k},$ $k=0,1,2,\cdots,n,\ 0<p<1,q=1-p$	np	npq
泊松分布 $X\sim P(\lambda)$	$P\{X=k\}=\dfrac{\lambda^k\mathrm{e}^{-\lambda}}{k!},\ k=0,1,2,\cdots,\lambda>0$	λ	λ
均匀分布 $X\sim U(a,b)$	$f(x)=\begin{cases}\dfrac{1}{b-a},&a<x<b,\\0,&\text{其他}\end{cases}$	$\dfrac{a+b}{2}$	$\dfrac{(b-a)^2}{12}$

续表

概率分布	分布列或概率密度	数学期望	方差
指数分布 $X \sim E(\lambda)$	$f(x) = \begin{cases} \lambda e^{-\lambda x}, & x > 0, \\ 0, & x \leqslant 0, \end{cases} \lambda > 0$	$\dfrac{1}{\lambda}$	$\dfrac{1}{\lambda^2}$
正态分布 $X \sim N(\mu, \sigma^2)$	$f(x) = \dfrac{1}{\sqrt{2\pi}\sigma} e^{-\frac{(x-\mu)^2}{2\sigma^2}}, \ -\infty < x < +\infty$	μ	σ^2

二、基 本 要 求

(1) 熟练掌握随机变量的期望、方差、协方差、相关系数、矩及协方差矩阵的概念及意义.

(2) 能熟练利用有关公式计算随机变量的期望、方差、协方差、相关系数、矩及协方差矩阵.

(3) 熟练掌握 0-1 分布、二项分布、泊松分布、均匀分布、指数分布及正态分布等常见分布的期望和方差的计算.

(4) 掌握并能够熟练运用期望和方差的性质解决实际问题.

三、扩 展 例 题

例 1　设随机变量 $X \sim N(-3,1), Y \sim N(2,1)$，且 X 与 Y 相互独立，若 $Z = X - 2Y + 7$，则随机变量 $Z \sim$ _____.

解　由已知条件知，随机变量 Z 服从正态分布，且
$$E(Z) = E(X - 2Y + 7) = E(X) - 2E(Y) + 7 = 0,$$
$$D(Z) = D(X - 2Y + 7) = D(X) + 4D(Y) = 5.$$
则 $Z \sim N(0,5)$. 故答案应为 $N(0,5)$.

例 2　设随机变量 X, Y 相互独立，且同服从正态分布 $N\left(0, \dfrac{1}{2}\right)$. 令 $Z = |X - Y|$，则随机变量 Z 的方差 $D(Z) =$ _____.

解　令 $U = X - Y$，则 $Z = |X - Y| = |U|$，且
$$U \sim N(0,1), \quad E(U^2) = D(U) = 1.$$
则
$$E(Z) = E(|U|) = \int_{-\infty}^{+\infty} |x| \frac{1}{\sqrt{2\pi}} e^{-\frac{x^2}{2}} \,\mathrm{d}x = \frac{2}{\sqrt{2\pi}} \int_{0}^{+\infty} x e^{-\frac{x^2}{2}} \,\mathrm{d}x = \sqrt{\frac{2}{\pi}},$$

$$D(Z) = E(Z^2) - [E(Z)]^2 = E(U^2) - \left(\sqrt{\frac{2}{\pi}}\right)^2 = 1 - \frac{2}{\pi}.$$

故答案应为 $1 - \frac{2}{\pi}$.

例 3 设一次试验成功的概率为 p,进行 100 次独立重复试验,当 $p =$ _____时,成功次数的标准差的值最大,其最大值为_____.

解 以 X 表示成功次数,则 $X \sim B(100, p)$,X 的标准差 $\sqrt{D(X)} = \sqrt{100p(1-p)}$,函数 $f(p) = 100p(1-p)$ 的最大值点在 $p = \frac{1}{2}$. 则当 $p = \frac{1}{2}$ 时,标准差 $\sqrt{D(X)}$ 的值最大,且最大值为

$$\sqrt{D(X)} = \sqrt{100 \cdot \frac{1}{2} \cdot \left(1 - \frac{1}{2}\right)} = 5.$$

故答案应分别为 $\frac{1}{2}, 5$.

例 4 设随机变量 X 在区间 $(-1, 2)$ 上服从均匀分布,随机变量 $Y = \begin{cases} 1, & X > 0, \\ 0, & X = 0, \\ -1, & X < 0, \end{cases}$

则方差 $D(Y) =$ _____.

解 X 的密度函数为 $f(x) = \begin{cases} \dfrac{1}{3}, & -1 < x < 2, \\ 0, & \text{其他}, \end{cases}$

$$E(Y) = 1 \cdot P\{Y = 1\} + (-1) \cdot P\{Y = -1\} = P\{X > 0\} - P\{X < 0\} = \frac{2}{3} - \frac{1}{3} = \frac{1}{3},$$

$$E(Y^2) = 1^2 \cdot P\{Y = 1\} + (-1)^2 \cdot P\{Y = -1\} = P\{X > 0\} + P\{X < 0\} = 1,$$

$$D(Y) = E(Y^2) - [E(Y)]^2 = 1 - \left(\frac{1}{3}\right)^2 = \frac{8}{9}.$$

故答案应为 $\frac{8}{9}$.

例 5 设随机变量 X 服从参数为 λ 的指数分布,则 $P\{X > \sqrt{D(X)}\} =$ _____.

解 X 的密度函数为 $f(x) = \begin{cases} \lambda e^{-\lambda x}, & x > 0, \\ 0, & x \leqslant 0, \end{cases}$ 且 $D(X) = \frac{1}{\lambda^2}$,则

$$P\{X > \sqrt{D(X)}\} = P\left\{X > \frac{1}{\lambda}\right\} = \int_{\frac{1}{\lambda}}^{+\infty} \lambda e^{-\lambda x} dx = -e^{-\lambda x} \Big|_{\frac{1}{\lambda}}^{+\infty} = e^{-1}.$$

故答案应为 e^{-1}.

例 6 (2008 年考研真题) 设随机变量 X 服从参数为 1 的泊松分布,则

$P\{X = E(X^2)\} = $ _____.

解　由 $X \sim P(1)$，得

$$E(X) = 1, \quad D(X) = 1, \quad E(X^2) = D(X) + [E(X)]^2 = 2.$$

于是有 $P\{X = E(X^2)\} = P\{X = 2\} = \dfrac{1^2}{2!} \cdot e^{-1} = \dfrac{e^{-1}}{2}$．故答案应为 $\dfrac{e^{-1}}{2}$．

例 7 (2010 年考研真题)　设随机变量 X 的分布列为

$$P\{X = k\} = \frac{C}{k!}, \quad k = 0, 1, 2, \cdots,$$

则 $E(X^2) = $ _____.

解　由 $\displaystyle\sum_{k=0}^{+\infty} P\{X = k\} = \sum_{k=0}^{+\infty} \frac{C}{k!} = C \sum_{k=0}^{+\infty} \frac{1}{k!} = C \cdot e = 1$，得 $C = \dfrac{1}{e}$．所以 $X \sim P(1)$，于是有

$$E(X) = 1, \quad D(X) = 1, \quad E(X^2) = D(X) + [E(X)]^2 = 2.$$

故答案应为 2.

例 8 (2013 年考研真题)　设随机变量 X 服从标准正态分布 $N(0,1)$，则 $E(X \cdot e^{2X}) = $ _____.

解　由于 $X \sim N(0,1)$，则

$$
\begin{aligned}
E(X \cdot e^{2X}) &= \int_{-\infty}^{+\infty} x e^{2x} \frac{1}{\sqrt{2\pi}} e^{-\frac{x^2}{2}} \, dx = \int_{-\infty}^{+\infty} x \frac{1}{\sqrt{2\pi}} e^{-\frac{1}{2}[(x^2 - 4x + 4) - 4]} \, dx \\
&= e^2 \int_{-\infty}^{+\infty} x \frac{1}{\sqrt{2\pi}} e^{-\frac{1}{2}(x-2)^2} \, dx \xlongequal{x - 2 = t} e^2 \int_{-\infty}^{+\infty} (t + 2) \frac{1}{\sqrt{2\pi}} e^{-\frac{1}{2}t^2} \, dt \\
&= e^2 \left(\int_{-\infty}^{+\infty} t \frac{1}{\sqrt{2\pi}} e^{-\frac{1}{2}t^2} \, dt + 2 \int_{-\infty}^{+\infty} \frac{1}{\sqrt{2\pi}} e^{-\frac{1}{2}t^2} \, dt \right) = e^2 (0 + 2) = 2e^2.
\end{aligned}
$$

故答案应为 $2e^2$．

例 9　设 X 是一个随机变量，记 $E(X) = \mu, D(X) = \sigma^2, \mu, \sigma > 0$ 为常数，则对任意常数 C，必有（　　）.

　　A. $E(X - C)^2 = E(X^2) - C^2$；　　　　　　　　B. $E(X - C)^2 = E(X - \mu)^2$；

　　C. $E(X - C)^2 < E(X - \mu)^2$；　　　　　　　　D. $E(X - C)^2 \geqslant E(X - \mu)^2$．

解　　　　　$E(X - C)^2 = E[(X - \mu) + (\mu - C)]^2$

$$= E(X - \mu)^2 + (\mu - C)^2 + 2E[(X - \mu) \cdot (\mu - C)].$$

$$E[(X - \mu) \cdot (\mu - C)] = (\mu - C)E(X - \mu) = (\mu - C)[E(X) - \mu] = 0,$$

则 $E(X - C)^2 = E(X - \mu)^2 + (\mu - C)^2 \geqslant E(X - \mu)^2$．故答案应为 D.

例 10　设随机变量 X 和 Y 的方差都存在且不等于 0，则 $D(X + Y) = D(X) + D(Y)$ 是 X 和 Y（　　）.

A. 不相关的充分条件, 但不是必要条件; B. 独立的充分条件, 但不是必要条件;

C. 不相关的充分必要条件; D. 独立的充分必要条件.

解 $D(X+Y)=D(X)+D(Y)\Leftrightarrow X$ 和 Y 不相关. 故答案应为 C.

例 11 设随机变量 (X,Y) 服从二维正态分布, 则随机变量 $\xi=X+Y$ 和 $\eta=X-Y$ 不相关的充分必要条件为( ).

A. $E(X)=E(Y)$; B. $E(X^2)-[E(X)]^2=E(Y^2)-[E(Y)]^2$;

C. $E(X^2)=E(Y^2)$; D. $E(X^2)+[E(X)]^2=E(Y^2)+[E(Y)]^2$.

解 $\mathrm{cov}(\xi,\eta)=\mathrm{cov}(X+Y,X-Y)=D(X)-D(Y)$, $\xi=X+Y$ 和 $\eta=X-Y$ 不相关 $\Leftrightarrow$ $\mathrm{cov}(\xi,\eta)=0\Leftrightarrow D(X)=D(Y)$, 即 $E(X^2)-[E(X)]^2=E(Y^2)-[E(Y)]^2$. 故答案应为 B.

例 12 (2009 年考研真题) 设随机变量 X 的分布函数 $F(x)=0.3\cdot\Phi(x)+0.7\cdot$ $\Phi\left(\dfrac{x-1}{2}\right)$, 其中 $\Phi(x)$ 是标准正态分布函数, 则 $E(X)=($).

A. 0; B. 0.3; C. 0.7; D. 1.

解 由于 X 的分布函数 $F(x)=0.3\cdot\Phi(x)+0.7\cdot\Phi\left(\dfrac{x-1}{2}\right)$, 所以 X 的密度函数

$f(x)=F'(x)=0.3\cdot\Phi'(x)+0.35\cdot\Phi'\left(\dfrac{x-1}{2}\right)$, 且

$$E(X)=\int_{-\infty}^{+\infty}xf(x)\mathrm{d}x=\int_{-\infty}^{+\infty}xF'(x)\mathrm{d}x=\int_{-\infty}^{+\infty}x\left[0.3\cdot\Phi'(x)+0.35\cdot\Phi'\left(\dfrac{x-1}{2}\right)\right]\mathrm{d}x$$

$$=0.3\int_{-\infty}^{+\infty}x\cdot\Phi'(x)\mathrm{d}x+0.35\int_{-\infty}^{+\infty}x\cdot\Phi'\left(\dfrac{x-1}{2}\right)\mathrm{d}x,$$

又 $\int_{-\infty}^{+\infty}\Phi'(x)\mathrm{d}x=1$, $\int_{-\infty}^{+\infty}x\cdot\Phi'(x)\mathrm{d}x=0$,

$$\int_{-\infty}^{+\infty}x\cdot\Phi'\left(\dfrac{x-1}{2}\right)\mathrm{d}x\xlongequal{t=\frac{x-1}{2}}2\int_{-\infty}^{+\infty}(2t+1)\cdot\Phi'(t)\mathrm{d}t=4\int_{-\infty}^{+\infty}t\cdot\Phi'(t)\mathrm{d}t+2\int_{-\infty}^{+\infty}\Phi'(t)\mathrm{d}t=2,$$

则 $E(X)=2\times0.35=0.7$. 故答案应为 C.

例 13 (2012 年考研真题) 将长度为 1m 的木棒随机地截成两段, 则两段长度的相关系数为( ).

A. 1; B. $\dfrac{1}{2}$; C. $-\dfrac{1}{2}$; D. -1.

解 记两段木棒长度分别为 X 和 Y, 则 $Y=1-X$, 且

$$X\sim U(0,1),\quad D(X)>0,\quad D(Y)=D(1-X)=D(X),$$

$$\mathrm{cov}(X,Y)=\mathrm{cov}(X,1-X)=-\mathrm{cov}(X,X)=-D(X),$$

则 $\rho_{XY}=\dfrac{\mathrm{cov}(X,Y)}{\sqrt{D(X)}\sqrt{D(Y)}}=\dfrac{-D(X)}{\sqrt{D(X)}\sqrt{D(X)}}=-1$. 故答案应为 D.

例 14 (2014 年考研真题) 设连续型随机变量 X_1 和 X_2 相互独立，且方差都存在．X_1 和 X_2 的概率密度函数分别为 $f_1(x)$，$f_2(x)$，随机变量 $Y_2 = \frac{1}{2}(X_1 + X_2)$，且随机变量 Y_1 的概率密度为 $f_{Y_1}(y) = \frac{1}{2}[f_1(y) + f_2(y)]$，则有(　　).

 A. $E(Y_1) > E(Y_2), D(Y_1) > D(Y_2)$；   B. $E(Y_1) = E(Y_2), D(Y_1) = D(Y_2)$；

 C. $E(Y_1) = E(Y_2), D(Y_1) < D(Y_2)$；   D. $E(Y_1) = E(Y_2), D(Y_1) > D(Y_2)$.

 解 由于 Y_1 的概率密度为 $f_{Y_1}(y) = \frac{1}{2}[f_1(y) + f_2(y)]$，则

$$E(Y_1) = \int_{-\infty}^{+\infty} y \cdot f_{Y_1}(y)\mathrm{d}y = \int_{-\infty}^{+\infty} y \cdot \frac{1}{2}[f_1(y) + f_2(y)]\mathrm{d}y = \frac{1}{2}\left[\int_{-\infty}^{+\infty} y \cdot f_1(y)\mathrm{d}y + \int_{-\infty}^{+\infty} y \cdot f_2(y)\mathrm{d}y\right]$$

$$= \frac{1}{2}[E(X_1) + E(X_2)] = E\left[\frac{1}{2}(X_1 + X_2)\right] = E(Y_2),$$

故

$$E(Y_1) = E(Y_2).\ \ \text{又}\ D(Y_1) = E(Y_1^2) - [E(Y_1)]^2, D(Y_2) = E(Y_2^2) - [E(Y_2)]^2,$$

$$E(Y_1^2) = \int_{-\infty}^{+\infty} y^2 \cdot f_{Y_1}(y)\mathrm{d}y = \int_{-\infty}^{+\infty} y^2 \cdot \frac{1}{2}[f_1(y) + f_2(y)]\mathrm{d}y,$$

$$= \frac{1}{2}\left[\int_{-\infty}^{+\infty} y^2 \cdot f_1(y)\mathrm{d}y + \int_{-\infty}^{+\infty} y^2 \cdot f_2(y)\mathrm{d}y\right] = \frac{1}{2}[E(X_1^2) + E(X_2^2)],$$

$$E(Y_2^2) = \frac{1}{4}E(X_1 + X_2)^2 = \frac{1}{4}[E(X_1^2) + E(X_2^2) + 2E(X_1 X_2)],$$

则

$$E(Y_1^2) - E(Y_2^2) = \frac{1}{4}[E(X_1^2) + E(X_2^2) - 2E(X_1 X_2)] = \frac{1}{4}E(X_1 - X_2)^2,$$

$$E(X_1 - X_2)^2 = D(X_1 - X_2) + [E(X_1 - X_2)]^2 > 0,$$

于是 $E(Y_1^2) > E(Y_2^2)$，则 $D(Y_1) > D(Y_2)$. 故答案应为 D.

 例 15 设随机变量 X 的密度函数为 $f(x) = \frac{1}{2} \cdot \mathrm{e}^{-|x|}, -\infty < x < +\infty$. (1) 求 $E(X), D(X)$；(2) 求 X 与 $|X|$ 的协方差，并问 X 与 $|X|$ 是否不相关；(3) 问 X 与 $|X|$ 是否相互独立？为什么？

 解 (1) $E(X) = \int_{-\infty}^{+\infty} xf(x)\mathrm{d}x = \int_{-\infty}^{+\infty} x\frac{1}{2} \cdot \mathrm{e}^{-|x|}\mathrm{d}x = 0$，

$$E(X^2) = \int_{-\infty}^{+\infty} x^2 f(x)\mathrm{d}x = \int_{-\infty}^{+\infty} x^2 \frac{1}{2} \cdot \mathrm{e}^{-|x|}\mathrm{d}x = \int_{0}^{+\infty} x^2 \cdot \mathrm{e}^{-x}\mathrm{d}x = 2,$$

则 $D(X) = E(X^2) - [E(X)]^2 = 2$.

(2)
$$\text{cov}(X,|X|) = E(X \cdot |X|) - E(X) \cdot E(|X|) = E(X \cdot |X|)$$
$$= \int_{-\infty}^{+\infty} x \cdot |x| \cdot f(x)\mathrm{d}x = \int_{-\infty}^{+\infty} x \cdot |x| \cdot \frac{1}{2}\mathrm{e}^{-|x|}\mathrm{d}x = 0,$$

则 X 与 $|X|$ 不相关.

(3)
$$P\{|X| \leqslant 1\} = \int_{-1}^{1} f(x)\mathrm{d}x = \int_{-1}^{1} \frac{1}{2} \cdot \mathrm{e}^{-|x|}\mathrm{d}x > 0,$$

$$P\{X \leqslant 1\} = \int_{-\infty}^{1} f(x)\mathrm{d}x = \int_{-\infty}^{1} \frac{1}{2} \cdot \mathrm{e}^{-|x|}\mathrm{d}x = 1 - \int_{1}^{+\infty} \frac{1}{2} \cdot \mathrm{e}^{-x}\mathrm{d}x < 1,$$

则 $P\{X \leqslant 1, |X| \leqslant 1\} = P\{|X| \leqslant 1\} \neq P\{X \leqslant 1\} \cdot P\{|X| \leqslant 1\}$, 故 X 与 $|X|$ 不相互独立.

例 16 设某种商品每周的需求量 X 是服从区间 $(10,30)$ 上均匀分布的随机变量, 而经销商店进货数量为区间 $(10,30)$ 中的某一整数, 商店每销售一单位商品可获利 500 元; 若供大于求, 则削价处理, 每处理一单位商品亏损 100 元; 若供不应求, 则可从外部调剂供应, 此时每一单位商品仅获利 300 元. 为使商店所获利润期望值不少于 9280 元, 试确定最少进货量.

解 设进货量为 y, 利润为 Y, 则

$$Y = g(X) = \begin{cases} 500y + 300(X-y), & y < X \leqslant 30, \\ 500X - 100(y-X), & 10 \leqslant X < y \end{cases}$$
$$= \begin{cases} 200y + 300X, & y < X \leqslant 30, \\ 600X - 100y, & 10 \leqslant X < y. \end{cases}$$

已知 $X \sim U(10,30)$, 则 X 的密度函数为

$$f(x) = \begin{cases} \dfrac{1}{20}, & 10 < x < 30, \\ 0, & \text{其他}, \end{cases}$$

那么利润期望

$$E(Y) = E[g(X)] = \int_{-\infty}^{+\infty} g(x)f(x)\mathrm{d}x = \int_{10}^{30} g(x)\frac{1}{20}\mathrm{d}x$$
$$= \int_{10}^{y} (600x - 100y)\frac{1}{20}\mathrm{d}x + \int_{y}^{30} (200y + 300x)\frac{1}{20}\mathrm{d}x$$
$$= -\frac{15}{2}y^2 + 350y + 5250 \geqslant 9280,$$

故 $\dfrac{62}{3} \leqslant y \leqslant 26$, 又由于进货数量为整数, 因此最少进货量为 21.

例 17 设随机变量 X 的密度函数为 $f(x) = \begin{cases} \dfrac{1}{2} \cdot \cos\dfrac{x}{2}, & 0 \leqslant x \leqslant \pi, \\ 0, & \text{其他}, \end{cases}$ 对 X 独立地重复

观测 4 次, 用 Y 表示观测值大于 $\dfrac{\pi}{3}$ 的次数, 求 Y^2 的数学期望.

解　　$P\left\{X > \dfrac{\pi}{3}\right\} = \displaystyle\int_{\frac{\pi}{3}}^{\pi} \dfrac{1}{2} \cdot \cos\dfrac{x}{2}\mathrm{d}x = \dfrac{1}{2}$, 则 $Y \sim B\left(4, \dfrac{1}{2}\right)$, 那么 $E(Y) = 4 \times \dfrac{1}{2} = 2, D(Y) =$

$4 \times \dfrac{1}{2} \times \left(1 - \dfrac{1}{2}\right) = 1$, 故 $E(Y^2) = D(Y) + [E(Y)]^2 = 5$.

例 18 (2014 年考研真题)　设随机变量 X 的分布列为 $P\{X = 1\} = P\{X = 2\} = \dfrac{1}{2}$, 在

给定 $X = i$ 的条件下, 随机变量 Y 服从均匀分布 $U(0, i)(i = 1, 2)$. 求:

(1) Y 的分布函数 $F_Y(y)$;　　　　　　(2) $E(Y)$.

解　(1) 记均匀分布 $U(0,1), U(0,2)$ 的分布函数分别为 $F_1(y), F_2(y)$, 则

$$F_1(y) = \begin{cases} 0, & y \leqslant 0, \\ y, & 0 < y \leqslant 1, \\ 1, & y > 1, \end{cases} \qquad F_2(y) = \begin{cases} 0, & y \leqslant 0, \\ \dfrac{y}{2}, & 0 < y \leqslant 2, \\ 1, & y > 2, \end{cases}$$

由全概率公式, 则 Y 的分布函数为

$$\begin{aligned} F_Y(y) &= P\{Y \leqslant y\} = P\{X = 1\} \cdot P\{Y \leqslant y \mid X = 1\} + P\{X = 2\} \cdot P\{Y \leqslant y \mid X = 2\} \\ &= \dfrac{1}{2}[P\{Y \leqslant y \mid X = 1\} + P\{Y \leqslant y \mid X = 2\}] \\ &= \dfrac{1}{2}[F_1(y) + F_2(y)] = \begin{cases} 0, & y \leqslant 0, \\ \dfrac{3}{4}y, & 0 < y \leqslant 1, \\ \dfrac{1}{4}(2 + y), & 1 < y \leqslant 2, \\ 1, & y > 2. \end{cases} \end{aligned}$$

(2) Y 的密度函数为

$$f_Y(y) = F_Y'(y) = \begin{cases} \dfrac{3}{4}, & 0 < y \leqslant 1, \\ \dfrac{1}{4}, & 1 < y \leqslant 2, \\ 0, & \text{其他}, \end{cases}$$

则 $E(Y) = \displaystyle\int_{-\infty}^{+\infty} y f_Y(y)\mathrm{d}y = \int_0^1 \dfrac{3}{4} y\mathrm{d}y + \int_1^2 \dfrac{1}{4} y\mathrm{d}y = \dfrac{3}{4}$.

四、习题详解

习题 4-1

1. 设随机变量 X 的分布列为

X	-1	0	1	2
P	$\dfrac{1}{3}$	$\dfrac{1}{3}$	$\dfrac{1}{4}$	$\dfrac{1}{12}$

求 $E(X)$.

解 $E(X) = (-1) \times \dfrac{1}{3} + 0 \times \dfrac{1}{3} + 1 \times \dfrac{1}{4} + 2 \times \dfrac{1}{12} = \dfrac{1}{12}$.

2. 某汽车修理厂给一台汽车更换一个零件，修理员从装有 4 个该零件的盒子中逐一取出零件进行测试. 已知盒子中只有 2 个正品，X 记为该修理员首次取到正品零件所需的次数. 求 $E(X)$.

解 X 可能的取值为 $1, 2, 3$，

$$P\{X=1\} = \frac{C_2^1}{C_4^1} = \frac{1}{2}, \quad P\{X=2\} = \frac{C_2^1 C_2^1}{C_4^1 C_3^1} = \frac{1}{3}, \quad P\{X=3\} = \frac{C_2^1 C_1^1 C_2^1}{C_4^1 C_3^1 C_2^1} = \frac{1}{6},$$

则 $E(X) = 1 \times \dfrac{1}{2} + 2 \times \dfrac{1}{3} + 3 \times \dfrac{1}{6} = \dfrac{5}{3}$.

3. 设甲、乙两名射手对同一目标各射击一枪，且两人击中目标的概率分别为 $0.8, 0.7$. 假设两人射击是相互独立的，X 表示目标被击中的次数. 求 $E(X)$.

解 X 可能的取值为 $0, 1, 2$，

$$P\{X=0\} = (1-0.8) \times (1-0.7) = 0.06,$$
$$P\{X=1\} = (1-0.8) \times 0.7 + (1-0.7) \times 0.8 = 0.38,$$
$$P\{X=2\} = 0.8 \times 0.7 = 0.56,$$

则 $E(X) = 0 \times 0.06 + 1 \times 0.38 + 2 \times 0.56 = 1.5$.

4. 设随机变量 X 的分布函数为 $F(x) = \begin{cases} 0, & x \leqslant 0, \\ \dfrac{x}{4}, & 0 < x \leqslant 4, \\ 1, & x > 4, \end{cases}$ 求 $E(X)$.

解 X 的密度函数为 $f(x) = F'(x) = \begin{cases} \dfrac{1}{4}, & 0 < x \leqslant 4, \\ 0, & 其他, \end{cases}$ 则

$$E(X) = \int_{-\infty}^{+\infty} x \cdot f(x) \mathrm{d}x = \int_0^4 x \cdot \frac{1}{4} \mathrm{d}x = 2 .$$

5. 设随机变量 X 的密度函数为 $f(x) = \begin{cases} \dfrac{3}{8}x^2, & 0 < x < 2, \\ 0, & \text{其他,} \end{cases}$ 求: $E(X), E\left(\dfrac{1}{X^2}\right).$

解
$$E(X) = \int_{-\infty}^{+\infty} x \cdot f(x) \mathrm{d}x = \int_0^2 x \cdot \frac{3}{8}x^2 \mathrm{d}x = \frac{3}{2},$$

$$E\left(\frac{1}{X^2}\right) = \int_{-\infty}^{+\infty} \frac{1}{x^2} \cdot f(x) \mathrm{d}x = \int_0^2 \frac{1}{x^2} \cdot \frac{3}{8}x^2 \mathrm{d}x = \frac{3}{4}.$$

6. 已知随机变量 X 的密度函数为 $f(x) = \begin{cases} Ax^2 + Bx, & 0 < x < 1, \\ 0, & \text{其他,} \end{cases}$ 且 $E(X) = \dfrac{1}{2}$. 求:

(1) A, B 的值;　　(2) $E(X^2)$.

解　(1) 由密度函数的性质有

$$1 = \int_{-\infty}^{+\infty} f(x) \mathrm{d}x = \int_0^1 (Ax^2 + Bx) \mathrm{d}x = \frac{A}{3} + \frac{B}{2}, \qquad ①$$

又

$$E(X) = \int_{-\infty}^{+\infty} x \cdot f(x) \mathrm{d}x = \int_0^1 x \cdot (Ax^2 + Bx) \mathrm{d}x = \frac{A}{4} + \frac{B}{3} = \frac{1}{2}. \qquad ②$$

由①②可得 $A = -6, B = 6$. 于是 X 的密度函数为 $f(x) = \begin{cases} -6x^2 + 6x, & 0 < x < 1, \\ 0, & \text{其他.} \end{cases}$

(2)
$$E(X^2) = \int_{-\infty}^{+\infty} x^2 \cdot f(x) \mathrm{d}x = \int_0^1 x^2 \cdot (-6x^2 + 6x) \mathrm{d}x = \frac{3}{10}.$$

7. 设随机变量 X 的分布列为

X	-2	0	5	10
P	0.1	0.2	0.4	0.3

求: $E(X), E(X^2), E(2X+1)$.

解　　　　　$E(X) = (-2) \times 0.1 + 0 \times 0.2 + 5 \times 0.4 + 10 \times 0.3 = 4.8 .$

$$E(X^2) = (-2)^2 \times 0.1 + 0^2 \times 0.2 + 5^2 \times 0.4 + 10^2 \times 0.3 = 40.4 .$$

$$E(2X+1) = [2 \times (-2) + 1] \times 0.1 + (2 \times 0 + 1) \times 0.2 + (2 \times 5 + 1) \times 0.4 + (2 \times 10 + 1) \times 0.3 = 10.6$$

或

$$E(2X+1) = 2E(X) + 1 = 10.6 .$$

8. 设二维离散型随机变量 (X, Y) 的联合分布列为

X \ Y	1	2	3
−1	0	$\frac{1}{6}$	$\frac{1}{6}$
2	$\frac{1}{6}$	$\frac{1}{4}$	$\frac{1}{4}$

求: $E(X+3Y), E(XY^2)$.

解
$$E(X+3Y) = (-1+3\times1)\times0 + (-1+3\times2)\times\frac{1}{6} + (-1+3\times3)\times\frac{1}{6}$$
$$+ (2+3\times1)\times\frac{1}{6} + (2+3\times2)\times\frac{1}{4} + (2+3\times3)\times\frac{1}{4} = \frac{31}{4}.$$

$$E(XY^2) = (-1)\times1^2\times0 + (-1)\times2^2\times\frac{1}{6} + (-1)\times3^2\times\frac{1}{6}$$
$$+ 2\times1^2\times\frac{1}{6} + 2\times2^2\times\frac{1}{4} + 2\times3^2\times\frac{1}{4} = \frac{14}{3}.$$

9. 设二维随机变量 (X,Y) 的联合密度函数为

$$f(x,y) = \begin{cases} 12y^2, & 0 \leqslant y \leqslant x \leqslant 1, \\ 0, & \text{其他}. \end{cases}$$

求: $E(X), E(Y), E(XY), E(X+Y)$.

解
$$E(X) = \int_{-\infty}^{+\infty}\int_{-\infty}^{+\infty} xf(x,y)\mathrm{d}x\mathrm{d}y = \int_0^1\mathrm{d}x\int_0^x 12xy^2\mathrm{d}y = \int_0^1 4x^4\mathrm{d}x = \frac{4}{5}.$$

$$E(Y) = \int_{-\infty}^{+\infty}\int_{-\infty}^{+\infty} yf(x,y)\mathrm{d}x\mathrm{d}y = \int_0^1\mathrm{d}x\int_0^x 12y^3\mathrm{d}y = \int_0^1 3x^4\mathrm{d}x = \frac{3}{5}.$$

$$E(XY) = \int_{-\infty}^{+\infty}\int_{-\infty}^{+\infty} xyf(x,y)\mathrm{d}x\mathrm{d}y = \int_0^1\mathrm{d}x\int_0^x 12xy^3\mathrm{d}y = \int_0^1 3x^5\mathrm{d}x = \frac{1}{2}.$$

$$E(X+Y) = E(X) + E(Y) = \frac{7}{5}.$$

10. 设某企业生产线上产品的合格率为 0.96, 不合格产品中只有 $\frac{3}{4}$ 的产品可进行再加工, 且再加工的合格率为 0.8, 其余均为废品. 已知每件合格产品可获利 80 元, 每件废品亏损 20 元. 为保证该企业每天平均利润不低于 20000 元, 问该企业每天至少应生产多少件产品.

解 进行再加工后, 一件产品合格的概率为

$$p = 0.96 + 0.04 \times \frac{3}{4} \times 0.8 = 0.984.$$

设一天中共生产 n 件产品, X 表示 n 件产品中合格品的数量, Y 表示 n 件产品的利润, 则

$$X \sim B(n, p), \quad E(X) = np = 0.984n,$$

$$Y = 80X - 20(n - X) = 100X - 20n.$$

则生产 n 件产品的平均利润为

$$E(Y) = E(100X - 20n) = 100E(X) - 20n = 100 \times 0.984n - 20n = 78.4n,$$

由题意 $E(Y) = 78.4n \geqslant 20000$，则可得 $n \geqslant 255.1$。所以，该企业每天至少应生产 256 件产品。

习题 4-2

1. 设离散型随机变量 X 的可能的取值为 $x_1 = -1, x_2 = 0, x_3 = 2$，且 $E(X) = 0.5, D(X) = 1.65$，试求 X 的分布列。

解 设 X 的分布列为 $P\{X = x_i\} = p_i, i = 1, 2, 3$，则

$$p_1 + p_2 + p_3 = 1, \qquad\qquad ①$$

$$E(X) = (-1) \times p_1 + 0 \times p_2 + 2 \times p_3 = -p_1 + 2p_3 = 0.5, \qquad ②$$

$$E(X^2) = (-1)^2 \times p_1 + 0^2 \times p_2 + 2^2 \times p_3 = p_1 + 4p_3 = D(X) + [E(X)]^2 = 1.65 + (0.5)^2. \quad ③$$

由①②③可得 $p_1 = 0.3, p_2 = 0.3, p_3 = 0.4$，于是 X 的分布列为

X	−1	0	2
P	0.3	0.3	0.4

2. 设两个相互独立的随机变量 X 与 Y 的分布列分别为

X	0	1	2
P	0.3	0.5	0.2

Y	1	3
P	0.6	0.4

求 $D(Y - 2X)$。

解
$$E(X) = 0 \times 0.3 + 1 \times 0.5 + 2 \times 0.2 = 0.9,$$

$$E(X^2) = 0^2 \times 0.3 + 1^2 \times 0.5 + 2^2 \times 0.2 = 1.3,$$

则
$$D(X) = E(X^2) - [E(X)]^2 = 0.49.$$

$$E(Y) = 1 \times 0.6 + 3 \times 0.4 = 1.8,$$

$$E(Y^2) = 1^2 \times 0.6 + 3^2 \times 0.4 = 4.2,$$

则 $D(Y) = E(Y^2) - [E(Y)]^2 = 0.96$。所以

$$D(Y - 2X) = D(Y) + (-2)^2 D(X) = 0.96 + 4 \times 0.49 = 2.92.$$

3. 设随机变量 X_1, X_2, X_3 相互独立，且 $X_1 \sim U(0,6), X_2 \sim N(0,4), X_3 \sim P(3)$ ，令 $Y = X_1 - 2X_2 + 3X_3$ ，求 $D(Y)$.

解　由已知 $D(X_1) = \dfrac{(6-0)^2}{12} = 3, D(X_2) = 4, D(X_3) = 3$ ，则

$$D(Y) = D(X_1 - 2X_2 + 3X_3) = D(X_1) + (-2)^2 D(X_2) + 3^2 D(X_3) = 46 .$$

4. 已知长方形的周长为 20，假设长方形的宽 $X \sim U(0,2)$ ，试求长方形面积 S 的方差.

解　设长方形的长为 Y ，可知 $2X + 2Y = 20$ ，即 $Y = 10 - X$ ，则长方形面积 $S = (10 - X)X$.

由题设可知 X 的概率密度为 $f(x) = \begin{cases} \dfrac{1}{2}, & 0 < x < 2, \\ 0, & \text{其他}, \end{cases}$ 所以

$$E(S) = \int_{-\infty}^{+\infty} x(10-x)f(x)\mathrm{d}x = \int_0^2 \frac{1}{2} x(10-x)\mathrm{d}x = \frac{26}{3} ,$$

$$E(S^2) = \int_{-\infty}^{+\infty} x^2(10-x)^2 f(x)\mathrm{d}x = \int_0^2 \frac{1}{2} x^2(10-x)^2 \mathrm{d}x = \frac{1448}{15} ,$$

$$D(S) = E(S^2) - [E(S)]^2 = \frac{964}{45} .$$

5. 设随机变量 X 的密度函数为 $f(x) = \begin{cases} a + bx, & 0 < x < 1, \\ 0, & \text{其他}, \end{cases}$ 且 $E(X) = \dfrac{3}{5}$. 求:

(1) a, b 的值;　　(2) $D(X)$.

解　(1)由密度函数的性质有

$$1 = \int_{-\infty}^{+\infty} f(x)\mathrm{d}x = \int_0^1 (a+bx)\mathrm{d}x = a + \frac{b}{2} , \qquad\qquad ①$$

又

$$E(X) = \int_{-\infty}^{+\infty} x \cdot f(x)\mathrm{d}x = \int_0^1 x \cdot (a+bx)\mathrm{d}x = \frac{a}{2} + \frac{b}{3} = \frac{3}{5} , \qquad ②$$

由①②可得 $a = \dfrac{2}{5}, b = \dfrac{6}{5}$.

于是 X 的密度函数为 $f(x) = \begin{cases} \dfrac{2}{5} + \dfrac{6}{5}x, & 0 < x < 1, \\ 0, & \text{其他}. \end{cases}$

(2)　　$$E(X^2) = \int_{-\infty}^{+\infty} x^2 \cdot f(x)\mathrm{d}x = \int_0^1 x^2 \cdot \left(\frac{2}{5} + \frac{6}{5}x\right)\mathrm{d}x = \frac{13}{30} ,$$

$$D(X) = E(X^2) - [E(X)]^2 = \frac{13}{30} - \left(\frac{3}{5}\right)^2 = \frac{11}{150} .$$

6. 设二维随机变量 (X,Y) 的联合密度函数为

$$f(x,y)=\begin{cases}\dfrac{1}{2}, & 0<x<1,1<y<3,\\[2mm]0, & \text{其他},\end{cases}$$

求：$D(X),D(Y),D(XY)$.

解　　　$E(X)=\displaystyle\int_{-\infty}^{+\infty}\int_{-\infty}^{+\infty}xf(x,y)\mathrm{d}x\mathrm{d}y=\int_0^1 x\mathrm{d}x\int_1^3\frac{1}{2}\mathrm{d}y=\int_0^1 x\mathrm{d}x=\frac{1}{2}$.

$$E(X^2)=\int_{-\infty}^{+\infty}\int_{-\infty}^{+\infty}x^2f(x,y)\mathrm{d}x\mathrm{d}y=\int_0^1 x^2\mathrm{d}x\int_1^3\frac{1}{2}\mathrm{d}y=\int_0^1 x^2\mathrm{d}x=\frac{1}{3}.$$

$$D(X)=E(X^2)-\left[E(X)\right]^2=\frac{1}{3}-\left(\frac{1}{2}\right)^2=\frac{1}{12}.$$

$$E(Y)=\int_{-\infty}^{+\infty}\int_{-\infty}^{+\infty}yf(x,y)\mathrm{d}x\mathrm{d}y=\int_0^1\mathrm{d}x\int_1^3\frac{1}{2}y\mathrm{d}y=\frac{1}{4}y^2\Big|_1^3=2,$$

$$E(Y^2)=\int_{-\infty}^{+\infty}\int_{-\infty}^{+\infty}y^2f(x,y)\mathrm{d}x\mathrm{d}y=\int_0^1\mathrm{d}x\int_1^3\frac{1}{2}y^2\mathrm{d}y=\frac{1}{6}y^3\Big|_1^3=\frac{13}{3},$$

$$D(Y)=E(Y^2)-\left[E(Y)\right]^2=\frac{13}{3}-2^2=\frac{1}{3}.$$

$$E(XY)=\int_{-\infty}^{+\infty}\int_{-\infty}^{+\infty}xyf(x,y)\mathrm{d}x\mathrm{d}y=\int_0^1 x\mathrm{d}x\int_1^3\frac{1}{2}y\mathrm{d}y=\frac{1}{2}\times\frac{1}{4}\times8=1,$$

$$E(X^2Y^2)=\int_{-\infty}^{+\infty}\int_{-\infty}^{+\infty}x^2y^2f(x,y)\mathrm{d}x\mathrm{d}y=\int_0^1 x^2\mathrm{d}x\int_1^3\frac{1}{2}y^2\mathrm{d}y=\frac{1}{3}\times\frac{1}{6}\times26=\frac{13}{9},$$

$$D(XY)=E(X^2Y^2)-\left[E(XY)\right]^2=\frac{13}{9}-1^2=\frac{4}{9}.$$

7. 某设备由三大部件构成，在设备运转中各部件需要调整的概率分别为 0.1,0.2, 0.3. 设备部件的状态相互独立，X 表示同时需要调整的部件数，试求：$E(X),D(X)$.

解　记随机变量

$$X_i=\begin{cases}1, & \text{第 }i\text{ 个部件需要调整},\\0, & \text{其他},\end{cases}\quad i=1,2,3,$$

则 $X=X_1+X_2+X_3$，且 X_1,X_2,X_3 相互独立，分别服从 0-1 点分布：

$$X_1\sim B(1,0.1),\quad X_2\sim B(1,0.2),\quad X_3\sim B(1,0.3).$$

则 $E(X_i)=\dfrac{i}{10},D(X_i)=\dfrac{i}{10}\left(1-\dfrac{i}{10}\right)=\dfrac{i(10-i)}{100}$，$i=1,2,3$. 所以

$$E(X)=E(X_1)+E(X_2)+E(X_3)=\frac{1}{10}+\frac{2}{10}+\frac{3}{10}=0.6,$$

$$D(X)=D(X_1)+D(X_2)+D(X_3)=\frac{1\times(10-1)}{100}+\frac{2\times(10-2)}{100}+\frac{3\times(10-3)}{100}=0.46.$$

习题 4-3

1. 设 X,Y 为随机变量, 且 $E(X) = E(Y) = 0, E(X^2) = E(Y^2) = 2, \rho_{XY} = \dfrac{1}{2}$, 求 $E[(X+Y)^2]$.

解 由已知得 $E(X+Y) = E(X) + E(Y) = 0$,

$$D(X) = E(X^2) - \left[E(X)\right]^2 = 2, \quad D(Y) = E(Y^2) - \left[E(Y)\right]^2 = 2,$$

$$E[(X+Y)^2] = D(X+Y) + \left[E(X+Y)\right]^2 = D(X+Y) = D(X) + D(Y) + 2\text{cov}(X,Y)$$

$$= 2 + 2 + 2\rho_{XY}\sqrt{D(X) \cdot D(Y)} = 4 + 2 \times \frac{1}{2} \times \sqrt{2 \times 2} = 6.$$

2. 设随机变量 $X_1, X_2, \cdots, X_n (n > 1)$ 独立同分布, 且方差 $D(X_i) = \sigma^2 > 0, i = 1, 2, \cdots, n$, 令 $Y = \dfrac{1}{n}\sum_{i=1}^{n} X_i$, 求: $\text{cov}(X_1, Y), D(X_1 - Y)$.

解 由已知 $X_1, X_2, \cdots, X_n (n > 1)$ 独立同分布, 则当 $i \neq j$ 时有 $\text{cov}(X_i, X_j) = 0$. 所以有

$$\text{cov}(X_1, Y) = \text{cov}\left(X_1, \frac{1}{n}\sum_{i=1}^{n} X_i\right) = \frac{1}{n}\sum_{i=1}^{n}\text{cov}(X_1, X_i)$$

$$= \frac{1}{n}\text{cov}(X_1, X_1) = \frac{1}{n}D(X_1) = \frac{\sigma^2}{n},$$

$$D(Y) = D\left(\frac{1}{n}\sum_{i=1}^{n} X_i\right) = \frac{1}{n^2}\sum_{i=1}^{n}D(X_i) = \frac{1}{n^2} \cdot n \cdot \sigma^2 = \frac{\sigma^2}{n},$$

则 $D(X_1 - Y) = D(X_1) + D(Y) - 2\text{cov}(X_1, Y) = \sigma^2 + \dfrac{\sigma^2}{n} - 2\dfrac{\sigma^2}{n} = \dfrac{(n-1)\sigma^2}{n}$.

3. 已知随机变量 X 的分布列为

X	-1	0	1
P	0.25	0.5	0.25

(1) 求 $Y = X^2$ 的分布列; (2)求 (X,Y) 的联合分布列; (3)求 X,Y 的相关系数 ρ_{XY};
(4) 讨论 X,Y 的相关性及独立性.

解 (1) Y 的分布列为

Y	0	1
P	0.5	0.5

(2) (X,Y) 的联合分布列

X＼Y	0	1
−1	0	0.25
0	0.5	0
1	0	0.25

(3) 　　　　$E(X) = (-1) \times 0.25 + 0 \times 0.5 + 1 \times 0.25 = 0$，　$E(Y) = 0.5$，

$$E(XY) = E(X^3) = (-1)^3 \times 0.25 + 0^3 \times 0.5 + 1^3 \times 0.25 = 0，$$

所以 $\mathrm{cov}(X,Y) = 0$，

$$D(X) = E(X^2) - [E(X)]^2 = E(X^2) = E(Y) = 0.5，$$

$$D(Y) = E(Y^2) - [E(Y)]^2 = E(X^4) - 0.25 = 0.25，$$

所以 $\rho_{XY} = 0$．

(4) 因为 $\rho_{XY} = 0$，所以 X, Y 不相关．从联合分布列可以看出 $p_{1.} \times p_{.1} = 0.25 \times 0.5 = 0.125$，而 $p_{11} = 0$，所以 X, Y 不独立．

4. 设二维离散型随机变量 (X,Y) 的联合分布列为

X＼Y	−1	0	1
0	$\dfrac{1}{6}$	0	$\dfrac{1}{6}$
1	0	$\dfrac{1}{3}$	$\dfrac{1}{3}$

求：$\rho_{XY}, \mathrm{cov}(X^2, Y^2)$．

解　　　　$E(X) = 0 \times \left(\dfrac{1}{6} + 0 + \dfrac{1}{6}\right) + 1 \times \left(0 + \dfrac{1}{3} + \dfrac{1}{3}\right) = \dfrac{2}{3}$．

$$E(X^2) = 0^2 \times \left(\dfrac{1}{6} + 0 + \dfrac{1}{6}\right) + 1^2 \times \left(0 + \dfrac{1}{3} + \dfrac{1}{3}\right) = \dfrac{2}{3}.$$

$$D(X) = E(X^2) - [E(X)]^2 = \dfrac{2}{9}.$$

$$E(Y) = (-1) \times \left(\dfrac{1}{6} + 0\right) + 0 \times \left(0 + \dfrac{1}{3}\right) + 1 \times \left(\dfrac{1}{6} + \dfrac{1}{3}\right) = \dfrac{1}{3}.$$

$$E(Y^2) = (-1)^2 \times \left(\dfrac{1}{6} + 0\right) + 0^2 \times \left(0 + \dfrac{1}{3}\right) + 1^2 \times \left(\dfrac{1}{6} + \dfrac{1}{3}\right) = \dfrac{2}{3}.$$

$$D(Y) = E(Y^2) - [E(Y)]^2 = \dfrac{5}{9}.$$

$$E(XY) = 0 \times (-1) \times \frac{1}{6} + 0 \times 1 \times \frac{1}{6} + 1 \times (-1) \times 0 + 1 \times 0 \times \frac{1}{3} + 1 \times 1 \times \frac{1}{3} = \frac{1}{3}.$$

$$\text{cov}(X,Y) = E(XY) - E(X)E(Y) = \frac{1}{3} - \frac{2}{3} \times \frac{1}{3} = \frac{1}{9}.$$

因此 $\rho_{XY} = \dfrac{\text{cov}(X,Y)}{\sqrt{D(X)D(Y)}} = \dfrac{\dfrac{1}{9}}{\sqrt{\dfrac{2}{9} \times \dfrac{5}{9}}} = \dfrac{1}{\sqrt{10}}.$

$$E(X^2Y^2) = 0^2 \times (-1)^2 \times \frac{1}{6} + 0^2 \times 1^2 \times \frac{1}{6} + 1^2 \times (-1)^2 \times 0 + 1^2 \times 0^2 \times \frac{1}{3} + 1^2 \times 1^2 \times \frac{1}{3} = \frac{1}{3},$$

则 $\text{cov}(X^2,Y^2) = E(X^2Y^2) - E(X^2)E(Y^2) = \dfrac{1}{3} - \dfrac{2}{3} \times \dfrac{2}{3} = -\dfrac{1}{9}.$

5. 已知随机变量 X,Y 分别服从 $N(1,3^2), N(0,4^2)$，且 $\rho_{XY} = -\dfrac{1}{2}$，设 $Z = \dfrac{X}{3} + \dfrac{Y}{2}$. 求：

(1) $E(Z), D(Z)$；　　　(2) X,Z 的相关系数 ρ_{XZ}，并判断 X 与 Z 是否不相关.

解　(1) 由已知 $E(X) = 1, D(X) = 9$；　$E(Y) = 0, D(Y) = 16$，则

$$E(Z) = E\left(\frac{X}{3} + \frac{Y}{2}\right) = \frac{1}{3}E(X) + \frac{1}{2}E(Y) = \frac{1}{3},$$

$$\text{cov}(X,Y) = \rho_{XY}\sqrt{D(X)D(Y)} = \left(-\frac{1}{2}\right) \times \sqrt{9 \times 16} = -6,$$

$$D(Z) = D\left(\frac{X}{3} + \frac{Y}{2}\right) = \frac{1}{9}D(X) + \frac{1}{4}D(Y) + 2 \times \frac{1}{3} \times \frac{1}{2}\text{cov}(X,Y) = \frac{1}{9} \times 9 + \frac{1}{4} \times 16 - 2 = 3.$$

(2) $\text{cov}(X,Z) = \text{cov}\left(X, \dfrac{X}{3} + \dfrac{Y}{2}\right) = \dfrac{1}{3}\text{cov}(X,X) + \dfrac{1}{2}\text{cov}(X,Y) = \dfrac{1}{3}D(X) + \dfrac{1}{2} \times (-6) = 0,$

所以 $\rho_{XZ} = \dfrac{\text{cov}(X,Z)}{\sqrt{D(X)D(Z)}} = 0$，因此 X 与 Z 不相关.

6. 设随机变量 X 的密度函数为 $f(x) = \begin{cases} \dfrac{1}{2}, & -1 < x < 0, \\ \dfrac{1}{4}, & 0 \leqslant x < 2, \\ 0, & \text{其他}, \end{cases}$ 令 $Y = X^2$. 求 $\text{cov}(X,Y)$.

解
$$E(X) = \int_{-\infty}^{+\infty} xf(x)\mathrm{d}x = \int_{-1}^{0} \frac{1}{2}x\mathrm{d}x + \int_{0}^{2} \frac{1}{4}x\mathrm{d}x = \frac{1}{4},$$

$$E(X^2) = \int_{-\infty}^{+\infty} x^2 f(x)\mathrm{d}x = \int_{-1}^{0} \frac{1}{2}x^2\mathrm{d}x + \int_{0}^{2} \frac{1}{4}x^2\mathrm{d}x = \frac{5}{6},$$

$$E(X^3) = \int_{-\infty}^{+\infty} x^3 f(x)\mathrm{d}x = \int_{-1}^{0} \frac{1}{2}x^3\mathrm{d}x + \int_{0}^{2} \frac{1}{4}x^3\mathrm{d}x = \frac{7}{8},$$

则　$\text{cov}(X,Y) = E(XY) - E(X)E(Y) = E(X^3) - E(X)E(X^2) = \dfrac{7}{8} - \dfrac{1}{4} \times \dfrac{5}{6} = \dfrac{2}{3}.$

7. 设二维随机变量 (X,Y) 的联合密度函数为

$$f(x,y)=\begin{cases}2, & 0\leqslant x\leqslant 1, 1-x\leqslant y\leqslant 1,\\ 0, & 其他,\end{cases}$$

试求：$\text{cov}(X,Y), \rho_{XY}, D(3X+2Y)$.

解　$E(X)=\int_{-\infty}^{+\infty}\int_{-\infty}^{+\infty}xf(x,y)\mathrm{d}x\mathrm{d}y=\int_0^1 x\mathrm{d}x\int_{1-x}^1 2\mathrm{d}y=\int_0^1 2x^2\mathrm{d}x=\frac{2}{3}$,

$$E(X^2)=\int_{-\infty}^{+\infty}\int_{-\infty}^{+\infty}x^2 f(x,y)\mathrm{d}x\mathrm{d}y=\int_0^1 x^2\mathrm{d}x\int_{1-x}^1 2\mathrm{d}y=\int_0^1 2x^3\mathrm{d}x=\frac{1}{2},$$

$$D(X)=E(X^2)-\left[E(X)\right]^2=\frac{1}{2}-\left(\frac{2}{3}\right)^2=\frac{1}{18}.$$

$$E(Y)=\int_{-\infty}^{+\infty}\int_{-\infty}^{+\infty}yf(x,y)\mathrm{d}x\mathrm{d}y=\int_0^1 \mathrm{d}x\int_{1-x}^1 2y\mathrm{d}y=\int_0^1\left(2x-x^2\right)\mathrm{d}x=\frac{2}{3},$$

$$E(Y^2)=\int_{-\infty}^{+\infty}\int_{-\infty}^{+\infty}y^2 f(x,y)\mathrm{d}x\mathrm{d}y=\int_0^1 \mathrm{d}x\int_{1-x}^1 2y^2\mathrm{d}y=\frac{2}{3}\int_0^1\left(3x-3x^2+x^3\right)\mathrm{d}x=\frac{1}{2},$$

$$D(Y)=E(Y^2)-\left[E(Y)\right]^2=\frac{1}{2}-\left(\frac{2}{3}\right)^2=\frac{1}{18}.$$

$$E(XY)=\int_{-\infty}^{+\infty}\int_{-\infty}^{+\infty}xyf(x,y)\mathrm{d}x\mathrm{d}y=\int_0^1 x\mathrm{d}x\int_{1-x}^1 2y\mathrm{d}y=\int_0^1\left(2x^2-x^3\right)\mathrm{d}x=\frac{5}{12},$$

于是　　　$$\text{cov}(X,Y)=E(XY)-E(X)E(Y)=\frac{5}{12}-\frac{2}{3}\times\frac{2}{3}=-\frac{1}{36},$$

$$\rho_{XY}=\frac{\text{cov}(X,Y)}{\sqrt{D(X)D(Y)}}=\frac{-\dfrac{1}{36}}{\sqrt{\dfrac{1}{18}\times\dfrac{1}{18}}}=-\frac{1}{2},$$

$$D(3X+2Y)=3^2 D(X)+2^2 D(Y)+2\times 3\times 2\text{cov}(X,Y)=9\times\frac{1}{18}+4\times\frac{1}{18}+12\times\left(-\frac{1}{36}\right)=\frac{7}{18}.$$

8. 设随机变量 $X\sim U(0,1)$, $Y=|X-a|(0<a<1)$, 问 a 取何值时, X,Y 不相关.

解　由已知 X 的密度函数为 $f(x)=\begin{cases}1, & 0<x<1,\\ 0, & 其他,\end{cases}$ 且 $E(X)=\frac{1}{2}$,

$$E(Y)=\int_{-\infty}^{+\infty}|x-a|f(x)\mathrm{d}x=\int_0^a(a-x)\mathrm{d}x+\int_a^1(x-a)\mathrm{d}x=a^2-a+\frac{1}{2},$$

$$E(XY)=\int_{-\infty}^{+\infty}x|x-a|f(x)\mathrm{d}x=\int_0^a x(a-x)\mathrm{d}x+\int_a^1 x(x-a)\mathrm{d}x=\frac{a^3}{3}-\frac{a}{2}+\frac{1}{3},$$

所以 $\text{cov}(X,Y)=E(XY)-E(X)E(Y)=\frac{a^3}{3}-\frac{a^2}{2}+\frac{1}{12}=0$, 即 $4a^3-6a^2+1=0$, 于是有

$$(2a-1)(2a^2-2a-1)=0,$$

则可求得 $a=0.5$.

习题 4-4

1. 设随机变量 X 的分布列为

X	-1	1	3
P	$\dfrac{1}{3}$	$\dfrac{1}{3}$	$\dfrac{1}{3}$

求 X 的二阶原点矩及三阶中心矩.

解　X 的二阶原点矩 $E(X^2)=(-1)^2\times\dfrac{1}{3}+1^2\times\dfrac{1}{3}+3^2\times\dfrac{1}{3}=\dfrac{11}{3}$,

$$E(X)=(-1)\times\dfrac{1}{3}+1\times\dfrac{1}{3}+3\times\dfrac{1}{3}=1,$$

则三阶中心矩 $E\left[X-E(X)\right]^3=E(X-1)^3=(-1-1)^3\times\dfrac{1}{3}+(1-1)^3\times\dfrac{1}{3}+(3-1)^3\times\dfrac{1}{3}=0$.

2. 设随机变量 $X\sim P(\lambda)$，求 X 的三阶原点矩.

解　X 的分布列为 $P\{X=k\}=\dfrac{\lambda^k}{k!}\mathrm{e}^{-\lambda}(k=0,1,2,\cdots)$，所以

$$
\begin{aligned}
E(X^3)&=\sum_{k=0}^{+\infty}k^3\cdot\dfrac{\lambda^k}{k!}\mathrm{e}^{-\lambda}=\sum_{k=1}^{+\infty}k^2\cdot\dfrac{\lambda^k}{(k-1)!}\mathrm{e}^{-\lambda}=\sum_{k=1}^{+\infty}\dfrac{k^2-1+1}{(k-1)!}\lambda^k\mathrm{e}^{-\lambda}\\
&=\sum_{k=1}^{+\infty}\dfrac{k^2-1}{(k-1)!}\lambda^k\mathrm{e}^{-\lambda}+\sum_{k=1}^{+\infty}\dfrac{1}{(k-1)!}\lambda^k\mathrm{e}^{-\lambda}=\sum_{k=2}^{+\infty}\dfrac{k+1}{(k-2)!}\lambda^k\mathrm{e}^{-\lambda}+\lambda\mathrm{e}^{-\lambda}\cdot\sum_{k=1}^{+\infty}\dfrac{\lambda^{k-1}}{(k-1)!}\\
&=\sum_{k=2}^{+\infty}\dfrac{k-2+3}{(k-2)!}\lambda^k\mathrm{e}^{-\lambda}+\lambda\mathrm{e}^{-\lambda}\cdot\mathrm{e}^{\lambda}=\sum_{k=3}^{+\infty}\dfrac{\lambda^k}{(k-3)!}\mathrm{e}^{-\lambda}+\sum_{k=2}^{+\infty}\dfrac{3}{(k-2)!}\lambda^k\mathrm{e}^{-\lambda}+\lambda\\
&=\lambda^3\mathrm{e}^{-\lambda}\cdot\sum_{k=3}^{+\infty}\dfrac{\lambda^{k-3}}{(k-3)!}+3\lambda^2\mathrm{e}^{-\lambda}\cdot\sum_{k=2}^{+\infty}\dfrac{\lambda^{k-2}}{(k-2)!}+\lambda\\
&=\lambda^3\mathrm{e}^{-\lambda}\cdot\mathrm{e}^{\lambda}+3\lambda^2\mathrm{e}^{-\lambda}\cdot\mathrm{e}^{\lambda}+\lambda=\lambda^3+3\lambda^2+\lambda.
\end{aligned}
$$

因此 X 的三阶原点矩为 $\lambda^3+3\lambda^2+\lambda$.

3. 设随机变量 X 的密度函数为 $f(x)=\begin{cases}2x, & 0<x<1,\\ 0, & \text{其他}.\end{cases}$ 求 X 的三阶原点矩及二阶中心矩.

解　三阶原点矩 $E(X^3)=\displaystyle\int_{-\infty}^{+\infty}x^3f(x)\mathrm{d}x=\int_0^1 x^3\cdot 2x\mathrm{d}x=\dfrac{2}{5}$.

$$E(X)=\int_{-\infty}^{+\infty}xf(x)\mathrm{d}x=\int_0^1 x\cdot 2x\mathrm{d}x=\dfrac{2}{3},$$

二阶中心矩解法 Ⅰ：

$$E[X - E(X)]^2 = E\left(X - \frac{2}{3}\right)^2 = \int_{-\infty}^{+\infty}\left(x - \frac{2}{3}\right)^2 f(x)\mathrm{d}x = \int_0^1\left(2x^3 - \frac{8}{3}x^2 + \frac{8}{9}x\right)\mathrm{d}x = \frac{1}{18}.$$

二阶中心矩解法 Ⅱ:

$$E(X^2) = \int_{-\infty}^{+\infty} x^2 f(x)\mathrm{d}x = \int_0^1 x^2 \cdot 2x\mathrm{d}x = \frac{1}{2},$$

$$E[X - E(X)]^2 = D(X) = E(X^2) - [E(X)]^2 = \frac{1}{2} - \left(\frac{2}{3}\right)^2 = \frac{1}{18}.$$

4. 已知随机变量 $X \sim U(0,1)$,设 $Y_1 = X^2, Y_2 = 2X + 1$. 求 (Y_1, Y_2) 的协方差矩阵 $\boldsymbol{C}$.

解 X 的密度函数为 $f(x) = \begin{cases} 1, & 0 \le x \le 1, \\ 0, & 其他, \end{cases}$ 且 $E(X) = \frac{1}{2}$,

$$E(Y_1) = E(X^2) = \int_{-\infty}^{+\infty} x^2 f(x)\mathrm{d}x = \int_0^1 x^2 \mathrm{d}x = \frac{1}{3}.$$

$$E(Y_1^2) = E(X^4) = \int_{-\infty}^{+\infty} x^4 f(x)\mathrm{d}x = \int_0^1 x^4 \mathrm{d}x = \frac{1}{5}.$$

$$D(Y_1) = E(Y_1^2) - [E(Y_1)]^2 = \frac{1}{5} - \left(\frac{1}{3}\right)^2 = \frac{4}{45}.$$

$$E(Y_2) = E(2X + 1) = 2E(X) + 1 = 2.$$

$$E(Y_2^2) = E[(2X+1)^2] = 4E(X^2) + 4E(X) + 1 = \frac{13}{3}.$$

$$D(Y_2) = E(Y_2^2) - [E(Y_2)]^2 = \frac{13}{3} - 2^2 = \frac{1}{3}.$$

$$E(Y_1 Y_2) = E[X^2(2X+1)] = E(2X^3 + X^2) = \int_0^1 (2x^3 + x^2)\mathrm{d}x = \frac{5}{6}.$$

$$\mathrm{cov}(Y_1, Y_2) = E(Y_1 Y_2) - E(Y_1)E(Y_2) = \frac{5}{6} - \frac{1}{3} \times 2 = \frac{1}{6}.$$

则 (Y_1, Y_2) 的协方差矩阵 $\boldsymbol{C} = \begin{pmatrix} \dfrac{4}{45} & \dfrac{1}{6} \\ \dfrac{1}{6} & \dfrac{1}{3} \end{pmatrix}$.

自 测 题 四

1. 设随机变量 $X \sim B(n, p)$,且 $E(X) = 2, D(X) = 1$,则参数 n, p 的值为(   ).

A. $n = 2, p = 0.2$;   B. $n = 4, p = 0.5$;

C. $n = 6, p = 0.3$;   D. $n = 8, p = 0.1$.

解　$E(X) = np = 2, D(X) = np(1-p) = 1$，则 $n = 4, p = 0.5$．故答案为 B.

2. 设随机变量 X, Y 相互独立，且 $D(X) = 2, D(Y) = 4$，则 $D(2X - 3Y) = ($　　$)$.

A. 8;　　　　　　B. 16;　　　　　　C. 28;　　　　　　D. 44.

解　$D(2X - 3Y) = 4D(X) + 9D(Y) = 4 \times 2 + 9 \times 4 = 44$．故答案为 D.

3. 设随机变量 X, Y 的协方差 $\text{cov}(X, Y) = 0$，则下列说法错误的是($　　$)．

A. X 与 Y 相互独立;　　　　　　B. $D(X + Y) = D(X) + D(Y)$;

C. $E(XY) = E(X)E(Y)$;　　　　　　D. X 与 Y 不相关.

解　$D(X + Y) = D(X) + D(Y) + 2\text{cov}(X, Y) = D(X) + D(Y)$，

$$\text{cov}(X, Y) = E(XY) - E(X)E(Y) = 0 \Rightarrow E(XY) = E(X)E(Y),$$

$\rho_{XY} = \dfrac{\text{cov}(X, Y)}{\sqrt{D(X)D(Y)}} = 0$，则 X 与 Y 不相关. 故答案为 A.

4. 设 X 的密度函数为 $f(x) = \begin{cases} \mathrm{e}^{-x}, & x > 0, \\ 0, & x \leqslant 0, \end{cases}$ 则 $E(\mathrm{e}^{-X}) = ($　　$)$.

A. -1;　　　　B. 1;　　　　C. $\dfrac{1}{2}$;　　　　D. 2.

解　$E(\mathrm{e}^{-X}) = \displaystyle\int_{-\infty}^{+\infty} \mathrm{e}^{-x} f(x)\mathrm{d}x = \int_{0}^{+\infty} \mathrm{e}^{-x} \cdot \mathrm{e}^{-x}\mathrm{d}x = -\frac{1}{2}\mathrm{e}^{-2x}\Big|_{0}^{+\infty} = \frac{1}{2}$．故答案为 C.

5. 设随机变量 $X \sim N(1, 2), Y \sim P(3)$，则下列等式不成立的是($　　$)．

A. $E(X + Y) = 4$;　　　　　　B. $E(XY) = 3$;

C. $E(X^2) = 3$;　　　　　　D. $E(Y^2) = 12$.

解　由已知 $E(X) = 1, D(X) = 2; E(Y) = 3, D(Y) = 3$，则

$$E(X + Y) = E(X) + E(Y) = 4,$$

$$E(X^2) = D(X) + \left[E(X)\right]^2 = 3,$$

$$E(Y^2) = D(Y) + \left[E(Y)\right]^2 = 12.$$

而 X 与 Y 不一定相互独立，则 $E(XY) = E(X)E(Y) = 3$ 不一定成立. 故答案为 B.

6. 设随机变量 $X \sim U(a, b)$，且 $E(X) = 2, D(X) = \dfrac{1}{3}$，则 $a = $ _____，

$b = $ _____.

解　$E(X) = \dfrac{a+b}{2} = 2, D(X) = \dfrac{(b-a)^2}{12} = \dfrac{1}{3}$，则 $a = 1, b = 3$.

7. 设 X, Y, Z 为随机变量，且已知 $E(X) = 6, E(Y) = 13, E(Z) = 8$，设 $U = X + 2Y - 3Z$，则 $E(U) = $ _____.

解　$E(U) = E(X + 2Y - 3Z) = E(X) + 2E(Y) - 3E(Z) = 8$.

8. 设 X, Y, Z 为随机变量，且 $\text{cov}(X, Z) = 6, \text{cov}(Y, Z) = 2$，则 $\text{cov}(5X + 3Y, Z) = $

_____.

解　$\text{cov}(5X+3Y,Z)=5\text{cov}(X,Z)+3\text{cov}(Y,Z)=5\times 6+3\times 2=36$.

9. 设 X 表示 10 次独立重复射击赛中命中目标的次数, 每次射中目标的概率是 0.4, 则 $E(X^2)=$ _____.

解　由题意知 $X\sim B(10,0.4)$, 则 $E(X)=10\times 0.4=4, D(X)=10\times 0.4\times 0.6=2.4$, $E(X^2)=D(X)+[E(X)]^2=2.4+4^2=18.4$.

10. 已知随机变量 $X\sim N(0,1)$, 则 $Y=3X+2\sim$ _____.

解　由 $X\sim N(0,1)$ 可得 $E(X)=0,D(X)=1$,

$$E(Y)=E(3X+2)=3E(X)+2=2,\quad D(Y)=D(3X+2)=3^2D(X)=9,$$

则 $Y=3X+2\sim N(2,9)$.

11. 设随机变量 $X\sim P(\lambda)$, 且已知 $E[(X-1)(X-2)]=1$, 则 $\lambda=$ _____.

解　由 $X\sim P(\lambda)$ 可得 $E(X)=\lambda,D(X)=\lambda$, 且

$$E(X^2)=D(X)+[E(X)]^2=\lambda+\lambda^2,$$

$$E[(X-1)(X-2)]=E(X^2-3X+2)=E(X^2)-3E(X)+2=\lambda+\lambda^2-3\lambda+2=1,$$

即 $\lambda^2-2\lambda+1=(\lambda-1)^2=0$. 于是得 $\lambda=1$.

12. 设随机变量 $X\sim N(\mu,\sigma^2)$, 则 X 的二阶原点矩为_____.

解　$X\sim N(\mu,\sigma^2)$, 则 $E(X)=\mu,D(X)=\sigma^2$, X 的二阶原点矩 $E(X^2)=[E(X)]^2+D(X)=\mu^2+\sigma^2$.

13. 已知甲、乙两箱中装有同种产品, 其中甲箱中装有 3 件合格品和 3 件次品, 乙箱中仅装有 3 件合格品. 从甲箱中任取 3 件产品放入乙箱后, X 记为乙箱中次品件数. 求: $E(X),D(X)$.

解　X 可能的取值为 0, 1, 2, 3, 则

$$P\{X=0\}=\frac{C_3^3}{C_6^3}=\frac{1}{20},\qquad P\{X=1\}=\frac{C_3^2C_3^1}{C_6^3}=\frac{9}{20},$$

$$P\{X=2\}=\frac{C_3^1C_3^2}{C_6^3}=\frac{9}{20},\qquad P\{X=3\}=\frac{C_3^3}{C_6^3}=\frac{1}{20},$$

则

$$E(X)=0\times\frac{1}{20}+1\times\frac{9}{20}+2\times\frac{9}{20}+3\times\frac{1}{20}=\frac{3}{2},$$

$$E(X^2)=0^2\times\frac{1}{20}+1^2\times\frac{9}{20}+2^2\times\frac{9}{20}+3^2\times\frac{1}{20}=\frac{27}{10},$$

$$D(X)=E(X^2)-[E(X)]^2=\frac{27}{10}-\left(\frac{3}{2}\right)^2=\frac{9}{20}.$$

14. 设随机变量 X 的密度函数为 $f(x)=\begin{cases} ax, & 0<x<2, \\ bx+1, & 2\leqslant x\leqslant 4, \\ 0, & \text{其他}, \end{cases}$ 已知 $P\{1<X<3\}=\dfrac{3}{4}$. 求:

(1) a,b 的值;　　　(2) $E(X),D(X)$;　　　(3) $E(\mathrm{e}^X)$.

解 (1) 由密度函数的性质有

$$1=\int_{-\infty}^{+\infty}f(x)\mathrm{d}x=\int_0^2 ax\,\mathrm{d}x+\int_2^4(bx+1)\mathrm{d}x=2a+6b+2, \qquad ①$$

又

$$P\{1<X<3\}=\int_1^2 ax\,\mathrm{d}x+\int_2^3(bx+1)\mathrm{d}x=\frac{3a}{2}+\frac{5b}{2}+1=\frac{3}{4}, \qquad ②$$

由①②可得 $a=\dfrac{1}{4},b=-\dfrac{1}{4}$.

于是 X 的密度函数为

$$f(x)=\begin{cases} \dfrac{1}{4}x, & 0<x<2, \\[2mm] -\dfrac{1}{4}x+1, & 2\leqslant x\leqslant 4, \\[2mm] 0, & \text{其他}. \end{cases}$$

(2) $$E(X)=\int_{-\infty}^{+\infty}x\cdot f(x)\mathrm{d}x=\int_0^2\frac{1}{4}x^2\mathrm{d}x+\int_2^4\left(-\frac{1}{4}x^2+x\right)\mathrm{d}x=2,$$

$$E(X^2)=\int_{-\infty}^{+\infty}x^2\cdot f(x)\mathrm{d}x=\int_0^2\frac{1}{4}x^3\mathrm{d}x+\int_2^4\left(-\frac{1}{4}x^3+x^2\right)\mathrm{d}x=\frac{14}{3},$$

$$D(X)=E(X^2)-\left[E(X)\right]^2=\frac{14}{3}-2^2=\frac{2}{3}.$$

(3) $$E(\mathrm{e}^X)=\int_{-\infty}^{+\infty}\mathrm{e}^x\cdot f(x)\mathrm{d}x=\frac{1}{4}\int_0^2\mathrm{e}^x\cdot x\mathrm{d}x+\int_2^4\mathrm{e}^x\cdot\left(-\frac{1}{4}x+1\right)\mathrm{d}x$$

$$=\frac{1}{4}\int_0^2\mathrm{e}^x\cdot x\mathrm{d}x-\frac{1}{4}\int_2^4\mathrm{e}^x\cdot x\mathrm{d}x+\int_2^4\mathrm{e}^x\mathrm{d}x$$

$$=\frac{1}{4}(x\mathrm{e}^x-\mathrm{e}^x)\Big|_0^2-\frac{1}{4}(x\mathrm{e}^x-\mathrm{e}^x)\Big|_2^4+\mathrm{e}^x\Big|_2^4$$

$$=\frac{1}{4}(\mathrm{e}^2-1)^2.$$

15. 设二维离散型随机变量 (X,Y) 的联合分布列为

X ＼ Y	−1	0	1
1	0.2	0.1	0.1
2	0.1	0	0.1
3	0	0.3	0.1

设 $Z = 3X - Y$，求：

(1) $E(XY), E(Z)$；　　(2) $D(X), D(Y), D(Z)$；　　(3) (X, Y) 的协方差矩阵；

(4) Y 与 Z 的相关系数 ρ_{YZ}，并判断 Y 与 Z 是否不相关.

解 (1) $E(X) = 1 \times (0.2 + 0.1 + 0.1) + 2 \times (0.1 + 0 + 0.1) + 3 \times (0 + 0.3 + 0.1) = 2$，

$E(Y) = (-1) \times (0.2 + 0.1 + 0) + 0 \times (0.1 + 0 + 0.3) + 1 \times (0.1 + 0.1 + 0.1) = 0$，

$E(XY) = 1 \times (-1) \times 0.2 + 1 \times 0 \times 0.1 + 1 \times 1 \times 0.1 + 2 \times (-1) \times 0.1$

$\qquad + 2 \times 0 \times 0 + 2 \times 1 \times 0.1 + 3 \times (-1) \times 0 + 3 \times 0 \times 0.3 + 3 \times 1 \times 0.1 = 0.2$，

$$E(Z) = E(3X - Y) = 3E(X) - E(Y) = 6.$$

(2) $E(X^2) = 1^2 \times (0.2 + 0.1 + 0.1) + 2^2 \times (0.1 + 0 + 0.1) + 3^2 \times (0 + 0.3 + 0.1) = 4.8$，

$E(Y^2) = (-1)^2 \times (0.2 + 0.1 + 0) + 0^2 \times (0.1 + 0 + 0.3) + 1^2 \times (0.1 + 0.1 + 0.1) = 0.6$，

$$D(X) = E(X^2) - [E(X)]^2 = 4.8 - 2^2 = 0.8,$$

$$D(Y) = E(Y^2) - [E(Y)]^2 = 0.6,$$

$$\text{cov}(X, Y) = E(XY) - E(X)E(Y) = 0.2,$$

$$D(Z) = D(3X - Y) = 3^2 D(X) + D(Y) - 2 \times 3\text{cov}(X, Y) = 6.6.$$

(3) (X, Y) 的协方差矩阵为 $\boldsymbol{C} = \begin{pmatrix} 0.8 & 0.2 \\ 0.2 & 0.6 \end{pmatrix}$.

(4) $\text{cov}(Y, Z) = \text{cov}(Y, 3X - Y) = 3\text{cov}(X, Y) - D(Y) = 3 \times 0.2 - 0.6 = 0$，

则 $\rho_{YZ} = \dfrac{\text{cov}(Y, Z)}{\sqrt{D(Y)D(Z)}} = 0$，所以 Y 与 Z 不相关.

16. 设二维随机变量 (X, Y) 的联合密度函数为

$$f(x, y) = \begin{cases} 4xy, & 0 \leqslant x \leqslant 1, 0 \leqslant y \leqslant 1, \\ 0, & \text{其他}, \end{cases}$$

试求：$E(X), E(Y), D(X), D(Y), \text{cov}(X, Y), \rho_{XY}$.

解 $E(X) = \displaystyle\int_{-\infty}^{+\infty} \int_{-\infty}^{+\infty} xf(x, y)\mathrm{d}x\mathrm{d}y = \int_0^1 4x^2\mathrm{d}x \int_0^1 y\mathrm{d}y = \frac{4}{3} \times \frac{1}{2} = \frac{2}{3}$，

$E(X^2) = \displaystyle\int_{-\infty}^{+\infty} \int_{-\infty}^{+\infty} x^2 f(x, y)\mathrm{d}x\mathrm{d}y = \int_0^1 4x^3\mathrm{d}x \int_0^1 y\mathrm{d}y = 1 \times \frac{1}{2} = \frac{1}{2}$，

$$D(X) = E(X^2) - [E(X)]^2 = \frac{1}{2} - \left(\frac{2}{3}\right)^2 = \frac{1}{18}.$$

同理 $E(Y) = \dfrac{2}{3}, D(Y) = \dfrac{1}{18}$.

$E(XY) = \displaystyle\int_{-\infty}^{+\infty} \int_{-\infty}^{+\infty} xyf(x, y)\mathrm{d}x\mathrm{d}y = \int_0^1 4x^2\mathrm{d}x \int_0^1 y^2\mathrm{d}y = \frac{4}{3} \times \frac{1}{3} = \frac{4}{9}$，

于是 $\mathrm{cov}(X,Y)=E(XY)-E(X)E(Y)=\dfrac{4}{9}-\dfrac{2}{3}\times\dfrac{2}{3}=0$,

$$\rho_{XY}=\frac{\mathrm{cov}(X,Y)}{\sqrt{D(X)D(Y)}}=0 .$$

17. 已知二维随机变量 (X,Y) 服从区域 $D=\{(x,y)\mid 0<x<1,\mid y\mid<x\}$ 上的均匀分布.
(1) 判断 X,Y 是否独立; (2) 判断 X,Y 是否不相关.

解 (1) 由题可知 (X,Y) 的联合密度函数为 $f(x,y)=\begin{cases}1, & 0<x<1,\mid y\mid<x,\\ 0, & \text{其他},\end{cases}$ 所以

$$f_X(x)=\int_{-\infty}^{+\infty}f(x,y)\mathrm{d}y=\begin{cases}\displaystyle\int_{-x}^{x}1\mathrm{d}y, & 0<x<1,\\ 0, & \text{其他}\end{cases}=\begin{cases}2x, & 0<x<1,\\ 0, & \text{其他},\end{cases}$$

$$f_Y(y)=\int_{-\infty}^{+\infty}f(x,y)\mathrm{d}x=\begin{cases}\displaystyle\int_{y}^{1}1\mathrm{d}x, & 0<y<1,\\ \displaystyle\int_{-y}^{1}1\mathrm{d}x, & -1<y<0,\\ 0, & \text{其他}\end{cases}=\begin{cases}1-y, & 0<y<1,\\ 1+y, & -1<y<0,\\ 0, & \text{其他}.\end{cases}$$

因为 $f(x,y)\neq f_X(x)f_Y(y)$ ，所以 X,Y 不独立.

(2)
$$E(X)=\int_{-\infty}^{+\infty}xf_X(x)\mathrm{d}x=\int_0^1 x\cdot 2x\mathrm{d}x=\frac{2}{3} ,$$

$$E(X^2)=\int_{-\infty}^{+\infty}x^2 f_X(x)\mathrm{d}x=\int_0^1 x^2\cdot 2x\mathrm{d}x=\frac{1}{2} ,$$

$$D(X)=E(X^2)-[E(X)]^2=\frac{1}{18} .$$

$$E(Y)=\int_{-\infty}^{+\infty}yf_Y(y)\mathrm{d}y=\int_0^1 y\cdot(1-y)\mathrm{d}y+\int_{-1}^{0}y\cdot(1+y)\mathrm{d}y=0 ,$$

$$E(Y^2)=\int_{-\infty}^{+\infty}y^2 f_Y(y)\mathrm{d}y=\int_0^1 y^2\cdot(1-y)\mathrm{d}y+\int_{-1}^{0}y^2\cdot(1+y)\mathrm{d}y=\frac{1}{6} ,$$

$$D(Y)=E(Y^2)-[E(Y)]^2=\frac{1}{6} ,$$

$$E(XY)=\int_{-\infty}^{+\infty}\int_{-\infty}^{+\infty}xyf(x,y)\mathrm{d}x\mathrm{d}y=\int_0^1 x\mathrm{d}x\int_{-x}^{x}y\mathrm{d}y=0 ,$$

$$\mathrm{cov}(X,Y)=E(XY)-E(X)E(Y)=0 ,$$

则 $\rho_{XY}=\dfrac{\mathrm{cov}(X,Y)}{\sqrt{D(X)D(Y)}}=0$ ，所以 X,Y 不相关.

第五章　大数定律与中心极限定理

一、基 本 内 容

1. 切比雪夫(Chebyshev)不等式

设随机变量 X 的数学期望 $E(X)$ 和方差 $D(X)$ 都存在, 则对于任意 $\varepsilon > 0$, 有

$$P\left\{\left|X - E(X)\right| \geqslant \varepsilon\right\} \leqslant \frac{D(X)}{\varepsilon^2}.$$

2. 大数定律

定理 1 (切比雪夫(Chebyshev)大数定律)　设 $X_1, X_2, \cdots, X_n, \cdots$ 是相互独立的随机变量序列, $E(X_i)$, $D(X_i)$ 都存在, 且 $D(X_i) \leqslant C$, $i = 1, 2, \cdots$, C 为常数(即有界). 则对任意 $\varepsilon > 0$, 有

$$\lim_{n \to +\infty} P\left\{\left|\frac{1}{n}\sum_{i=1}^{n}X_i - \frac{1}{n}\sum_{i=1}^{n}E(X_i)\right| < \varepsilon\right\} = 1 \quad \text{或} \quad \lim_{n \to +\infty} P\left\{\left|\frac{1}{n}\sum_{i=1}^{n}X_i - \frac{1}{n}\sum_{i=1}^{n}E(X_i)\right| \geqslant \varepsilon\right\} = 0.$$

定理 2 (辛钦(Khinchin)大数定律)　设 $X_1, X_2, \cdots, X_n, \cdots$ 为独立同分布的随机变量序列, 且 $E(X_i) = \mu$, $D(X_i) = \sigma^2$, $i = 1, 2, \cdots$, 则对 $\forall \varepsilon > 0$, 有

$$\lim_{n \to +\infty} P\left\{\left|\frac{1}{n}\sum_{i=1}^{n}X_i - \mu\right| < \varepsilon\right\} = 1 \quad \text{或} \quad \lim_{n \to +\infty} P\left\{\left|\frac{1}{n}\sum_{i=1}^{n}X_i - \mu\right| \geqslant \varepsilon\right\} = 0.$$

定理 3 (伯努利(Bernoulli)大数定律)　设在 n 次伯努利试验中事件 A 出现的次数为 n_A, 而在每次试验中事件 A 出现的概率为 p, 则对任意 $\varepsilon > 0$, 有

$$\lim_{n \to +\infty} P\left\{\left|\frac{n_A}{n} - p\right| < \varepsilon\right\} = 1.$$

3. 中心极限定理

定理 4 (独立同分布条件下的中心极限定理, 又称林德伯格-莱维(Lindeberg-Levy)中心极限定理)　设随机变量序列 $X_1, X_2, \cdots, X_n, \cdots$ 相互独立, 具有同一分布, 且具有有限的数学期望和方差 $E(X_i) = \mu$, $D(X_i) = \sigma^2 \neq 0$, $i = 1, 2, \cdots$, 则对任意的 x, 有

$$\lim_{n \to +\infty} P\left\{\frac{\sum_{i=1}^{n}X_i - n\mu}{\sqrt{n}\sigma} \leqslant x\right\} = \int_{-\infty}^{x} \frac{1}{\sqrt{2\pi}} \mathrm{e}^{-\frac{t^2}{2}} \mathrm{d}t = \Phi(x),$$

其中 $\Phi(x)$ 为标准正态分布的分布函数.

定理 5 (棣莫弗-拉普拉斯(De Moivre-Laplace)中心极限定理) 设随机变量 η_n 服从参数为 n，p 的二项分布，则对于任意实数 x，有

$$\lim_{n \to +\infty} P\left\{ \frac{\eta_n - np}{\sqrt{np(1-p)}} \leqslant x \right\} = \int_{-\infty}^{x} \frac{1}{\sqrt{2\pi}} e^{-\frac{t^2}{2}} dt = \Phi(x).$$

二、基 本 要 求

(1) 熟练掌握切比雪夫不等式、中心极限定理.

(2) 理解大数定律的条件、结论.

(3) 了解棣莫弗-拉普拉斯中心极限定理的应用条件和结论.

三、扩 展 例 题

例 1 随机变量 X, Y 的期望分别为 -2 和 2，方差分别为 1 和 4，相关系数为 -0.5，试根据切比雪夫不等式估计 $P\{|X+Y| \geqslant 6\}$ 之值.

解 设 $Z = X+Y, E(Z) = E(X+Y) = E(X) + E(Y) = 0$.

$$D(Z) = D(X) + D(Y) + 2\text{cov}(X,Y) = D(X) + D(Y) + 2\rho\sqrt{D(X)}\sqrt{D(Y)} = 3.$$

由切比雪夫不等式

$$P\{|Z - E(Z)| \geqslant \varepsilon\} \leqslant \frac{D(Z)}{\varepsilon^2},$$

令 $\varepsilon = 6, D(Z) = 3$，有 $P\{|Z - 0| \geqslant 6\} \leqslant \frac{3}{36} = \frac{1}{12}$. 则 $P\{|X+Y| \geqslant 6\} \leqslant \frac{1}{12}$.

例 2 某高校图书馆阅览室共有 880 个座位，该校共有 12000 名学生，已知每天晚上每个学生到阅览室去自习的概率为 8%.

(1) 求阅览室晚上座位不够用的概率；

(2) 若要以 80% 的概率保证晚上去阅览室自习的学生都有座位，阅览室还需添加多少个座位.

解 以 X 表示晚上去阅览室自习的学生数，则 $X \sim B(12000, 0.08)$. 于是由棣莫弗-拉普拉斯中心极限定理得 $\dfrac{X - 12000 \times 0.08}{\sqrt{12000 \times 0.08 \times 0.92}}$ 近似服从 $N(0,1)$.

(1) 所求概率为

$$P\{880 < X \leqslant 12000\} = P\left\{ \frac{880 - 960}{\sqrt{883.2}} < \frac{X - 960}{\sqrt{883.2}} \leqslant \frac{12000 - 960}{\sqrt{883.2}} \right\}$$

$$\approx \Phi\left(\frac{12000 - 960}{\sqrt{883.2}} \right) - \Phi\left(\frac{880 - 960}{\sqrt{883.2}} \right) = \Phi(371) - \Phi(-2.69)$$

$$= \varPhi(2.69) = 0.9964.$$

(2) 设阅览室最少要增加 a 个座位, 依题意 a 满足 $P\{X \leqslant 880 + a\} \geqslant 0.80$,

$$P\{X \leqslant 880 + a\} = P\left\{\frac{X - 960}{\sqrt{883.2}} \leqslant \frac{880 + a - 960}{\sqrt{883.2}}\right\} \approx \varPhi\left(\frac{a - 80}{29.72}\right) \geqslant 0.80.$$

查标准正态分布表得 $\dfrac{a - 80}{29.72} \geqslant 0.85$, 化简得 $a = 105.26$, 则阅览室至少要添加 106 个座位, 才能以 80% 的概率保证晚上去自习的学生都有座位.

四、习 题 详 解

习题 5-1

1. 伯努利试验中, 事件 A 发生的概率为 0.5, 利用切比雪夫不等式估计在 1000 次试验中, 事件 A 发生的次数在 $450 \sim 550$ 的概率.

解　设 X 表示事件 A 在 1000 次试验中发生的次数, 则 $X \sim B(1000, 0.5)$. 所以 $E(X) = 500, D(X) = 250$. 由切比雪夫不等式

$$P\{450 < X < 550\} = P\{|X - 500| < 50\} \geqslant 1 - \frac{250}{50^2} = 0.9.$$

2. 设随机变量 X 的方差 $D(X) = 2$, 试用不等式估计 $P\{|X - E(X)| \geqslant 2\}$ 的值.

解　由切比雪夫不等式得　$P\{|X - E(X)| \geqslant 2\} \leqslant \dfrac{D(X)}{4} = \dfrac{1}{2}$.

3. 已知 X 的分布列为

X	-1	2	3
P	0.4	0.3	0.3

利用切比雪夫不等式估计 $P\{|X - E(X)| \geqslant 2\}$.

解　由切比雪夫不等式可知 $P\{|X - E(X)| > 2\} \leqslant \dfrac{D(X)}{2^2}$.

$$E(X) = (-1) \times 0.4 + 2 \times 0.3 + 3 \times 0.3 = 1.1,$$

$$E(X^2) = (-1)^2 \times 0.4 + 2^2 \times 0.3 + 3^2 \times 0.3 = 4.3,$$

$$D(X) = E(X^2) - [E(X)]^2 = 4.3 - 1.21 = 3.09.$$

所以

$$P\{|X - E(X)| \geqslant 2\} \leqslant \frac{D(X)}{2^2} = 0.7725.$$

习题 5-2

1. 设 $X_1, X_2, \cdots, X_n, \cdots$ 是独立同分布的随机变量序列，$E(X_i) = \mu, D(X_i) = \sigma^2$ $(i = 1,2,\cdots)$，对于任意的 $\varepsilon > 0$，则 $\lim\limits_{n \to +\infty} P\left\{ \left| \dfrac{1}{n} \sum\limits_{i=1}^{n} X_i - \dfrac{1}{n} \sum\limits_{i=1}^{n} E(X_i) \right| \geqslant \varepsilon \right\} = $_____.

解　由切比雪夫大数定律得 $\lim\limits_{n \to +\infty} P\left\{ \left| \dfrac{1}{n} \sum\limits_{i=1}^{n} X_i - \dfrac{1}{n} \sum\limits_{i=1}^{n} E(X_i) \right| \geqslant \varepsilon \right\} = 0$.

2. 设 $X_1, X_2, \cdots, X_n, \cdots$ 是相互独立的随机变量序列，且 $X_i \sim E(\lambda)$ $(\lambda > 0, i = 1,2,\cdots)$，对于任意的 $\varepsilon > 0$，则 $\lim\limits_{n \to +\infty} P\left\{ \left| \dfrac{1}{n} \sum\limits_{i=1}^{n} X_i - \dfrac{1}{\lambda} \right| < \varepsilon \right\} = $_____.

解　因为 $E(X_i) = \mu = \dfrac{1}{\lambda}$，由切比雪夫大数定律的推论得 $\lim\limits_{n \to +\infty} P\left\{ \left| \dfrac{1}{n} \sum\limits_{i=1}^{n} X_i - \dfrac{1}{\lambda} \right| < \varepsilon \right\} = 1$.

3. 设在 n 重伯努利试验中事件 A 出现的次数为 n_A，而在每次试验中事件 A 发生的概率为 p，则对任意的 $\varepsilon > 0$，$\lim\limits_{n \to +\infty} P\left\{ \left| \dfrac{n_A}{n} - p \right| < \varepsilon \right\} = $_____.

解　由伯努利大数定律得 $\lim\limits_{n \to +\infty} P\left\{ \left| \dfrac{n_A}{n} - p \right| < \varepsilon \right\} = 1$.

习题 5-3

1. 设随机变量序列 $X_1, X_2, \cdots, X_n, \cdots$ 相互独立，服从同一分布，且 $X_i \sim E(\lambda), i = 1, 2, \cdots$，$\Phi(x)$ 为标准正态分布的分布函数，则 $\lim\limits_{n \to +\infty} P\left(\dfrac{\lambda \sum\limits_{i=1}^{n} X_i - n}{\sqrt{n}} \leqslant x \right) = $_____.

解　由中心极限定理得 $E(X_i) = \dfrac{1}{\lambda}$，$D(X_i) = \dfrac{1}{\lambda^2}, i = 1,2,\cdots$，

$$E\left(\sum_{i=1}^{n} X_i \right) = \frac{n}{\lambda}, \quad D\left(\sum_{i=1}^{n} X_i \right) = \frac{n}{\lambda^2}, \quad i = 1,2,\cdots,$$

$$\lim_{n \to +\infty} P\left\{ \frac{\lambda \sum\limits_{i=1}^{n} X_i - n}{\sqrt{n}} \leqslant x \right\} = \lim_{n \to +\infty} P\left\{ \frac{\sum\limits_{i=1}^{n} X_i - \dfrac{n}{\lambda}}{\dfrac{\sqrt{n}}{\lambda}} \leqslant x \right\} = \Phi(x) = \int_{-\infty}^{x} \frac{1}{\sqrt{2\pi}} \mathrm{e}^{-\frac{t^2}{2}} \mathrm{d}t.$$

2. 设随机变量序列 $X_1, X_2, \cdots, X_n, \cdots$ 相互独立，且 $X_i \sim P(2)$，则

$$\lim_{n \to +\infty} P\left(\sum_{i=1}^{n} X_i \leqslant \sqrt{2n} + 2n\right) = \underline{\hspace{3cm}}.$$

解　$E(X_i) = 2, D(X_i) = 2, i = 1, 2, \cdots$. 由中心极限定理，对于任意 $x \in \mathbb{R}$，有

$$E\left(\sum_{i=1}^{n} X_i\right) = 2n, D\left(\sum_{i=1}^{n} X_i\right) = 2n, \lim_{n \to +\infty} P\left\{\sum_{i=1}^{n} X_i \leqslant \sqrt{2n} + 2n\right\} = \lim_{n \to +\infty} P\left\{\frac{\sum_{i=1}^{n} X_i - 2n}{\sqrt{2n}} \leqslant 1\right\} = \Phi(1).$$

3. 设随机变量序列 X_i $(i = 1, 2, \cdots)$ 相互独立都服从 $N(\mu, \sigma^2)$，则 $\dfrac{1}{n} \sum_{i=1}^{n} X_i \sim$ \underline{\hspace{2cm}}，

$\sum_{i=1}^{n} X_i \sim$ \underline{\hspace{2cm}}.

解
$$E\left(\frac{1}{n} \sum_{i=1}^{n} X_i\right) = \frac{1}{n} \sum_{i=1}^{n} E(X_i) = \frac{1}{n} \cdot n \cdot \mu = \mu,$$

$$D\left(\frac{1}{n} \sum_{i=1}^{n} X_i\right) = \frac{1}{n^2} \sum_{i=1}^{n} D(X_i) = \frac{1}{n^2} \cdot n \cdot \sigma^2 = \frac{\sigma^2}{n}.$$

所以

$$\sum_{i=1}^{n} X_i \sim N(n\mu, n\sigma^2), \quad \frac{1}{n} \sum_{i=1}^{n} X_i \sim N\left(\mu, \frac{\sigma^2}{n}\right).$$

4. 某保险公司经多年的资料统计表明，在参加保险的人中出事故的人占 20%，在随意抽查的 100 个参加保险的人中出事故的人数为随机变量 X，利用中心极限定理，求出事故的人数不少于 14 户且不多于 30 户的概率.

解　由题意，索赔户数 $X \sim B(100, 0.2)$，则

$$P(X = k) = C_{100}^{k}(0.2)^k(0.8)^{100-k}, \quad k = 0, 1, 2, \cdots, 100, \quad np = 20, \quad \sqrt{np(1-p)} = 4.$$

由中心极限定理知，X 近似服从 $N(np, np(1-p))$，

$$P\{14 \leqslant X \leqslant 30\} = P\left\{-1.5 \leqslant \frac{X - 20}{4} \leqslant 2.5\right\}$$
$$\approx \Phi(2.5) - \Phi(-1.5) = 0.927.$$

5. 某种器件的寿命(单位：小时)服从参数为 λ 的指数分布，其平均寿命为 20 小时，在使用中当一个器件损坏后立即更换另一个新器件，已知器件每个进价为 a 元，试求在年计划中此器件做多少预算才能有 95% 以上的把握保证一年够用(假定一年按 2000 个工作小时计算).

解　设年计划购进 n 件器件，则预算应为 na 元. 设 X_i 表示第 i 个器件的寿命，则由题设可得 $X_i \sim E(\lambda)$. 而 $E(X_i) = \dfrac{1}{\lambda} = 20$，所以 $\lambda = \dfrac{1}{20}, D(X_i) = \dfrac{1}{\lambda^2} = 400$. 要使

$P\left\{\sum\limits_{i=1}^{n} X_i \geqslant 2000\right\} \geqslant 0.95$，即 $P\left\{\sum\limits_{i=1}^{n} X_i < 2000\right\} < 0.05$，则

$$P\left\{\sum_{i=1}^{n} X_i < 2000\right\} = P\left\{\frac{\sum\limits_{i=1}^{n} X_i - 20n}{20\sqrt{n}} < \frac{2000 - 20n}{20\sqrt{n}}\right\} = \Phi\left(\frac{100 - n}{\sqrt{n}}\right) < 0.05.$$

查表可得 $\dfrac{100 - n}{\sqrt{n}} \leqslant -1.65$，即 $n \geqslant 118$，所以年预算不少于 $118a$ 元.

自 测 题 五

1. 设 $X_1, X_2, \cdots, X_n, \cdots$ 为相互独立的随机变量序列，$X = X_1 + X_2 + \cdots + X_n$，根据独立同分布的中心极限定理，当 n 充分大时，X 近似服从正态分布，只要随机变量序列满足(　　).

A. 有相同的数学期望;　　　　　　　B. 有相同的方差;

C. 服从同一指数分布;　　　　　　　D. 服从同一离散型分布.

解　答案为 C.

2. 设 $X_1, X_2, \cdots, X_n, \cdots$ 为相互独立的随机变量序列，且 $X_i\,(i = 1, 2, \cdots)$ 均服从参数为 λ 的指数分布，$\Phi(x)$ 为标准正态分布函数，则(　　).

A. $\lim\limits_{n \to +\infty}\left\{\dfrac{\lambda\sum\limits_{i=1}^{n} X_i - n}{\sqrt{n}} \leqslant x\right\} = \Phi(x)$;　　　　B. $\lim\limits_{n \to +\infty}\left\{\dfrac{\sum\limits_{i=1}^{n} X_i - n}{\sqrt{n}} \leqslant x\right\} = \Phi(x)$;

C. $\lim\limits_{n \to +\infty}\left\{\dfrac{\sum\limits_{i=1}^{n} X_i - \lambda}{\sqrt{n}\lambda} \leqslant x\right\} = \Phi(x)$;　　　　D. $\lim\limits_{n \to +\infty}\left\{\dfrac{\sum\limits_{i=1}^{n} X_i - \lambda}{\sqrt{n}\lambda} \leqslant x\right\} = \Phi(x)$.

解　答案为 A.

3. 设 $X_1, X_2, \cdots, X_n, \cdots$ 为相互独立的随机变量序列，a 为一常数，则 $\{X_n\}$ 依概率收敛于 a 是指(　　).

A. 对任意 $\varepsilon > 0$，有 $\lim\limits_{n \to +\infty} P\{|X_n - a| \geqslant \varepsilon\} = 0$;　　B. $\lim\limits_{n \to +\infty} X_n = a$;

C. 对任意 $\varepsilon > 0$，有 $\lim\limits_{n \to +\infty} P\{|X_n - a| \geqslant \varepsilon\} = 1$;　　D. $\lim\limits_{n \to +\infty} P\{X_n = a\} = 1$.

解　答案为 A.

4. 设 $X_1, X_2, \cdots, X_n, \cdots$ 为相互独立服从同一分布的随机变量序列，且 $X_i, i = 1, 2, \cdots$

服从参数为 $\lambda > 0$ 的泊松分布, $\Phi(x)$ 为标准正态分布函数, 则(　　).

A. $\lim\limits_{n \to +\infty} P\left(\dfrac{\sum\limits_{i=1}^{n} X_i - \lambda}{\sqrt{n\lambda}} \leqslant x\right) = \Phi(x)$;

B. 当 n 充分大时, $\sum\limits_{i=1}^{n} X_i$ 近似服从标准正态分布 $N(0,1)$;

C. 当 n 充分大时, $P\left(\sum\limits_{i=1}^{n} X_i \leqslant x\right) \approx \Phi(x)$;

D. 当 n 充分大时, $\sum\limits_{i=1}^{n} X_i$ 近似服从标准正态分布 $N(n\lambda, n\lambda)$.

解　答案为 D.

5. 设 $X_1, X_2, \cdots, X_n, \cdots$ 为独立同分布的随机变量序列, 且 $E(X_i) = \mu$, $D(X_i) = \sigma^2$, $i = 1, 2, \cdots$, 设 $Y_n = \dfrac{1}{n} \sum\limits_{i=1}^{n} X_i$, 则当 $n \to +\infty$ 时, Y_n 依概率收敛于_____.

解　μ.

6. 设 $X_1, X_2, \cdots, X_n, \cdots$ 为独立同分布随机变量序列, 且 $E(X_i) = \mu$, $D(X_i) = \sigma^2$, $i = 1, 2, \cdots$, 对任意的 $\varepsilon > 0$, 有 $\lim\limits_{n \to +\infty} P\left\{\left|\dfrac{1}{n}\sum\limits_{i=1}^{n} X_i - \mu\right| \geqslant \varepsilon\right\} = $_____.

解　0.

7. 设 $X_1, X_2, \cdots, X_n, \cdots$ 为独立同分布的随机变量序列, 且 $E(X_i) = \mu$, $D(X_i) = \sigma^2$, $i = 1, 2, \cdots$, 对任意的 $\varepsilon > 0$, $\lim\limits_{n \to +\infty} P\left\{\dfrac{\sum\limits_{i=1}^{n} X_i - n\mu}{\sqrt{n}\sigma} > 0\right\} = $_____.

解　$\dfrac{1}{2}$.

8. 某工厂有 400 台同类机器, 各台机器发生故障的概率都是 0.02, 假设各台机器工作是相互独立的, 试求机器出故障的台数不小于 2 的概率.

解　设机器出故障的台数为 X, 则 $X \sim B(400, 0.02)$, $E(X) = 8, D(X) = 7.84$. 由中心极限定理得

$$P\{X \geqslant 2\} = 1 - P\{X \leqslant 2\} = 1 - P\left\{\dfrac{X-8}{2.8} \leqslant \dfrac{2-8}{2.8}\right\} \approx 1 - \Phi(-2.14) = 0.9838.$$

9. 某灯泡厂生产的灯泡的平均寿命原为 2000 小时, 标准差为 250 小时. 经过技术改造使得平均寿命提高到 2250 小时, 标准差不变. 为了检验这一成果, 进行如下试验: 任意挑选若干个灯泡, 如果这些灯泡的平均寿命超过 2200 小时, 就正式承认技术改造

有效, 为了使得检验通过的概率超过 0.997, 则至少应检查多少个灯泡?

解 设需要取 n 个灯泡进行检查, X_i 为第 i 个灯泡的寿命, 则 n 个灯泡的平均寿命为 $\dfrac{1}{n}\sum_{i=1}^{n}X_i$, 于是由题意可知: $P\left\{\dfrac{1}{n}\sum_{i=1}^{n}X_i \geqslant 2200\right\} \geqslant 0.997$. 因为 $\mu = E(X_i) = 2250$, $\sigma = \sqrt{D(X_i)} = 250, i = 1,2,\cdots,n$. 由独立同分布中心极限定理, 有

$$P\left\{\frac{1}{n}\sum_{i=1}^{n}X_i \geqslant 2200\right\} = P\left\{\frac{\dfrac{1}{n}\sum_{i=1}^{n}X_i - \mu}{\sigma/\sqrt{n}} \geqslant \frac{2200-\mu}{\sigma/\sqrt{n}}\right\}$$

$$= P\left\{\frac{\dfrac{1}{n}\sum_{i=1}^{n}X_i - \mu}{\sigma/\sqrt{n}} \geqslant \frac{2200-2250}{250/\sqrt{n}}\right\} = P\left\{\frac{\dfrac{1}{n}\sum_{i=1}^{n}X_i - \mu}{\sigma/\sqrt{n}} \geqslant -\frac{\sqrt{n}}{5}\right\}$$

$$= 1 - \Phi\left\{-\frac{\sqrt{n}}{5}\right\} = \Phi\left\{\frac{\sqrt{n}}{5}\right\} \geqslant 0.997.$$

查表可得 $\dfrac{\sqrt{n}}{5} \geqslant 2.75$, 所以 $n \geqslant 190$, 则至少应检查 190 个灯泡.

10. 假设某种型号的螺丝钉的重量是随机变量, 期望值为 50 克, 标准差为 5 克, 求每袋 100 个螺丝钉, 重量超过 5.1 千克的概率.

解 设 X_i 表示袋中第 i 颗螺丝钉的重量, $i = 1,2,\cdots,100$, 则 $X_1,X_2,\cdots,X_{100}$ 相互独立同分布, $E(X_i) = 50, D(X_i) = 5^2$.

设 S_{100} 表示一袋螺丝钉的重量, 则

$$S_{100} = \sum_{i=1}^{100}X_i, \quad E(S_{100}) = 5000, \quad D(S_{100}) = 2500.$$

由独立同分布的中心极限定理知 S_{100} 近似服从 $N(5000, 50^2)$,

$$P\{S_{100} > 5100\} = 1 - P\{S_{100} \leqslant 5100\} = 1 - P\left\{\frac{S_{100}-5000}{50} \leqslant 2\right\} \approx 1 - \Phi(2) = 0.0228.$$

第六章　数理统计的基础知识

一、基 本 内 容

1. 总体和样本

(1) 总体: 研究对象的全体组成的集合称为总体, 总体也叫母体, 总体实际上就是一个随机变量.

个体: 组成总体的每一个元素称为个体.

(2) 样本: 从总体中随机抽取一部分个体 $X_1, X_2, \cdots, X_n$ 构成的向量 $(X_1, X_2, \cdots, X_n)$ 称为样本, 样本中所含个体的数量称为样本容量.

(3) 简单随机样本: 从总体中抽取的样本为 $(X_1, X_2, \cdots, X_n)$, 如果随机变量 $X_1, X_2, \cdots, X_n$ 满足相互独立且与总体同分布, 则称 $(X_1, X_2, \cdots, X_n)$ 为简单随机样本. 这样的抽样也称为简单随机抽样.

(4) 样本的联合分布: 若 $F(x)$ 为总体 X 的分布函数, 那么样本 $(X_1, X_2, \cdots, X_n)$ 的联合分布函数为

$$F(x_1, x_2, \cdots, x_n) = \prod_{i=1}^{n} F(x_i).$$

若 $f(x)$ 是连续总体的概率密度函数, 则样本的联合概率密度函数为

$$f(x_1, x_2, \cdots, x_n) = \prod_{i=1}^{n} f(x_i).$$

若 $P\{X = x_i\} = p_i (i = 1, 2, \cdots, n)$ 是离散型总体的分布律, 则样本的联合分布律为

$$P\{X_1 = x_{n1}, X_2 = x_{n2}, \cdots, X_n = x_{nn}\} = \prod_{i=1}^{n} P\{X = x_{ni}\} = \prod_{i=1}^{n} p_{ni},$$

其中 $x_{ni} (i = 1, 2, \cdots, n)$ 为 x_i $(i = 1, 2, \cdots)$ 中任意一个.

2. 统计量和样本矩

(1) 统计量: 设 $(X_1, X_2, \cdots, X_n)$ 为总体的一个样本, $g(X_1, X_2, \cdots, X_n)$ 为样本函数, 且该函数是不含有未知参数的函数, 则称 $g(X_1, X_2, \cdots, X_n)$ 是一个统计量.

(2) 常用统计量.

样本均值: $\bar{X} = \dfrac{1}{n} \sum_{i=1}^{n} X_i$;

样本方差: $S^2 = \dfrac{1}{n-1}\sum\limits_{i=1}^{n}(X_i - \bar{X})^2$;

样本标准差(样本均方差): $S = \sqrt{S^2}$;

样本 k 阶原点矩: $M_k = \dfrac{1}{n}\sum\limits_{i=1}^{n}X_i^k, k = 1, 2, \cdots$;

样本 k 阶中心矩: $M_k' = \dfrac{1}{n}\sum\limits_{i=1}^{n}(X_i - \bar{X})^k, k = 1, 2, \cdots$.

(3) 样本矩和总体矩的关系.

设 $(X_1, X_2, \cdots, X_n)$ 为来自总体 X 的样本, $E(X) = \mu, D(X) = \sigma^2$, 则有

$$E(\bar{X}) = \mu, \quad D(\bar{X}) = \frac{\sigma^2}{n}, \quad E(S^2) = \sigma^2, \quad E(S_n^2) = \frac{n-1}{n}\sigma^2.$$

3. 经验分布函数

设 $(x_1, x_2, \cdots, x_n)$ 是来自总体 X 的一个样本观测值, $F(x)$ 是总体的分布函数, 将样本观测值按从小到大的顺序排列为 $x_{(1)} \leqslant x_{(2)} \leqslant \cdots \leqslant x_{(n)}$, 则称 $x_{(1)} \leqslant x_{(2)} \leqslant \cdots \leqslant x_{(n)}$ 为有序样本, 则以下函数

$$F_n(x) = \begin{cases} 0, & x < x_{(1)}, \\ \dfrac{k}{n}, & x_{(k)} \leqslant x < x_{(k+1)}, \\ 1, & x \geqslant x_{(n)} \end{cases}$$

称为经验分布函数. 显然 $F_n(x)$ 是一个分布函数.

4. 常用分布

(1) 样本均值的分布.

若总体 $X \sim N(\mu, \sigma^2)$, $(X_1, X_2, \cdots, X_n)$ 为总体的样本, 则

$$\bar{X} = \frac{1}{n}\sum_{i=1}^{n}X_i \sim N\left(\mu, \frac{\sigma^2}{n}\right).$$

特别地, 标准化以后, 得 $U = \dfrac{\bar{X} - \mu}{\sigma/\sqrt{n}} \sim N(0, 1)$.

(2) χ^2 分布.

设 $X_1, X_2, \cdots, X_n$ 为相互独立的随机变量, $X_i \sim N(0, 1), i = 1, 2, \cdots, n$, 则随机变量

$$\chi^2 = X_1^2 + X_2^2 + \cdots + X_n^2 = \sum_{i=1}^{n}X_i^2$$

服从自由度为 n 的 χ^2 分布, 记作 $\chi^2 \sim \chi^2(n)$.

χ^2 分布的性质:

① 若 $\chi^2 \sim \chi^2(n)$，那么 $E(\chi^2) = n, D(\chi^2) = 2n$.

② 若 $\chi_1^2 \sim \chi^2(n), \chi_2^2 \sim \chi^2(m)$，且 χ_1^2, χ_2^2 相互独立，则有

$$\chi_1^2 + \chi_2^2 \sim \chi^2(n+m).$$

(3) t 分布.

若 $X \sim N(0,1), Y \sim \chi^2(n)$，且 X, Y 相互独立，则随机变量 $T = \dfrac{X}{\sqrt{Y/n}}$ 服从自由度为 n 的 t 分布(学生分布).

t 分布的性质:

① 若随机变量服从自由度为 n 的 t 分布，则它的期望为 0，方差为 $\dfrac{n}{n-2}$ $(n>2)$.

② 当自由度 n 趋向无穷大时，t 分布的概率密度函数以标准正态分布的概率密度函数为极限.

(4) F 分布.

若随机变量 $X \sim \chi^2(n), Y \sim \chi^2(m)$，且 X, Y 相互独立，则随机变量 $F = \dfrac{X/n}{Y/m}$ 服从第一自由度为 n，第二自由度为 m 的 F 分布，记作 $F \sim F(n,m)$.

F 分布的性质:

① 若 $F \sim F(n,m)$，则 $E(F) = \dfrac{m}{m-2}, D(F) = \dfrac{2m^2(m+n-2)}{n(m-2)^2(m-4)}$.

② 若 $F \sim F(n,m)$，则 $\dfrac{1}{F} \sim F(m,n)$.

5. 分位数

(1) 标准正态分布.

设 $X \sim N(0,1)$，对给定的 $\alpha(0 < \alpha < 1)$，称满足

$$P\{X > u_\alpha\} = \frac{1}{\sqrt{2\pi}} \int_{u_\alpha}^{+\infty} e^{-\frac{x^2}{2}} dx = \alpha$$

的数 u_α 为标准正态分布的上侧 α 分位数.

(2) χ^2 分布.

设 $\chi^2 \sim \chi^2(n)$，它的概率密度函数为 $f(x)$，对于给定的正数 $\alpha(0 < \alpha < 1)$，称满足

$$P\{\chi^2 > \chi_\alpha^2(n)\} = \int_{\chi_\alpha^2(n)}^{+\infty} f(x) dx = \alpha$$

的数 $\chi_\alpha^2(n)$ 为 χ^2 分布的上侧 α 分位数.

(3) t 分布.

设 $T \sim t(n)$，它的概率密度函数为 $f(x)$，对于给定的正数 $\alpha(0 < \alpha < 1)$，称满足

$$P\{T > t_\alpha(n)\} = \int_{t_\alpha(n)}^{+\infty} f(x)\mathrm{d}x = \alpha$$

的数 $t_\alpha(n)$ 为 t 分布的上侧 α 分位数.

(4) F 分布.

设 $F \sim F(n,m)$,它的概率密度函数为 $f(x)$,对于给定的正数 $\alpha(0 < \alpha < 1)$,称满足

$$P\{F > F_\alpha(n,m)\} = \int_{F_\alpha(n,m)}^{+\infty} f(x)\mathrm{d}x = \alpha$$

的数 $F_\alpha(n,m)$ 为 F 分布的上侧 α 分位数.

6. 正态总体样本均值和样本方差的分布

(1) 若总体 $X \sim N(\mu,\sigma^2)$,$(X_1,X_2,\cdots,X_n)$ 为来自总体 X 的样本,$\overline{X}$ 为样本均值,S^2 为样本方差,则 S^2,$\overline{X}$ 相互独立,且有以下分布:

① $\overline{X} = \dfrac{1}{n}\sum\limits_{i=1}^{n} X_i \sim N\left(\mu, \dfrac{\sigma^2}{n}\right)$;

特别地,标准化以后,得 $U = \dfrac{\overline{X} - \mu}{\sigma / \sqrt{n}} \sim N(0,1)$.

② $\dfrac{\sum\limits_{i=1}^{n}(X_i - \mu)^2}{\sigma^2} \sim \chi^2(n)$;

③ $\dfrac{(n-1)S^2}{\sigma^2} \sim \chi^2(n-1)$ 或者 $\dfrac{\sum\limits_{i=1}^{n}(X_i - \overline{X})^2}{\sigma^2} \sim \chi^2(n-1)$;

④ $\dfrac{\overline{X} - \mu}{S / \sqrt{n}} \sim t(n-1)$.

(2) 如果 $(X_1,\cdots,X_n)$,$(Y_1,\cdots,Y_m)$ 分别是取自两个总体的独立样本,若两个总体分别是 $X \sim N(\mu_1,\sigma_1^2), Y \sim N(\mu_2,\sigma_2^2)$,$S_1^2,S_2^2$ 分别表示它们的样本方差,则有

① $\dfrac{(\overline{X} - \overline{Y}) - (\mu_1 - \mu_2)}{\sqrt{\dfrac{\sigma_1^2}{n} + \dfrac{\sigma_2^2}{m}}} \sim N(0,1)$;

② $\dfrac{S_1^2 / \sigma_1^2}{S_2^2 / \sigma_2^2} \sim F(n-1,m-1)$;

③ 当 $\sigma_1^2 = \sigma_2^2 = \sigma^2$ 时,$\dfrac{(\overline{X} - \overline{Y}) - (\mu_1 - \mu_2)}{S_\omega\sqrt{\dfrac{1}{n} + \dfrac{1}{m}}} \sim t(n+m-2)$,

这里 $S_\omega^2 = \dfrac{(n-1)S_1^2 + (m-1)S_2^2}{n+m-2}$.

二、基 本 要 求

(1) 熟练掌握总体、个体、简单随机样本、样本观测值、样本容量、统计量、χ^2 分布、t 分布、F 分布等概念;

(2) 熟练掌握样本联合分布律或联合概率密度函数、常用统计量(样本均值、样本方差、样本矩)、分位数的求法;

(3) 掌握正态总体常用统计量的分布.

三、扩 展 例 题

例 1 (2009 年考研真题) 设 $(X_1, X_2, \cdots, X_n)$ 为来自二项分布总体 $B(n,p)$ 的简单随机样本, $\overline{X}$ 和 S^2 分别为样本均值和样本方差, 记 $T = \overline{X} - S^2$, 则 $E(T) = $ _____.

解 总体 X 服从 $B(n,p)$, 则 $E(X) = np$, $D(X) = np(1-p)$. 由 $\overline{X}$ 和 S^2 的性质, 知 $E(\overline{X}) = E(X)$, $E(S^2) = D(X)$. 所以 $E(T) = E(\overline{X}) - E(S^2) = np - np(1-p) = np^2$.

例 2 (2017 年考研真题) 设 $(X_1, X_2, \cdots, X_n)$ 为来自正态总体 $N(\mu, 1)$ 的简单随机样本, 若 $\overline{X} = \dfrac{1}{n} \sum_{i=1}^{n} X_i$, 则下列结论中不正确的是( ).

A. $\sum_{i=1}^{n} (X_i - \mu)^2$ 服从 χ^2 分布;　　　　　　B. $2(X_n - X_1)^2$ 服从 χ^2 分布;

C. $\sum_{i=1}^{n} (X_i - \overline{X})^2$ 服从 χ^2 分布;　　　　　　D. $n(\overline{X} - \mu)^2$ 服从 χ^2 分布.

解 答案为 B.

例 3 (2015 年考研真题) 设总体 $X \sim B(m, \theta)$, $(X_1, X_2, \cdots, X_n)$ 为来自该总体的简单随机样本, $\overline{X}$ 为样本均值, 则 $E\left[\sum_{i=1}^{n} (X_i - \overline{X})^2 \right] = ($).

A. $(m-1)n\theta(1-\theta)$;　　　　　　B. $m(n-1)\theta(1-\theta)$;

C. $(m-1)(n-1)\theta(1-\theta)$;　　　　　D. $mn\theta(1-\theta)$.

解 答案为 B.

例 4 (2014 年考研真题) 设 (X_1, X_2, X_3) 是来自总体 $N(0, \sigma^2)$ 的简单随机样本, 则统计量 $S = \dfrac{X_1 - X_2}{\sqrt{2}|X_3|}$ 服从的分布为( ).

A. $F(1,1)$;　　　　B. $F(2,1)$;　　　　C. $t(1)$;　　　　D. $t(2)$.

解 $X_1 - X_2 \sim N(0, 2\sigma^2)$, 从而 $\dfrac{X_1 - X_2}{\sqrt{2}\sigma} \sim N(0,1)$, $\dfrac{X_3^2}{\sigma^2} \sim \chi^2(1)$, 且两者独立, 故

$\dfrac{X_1 - X_2}{\sqrt{2}\sigma} \bigg/ \sqrt{\dfrac{X_3^2}{\sigma^2}} \sim t(1)$，即 C 正确.

例 5 (2011 年考研真题) 设总体 X 服从参数为 $\lambda(\lambda > 0)$ 的泊松分布，$(X_1, X_2, \cdots, X_n)(n \geqslant 2)$ 为来自该总体的简单随机样本，则对于统计量 $T_1 = \dfrac{1}{n}\sum\limits_{i=1}^{n} X_i$ 和 $T_2 = \dfrac{1}{n-1}\sum\limits_{i=1}^{n-1} X_i + \dfrac{1}{n} X_n$，有( )．

A. $E(T_1) > E(T_2), D(T_1) > D(T_2)$；
B. $E(T_1) > E(T_2), D(T_1) < D(T_2)$；
C. $E(T_1) < E(T_2), D(T_1) > D(T_2)$；
D. $E(T_1) < E(T_2), D(T_1) < D(T_2)$．

解 $E(X) = D(X) = \lambda$，$E(T_1) = E(\overline{X}) = \lambda$，$D(T_1) = D(\overline{X}) = \dfrac{\lambda}{n}$，$E(T_2) = \lambda + \dfrac{\lambda}{n}$，

$D(T_2) = \dfrac{\lambda}{n-1} + \dfrac{\lambda}{n^2}$，故 D 正确.

四、习 题 详 解

习题 6-1

1. 某高校为了关注全校大学生的身体健康情况，现从全校学生中抽取了 200 名学生进行体检. 请问这项调查的总体和样本分别是什么？

解 总体是该学校的所有学生，样本是 200 名被抽到的该学校的学生.

2. 设 $X_i \sim N(\mu_i, \sigma^2)(i = 1, 2, \cdots, 10)$，$\mu_i$ 不全等，试问 $(X_1, X_2, \cdots, X_{10})$ 是简单随机样本吗？

解 因为 $X_i \sim N(\mu_i, \sigma^2)$，其中 μ_i 不全等，即 X_i 不是同分布的，故 $(X_1, X_2, \cdots, X_{10})$ 不是简单随机样本. 即使 $\mu_1 = \mu_2 = \cdots = \mu_{10}$，也不能判定 $(X_1, X_2, \cdots, X_{10})$ 是简单随机样本，因为 $(X_1, X_2, \cdots, X_{10})$ 不一定相互独立.

3. 设 $(X_1, X_2, \cdots, X_n)$ 是取自总体 X 的一个样本. 在下列两种情况下分别写出样本 $(X_1, X_2, \cdots, X_n)$ 的分布律或概率密度函数：

(1) 总体 X 服从几何分布，其分布律为 $P\{X = x\} = p(1-p)^{x-1}, 0 < p < 1, \ x = 1, 2, \cdots$；

(2) $X \sim U(0, \theta), \theta > 0$．

解 (1) $f(x_1, x_2, \cdots, x_n; p) = P\{X_1 = x_1, X_2 = x_2, \cdots, X_n = x_n\}$

$\qquad\qquad = P\{X_1 = x_1\} \cdot P\{X_2 = x_2\} \cdot \cdots \cdot P\{X_n = x_n\}$

$\qquad\qquad = \prod\limits_{i=1}^{n} P\{X_i = x_i\} = \prod\limits_{i=1}^{n} p \cdot (1-p)^{x_i - 1} = p^n (1-p)^{\sum\limits_{i=1}^{n} x_i - n}$．

(2) 总体 X 的概率密度函数为 $f(x) = \begin{cases} \dfrac{1}{\theta}, & 0 < x < \theta, \\ 0, & \text{其他}, \end{cases}$ 则样本 $(X_1, X_2, \cdots, X_n)$ 的概率

密度为

$$f(x_1, x_2, \cdots, x_n) = f(x_1) \cdot f(x_2) \cdot \cdots \cdot f(x_n) = \begin{cases} \dfrac{1}{\theta^n}, & 0 < x_i < \theta, i = 1, 2, \cdots, n, \\ 0, & \text{其他.} \end{cases}$$

4. 设 2, 1, 5, 2, 1, 3, 1 是来自总体 X 的样本观测值, 求该样本的经验分布函数.

解 将各观测值按照从小到大的顺序排列, 得 1, 1, 1, 2, 2, 3, 5, 则经验分布函数为

$$F_7(x) = \begin{cases} 0, & x < 1, \\ \dfrac{3}{7}, & 1 \leqslant x < 2, \\ \dfrac{5}{7}, & 2 \leqslant x < 3, \\ \dfrac{6}{7}, & 3 \leqslant x < 5, \\ 1, & x \geqslant 5. \end{cases}$$

习题 6-2

1. 从某高校一年级学生中随机抽取 10 名男生, 测得各同学身高如下(单位: cm):

$$178, 182, 172, 185, 168, 190, 177, 180, 176, 178.$$

试求样本均值与样本方差的观测值.

解 样本容量 $n = 10$, 由定义

$$\bar{x} = \frac{1}{n}\sum_{i=1}^{n} x_i = \frac{1}{10}(178 + 182 + 172 + 185 + 168 + 190 + 177 + 180 + 176 + 178)$$
$$= 178.6;$$

$$s^2 = \frac{1}{n-1}\sum_{i=1}^{n}(x_i - \bar{x})^2 = \frac{1}{9}((178 - 178.6)^2 + (182 - 178.6)^2 + (172 - 178.6)^2$$
$$+ (185 - 178.6)^2 + (168 - 178.6)^2 + (190 - 178.6)^2 + (177 - 178.6)^2$$
$$+ (180 - 178.6)^2 + (176 - 178.6)^2 + (178 - 178.6)^2) = 38.9333.$$

2. 在总体 $N(52, 6.3^2)$ 中随机抽取一个容量为 36 的样本, 求样本均值 $\bar{X}$ 落在 50.8 与 53.8 之间的概率.

解 $\bar{X} \sim N\left(52, \dfrac{6.3^2}{36}\right)$, 则

$$P\{50.8 < \bar{X} < 53.8\} = P\left\{-1.14 < \frac{\bar{X} - 52}{6.3/6} < 1.71\right\}$$
$$= \Phi(1.71) - \Phi(-1.14) = 0.8293.$$

3. 设 $(X_1, X_2, \cdots, X_n)$ 是来自泊松分布 $P(\lambda)$ 的一个样本, $\bar{X}$, S^2 分别为样本均值

和样本方差, 求: $E(\overline{X}), D(\overline{X}), E(S^2)$.

解 由 $X \sim P(\lambda)$ 知 $E(X) = \lambda$, $D(X) = \lambda$. 所以

$$E(\overline{X}) = E(X) = \lambda, \quad D(\overline{X}) = \frac{D(X)}{n} = \frac{\lambda}{n}, \quad E(S^2) = D(X) = \lambda.$$

4. 设 $(X_1, X_2, \cdots, X_n)$ 是来自总体 X 的一个样本. 在下列三种情况下, 分别求出 $E(\overline{X}), D(\overline{X}), E(S^2)$.

(1) $X \sim B(1, p)$;　　　　(2) $X \sim E(\lambda)$;　　　　(3) $X \sim U(0, \theta), \theta > 0$.

解 (1) $E(\overline{X}) = E(X) = p$, $D(\overline{X}) = \frac{D(X)}{n} = \frac{p(1-p)}{n}$,

$$E(S^2) = D(X) = p(1-p);$$

(2) $E(\overline{X}) = \frac{1}{\lambda}$, $D(\overline{X}) = \frac{1}{n\lambda^2}$, $E(S^2) = \frac{1}{\lambda^2}$;

(3) $E(\overline{X}) = \frac{\theta}{2}$, $D(\overline{X}) = \frac{\theta^2}{12n}$, $E(S^2) = \frac{\theta^2}{12}$.

5. 设总体 $X \sim N(\mu, \sigma^2)$, $(X_1, X_2, \cdots, X_{10})$ 是来自总体 X 的样本. 求:

(1) $(X_1, X_2, \cdots, X_{10})$ 的联合概率密度函数;　　　(2) $\overline{X}$ 的概率密度.

解 (1) $(X_1, X_2, \cdots, X_{10})$ 的联合概率密度为

$$f(x_1, x_2, \cdots, x_{10}) = \prod_{i=1}^{10} f(x_i) = \prod_{i=1}^{10} \frac{1}{\sqrt{2\pi}\sigma} e^{-\frac{(x_i-\mu)^2}{2\sigma^2}} = (2\pi)^{-5} \sigma^{-10} e^{-\frac{\sum\limits_{i=1}^{10}(x_i-\mu)^2}{2\sigma^2}}.$$

(2) 因为 $X \sim N(\mu, \sigma^2)$, 所以 $\overline{X} \sim N\left(\mu, \dfrac{\sigma^2}{n}\right)$, $n = 10$, 即 $\overline{X}$ 的概率密度为 $f_{\overline{X}}(x) =$

$$\frac{1}{\sqrt{2\pi} \cdot \frac{\sigma}{\sqrt{n}}} e^{-\frac{n(x-\mu)^2}{2\sigma^2}} = \frac{1}{\sqrt{2\pi} \cdot \frac{\sigma}{\sqrt{10}}} e^{-\frac{5(x-\mu)^2}{\sigma^2}}.$$

6. 设总体 X 的期望 $E(X) = \mu$, 方差 $D(X) = \sigma^2$, 如果要求至少以 95% 的概率保证 $|\overline{X} - \mu| < 0.1\sigma$, 试求样本容量至少是多少?

解 由于样本容量 n 很大时, $\overline{X}$ 近似服从 $N\left(\mu, \dfrac{\sigma^2}{n}\right)$, 所以有

$$P\{|\overline{X} - \mu| \leqslant 0.1\sigma\} = P\{\mu - 0.1\sigma \leqslant \overline{X} \leqslant \mu + 0.1\sigma\} = 2\Phi(0.1\sqrt{n}) - 1 \geqslant 0.95.$$

即 $\Phi(0.1\sqrt{n}) \geqslant 0.975$, 又查表得到 $\Phi(1.96) = 0.975$. 从而 $0.1\sqrt{n} \geqslant 1.96, n \geqslant 384.16$, 故样本容量至少要 385 才能满足条件.

习题 6-3

1. 查表分别写出如下分位数的值

$$\chi^2_{0.95}(8), \quad \chi^2_{0.9}(10), \quad t_{0.10}(10), \quad t_{0.025}(5), \quad F_{0.1}(4,5), \quad F_{0.95}(3,7).$$

解 $\chi_{0.95}^2(8) = 2.7326, \chi_{0.9}^2(10) = 4.8652, t_{0.10}(10) = 1.3722, t_{0.025}(5) = 2.5706, F_{0.1}(4,5) = 3.52,$

$F_{0.95}(3,7) = \dfrac{1}{F_{0.05}(7,3)} = 0.1125$.

2. 设 $(X_1, X_2, \cdots, X_{10})$ 为 $X \sim N(0, 0.1^2)$ 的一个样本，求 $P\left\{\sum\limits_{i=1}^{10} X_i^2 > 0.12\right\}$.

解 因 $\sum\limits_{i=1}^{10} \left(\dfrac{X_i}{0.1}\right)^2 \sim \chi^2(10)$，故

$$P\left\{\sum_{i=1}^{10} X_i^2 > 0.12\right\} = P\left\{\dfrac{\sum\limits_{i=1}^{10} X_i^2}{0.1^2} > \dfrac{0.12}{0.1^2}\right\} = P\left\{\dfrac{\sum\limits_{i=1}^{10} X_i^2}{0.1^2} > 12\right\} = 0.25.$$

3. 设 $(X_1, X_2, \cdots, X_n)$ 是来自正态总体 $X \sim N(0,1)$ 的样本，试求下列统计量的分布：

(1) $\dfrac{\sqrt{n-1}X_1}{\sqrt{\sum\limits_{i=2}^{n} X_i^2}}$;

(2) $\dfrac{(n-3)\sum\limits_{i=1}^{3} X_i^2}{3\sum\limits_{i=4}^{n} X_i^2}$.

解 (1) 因为 $X_i \sim N(0,1), i = 1, 2, \cdots, n$，所以 $\sum\limits_{i=2}^{n} X_i^2 \sim \chi^2(n-1)$ 且与 X_1 相互独立，根据 t 分布的定义，有 $\dfrac{\sqrt{n-1}X_1}{\sqrt{\sum\limits_{i=2}^{n} X_i^2}} = \dfrac{X_1}{\sqrt{\sum\limits_{i=2}^{n} X_i^2 \Big/ (n-1)}} \sim t(n-1)$.

(2) 因为 $\sum\limits_{i=1}^{3} X_i^2 \sim \chi^2(3), \sum\limits_{i=4}^{n} X_i^2 \sim \chi^2(n-3)$，且二者相互独立，所以根据 F 分布的定

义，有 $\dfrac{(n-3)\sum\limits_{i=1}^{3} X_i^2}{3\sum\limits_{i=4}^{n} X_i^2} = \dfrac{\sum\limits_{i=1}^{3} X_i^2 \Big/ 3}{\sum\limits_{i=4}^{n} X_i^2 \Big/ (n-3)} \sim F(3, n-3)$.

4. 设 $(X_1, X_2, X_3, X_4, X_5)$ 是来自总体 $N(0,1)$ 的样本，令 $Y = \dfrac{c(X_1 + X_2)}{\sqrt{\sum\limits_{i=3}^{5} X_i^2}}$，求常数

c，使统计量 Y 服从 t 分布.

解 因为 $X_i \sim N(0,1), i = 1, 2, \cdots, 5$，令 $S = X_1 + X_2$，$T = \sum\limits_{i=3}^{5} X_i^2$，则 $S \sim N(0,2), T \sim \chi^2(3)$，

且 S, T 相互独立. 从而 $\dfrac{X_1 + X_2}{\sqrt{2}} \sim N(0,1)$，$\dfrac{(X_1 + X_2)/\sqrt{2}}{\sqrt{\sum\limits_{i=3}^{5} X_i^2 / 3}} \sim t(3)$. 故要使 Y 服从 t 分布，

所以 $c = \sqrt{\dfrac{3}{2}}$.

5. 设随机变量 X 服从自由度为 k 的 t 分布. 证明: 随机变量 $Y = X^2$ 服从自由度为 $(1, k)$ 的 F 分布.

证明　因随机变量 $X \sim t(k)$,则存在相互独立的随机变量 U , V , 并且 $U \sim U(0,1)$, $V \sim \chi^2(k)$, 使得 $X = \dfrac{U}{\sqrt{V/k}} \sim t(k)$. 因为 $U \sim U(0,1)$, 所以由 χ^2 分布的定义可知 $U^2 \sim \chi^2(1)$. 又因为 U, V 相互独立, 所以 U^2 与 V 也相互独立. 于是, 由 F 分布的定义可知 $Y = X^2 = \dfrac{U^2/1}{V/k} \sim F(1, k)$.

习题 6-4

1. 设总体 $X \sim N(\mu, \sigma^2)$, 从总体中抽取容量为 16 的样本,

(1) 已知 $\sigma = 2$, 求 $P\{|\overline{X} - \mu| < 0.5\}$;

(2) σ 未知, 样本方差 $s^2 = 5.33$, 求 $P\{|\overline{X} - \mu| < 0.5\}$.

解　(1) 已知总体 $X \sim N(\mu, \sigma^2)$, 且样本容量 $n = 16, \sigma = 2$, 则统计量

$$U = \frac{\overline{X} - \mu}{\sigma / \sqrt{n}} = \frac{\overline{X} - \mu}{2/4} \sim N(0, 1) ,$$

故由正态分布的分布函数得

$$\begin{aligned}
P\{|\overline{X} - \mu| < 0.5\} &= P\left\{\left|\frac{\overline{X} - \mu}{2/4}\right| < 1\right\} = P\{|U| < 1\} \\
&= \Phi(1) - \Phi(-1) \\
&= 0.8413 - (1 - 0.8413) \\
&= 0.6826.
\end{aligned}$$

(2) 已知总体 $X \sim N(\mu, \sigma^2)$, 且样本容量 $n = 16$, 样本方差 $s^2 = 5.33$, 则统计量

$$T = \frac{\overline{X} - \mu}{s / \sqrt{n}} = \frac{\overline{X} - \mu}{\sqrt{5.33}/4} \sim t(15) ,$$

故

$$\begin{aligned}
P\{|\overline{X} - \mu| < 0.5\} &= P\left\{\left|\frac{\overline{X} - \mu}{\sqrt{5.33}/4}\right| < 0.866\right\} \\
&= 1 - P\{|T| \geqslant 0.866\} \\
&= 1 - (P\{T \geqslant 0.866\} + P\{T \leqslant -0.866\}) \\
&= 1 - (0.20 + 0.20) \\
&= 0.60.
\end{aligned}$$

2. 设 $(X_1, X_2, \cdots, X_8)$ 是来自正态总体 $X \sim N(0, \sigma^2)$ 的样本, 求下列统计量的分布:

$$(1)\ Y = \frac{1}{\sigma^2}\sum_{i=1}^{8}X_i^2\ ;\qquad (2)\ T = \frac{2X_5}{\sqrt{\sum\limits_{i=1}^{4}X_i^2}}\ ;\qquad (3)\ F = \frac{\sum\limits_{i=1}^{4}X_i^2}{\sum\limits_{i=5}^{8}X_i^2}\ .$$

解 (1) 总体 $X \sim N(0,\sigma^2)$，可知 $X_i \sim N(0,\sigma^2), i = 1,2,\cdots,8$ 且相互独立，则

$$\frac{X_i}{\sigma} \sim N(0,1), \quad i = 1,2,\cdots,8\ ,$$

根据 χ^2 分布的定义可得

$$Y = \frac{1}{\sigma^2}\sum_{i=1}^{8}X_i^2 = \sum_{i=1}^{8}\left(\frac{X_i}{\sigma}\right)^2 \sim \chi^2(8)\ .$$

(2) 由 $X_5 \sim N(0,\sigma^2)$ 得

$$\frac{X_5}{\sigma} \sim N(0,1)\ .$$

由 χ^2 分布的定义可得

$$\sum_{i=1}^{4}\left(\frac{X_i}{\sigma}\right)^2 \sim \chi^2(4)\ ,$$

且 $\dfrac{X_5}{\sigma}$，$\sum\limits_{i=1}^{4}\left(\dfrac{X_i}{\sigma}\right)^2$ 相互独立，故由 t 分布的定义可得

$$T = \frac{\dfrac{X_5}{\sigma}}{\sqrt{\dfrac{\sum\limits_{i=1}^{4}\left(\dfrac{X_i}{\sigma}\right)^2}{4}}} = \frac{2X_5}{\sqrt{\sum\limits_{i=1}^{4}X_i^2}} \sim t(4)\ .$$

(3) 由 χ^2 分布的定义可得

$$\sum_{i=1}^{4}\left(\frac{X_i}{\sigma}\right)^2 \sim \chi^2(4), \quad \sum_{i=5}^{8}\left(\frac{X_i}{\sigma}\right)^2 \sim \chi^2(4)\ ,$$

且 $\sum\limits_{i=1}^{4}\left(\dfrac{X_i}{\sigma}\right)^2$，$\sum\limits_{i=5}^{8}\left(\dfrac{X_i}{\sigma}\right)^2$ 相互独立，由 F 分布的定义可得

$$F = \frac{\sum\limits_{i=1}^{4}X_i^2}{\sum\limits_{i=5}^{8}X_i^2} = \frac{\sum\limits_{i=1}^{4}\left(\dfrac{X_i}{\sigma}\right)^2 \Big/ 4}{\sum\limits_{i=5}^{8}\left(\dfrac{X_i}{\sigma}\right)^2 \Big/ 4} \sim F(4,4)\ .$$

3. 在设计导弹发射装置时, 重要事情之一是研究弹着点偏离目标中心距离的方差. 对于一类导弹发射装置, 弹着点偏离目标中心的距离服从正态分布 $N(\mu,50)$, 现在进行了 26 次发射试验, 用 S^2 表示弹着点偏离目标中心距离的样本方差. 求 $P\{S^2 \leqslant 74\}$.

解 根据教材本节定理 1 可知 $\dfrac{(n-1)S^2}{\sigma^2} \sim \chi^2(n-1)$, 因此

$$P\{S^2 > 74\} = P\left\{\frac{(n-1)S^2}{\sigma^2} > \frac{(n-1) \times 74}{\sigma^2}\right\} = P\left\{\chi^2(25) > \frac{25 \times 74}{50}\right\}$$
$$= P\{\chi^2(25) > 37\} > P\{\chi^2(25) > 37.652\} = 0.05.$$

故 $P\{S^2 \leqslant 74\} = 1 - P\{S^2 > 74\} = 0.95$.

4. 设两个总体 X 和 Y 都服从正态分布 $N(10,5)$. 现在从总体 X 和 Y 中分别抽取容量为 $n_1 = 20, n_2 = 10$ 的两个样本, 求 $P\{|\overline{X} - \overline{Y}| > 0.7\}$.

解 由题设知,

$$\frac{\overline{X} - \overline{Y} - (10 - 10)}{\sqrt{\dfrac{5}{20} + \dfrac{5}{10}}} = \frac{\overline{X} - \overline{Y}}{\sqrt{0.75}} \sim N(0,1) .$$

于是

$$P\{|\overline{X} - \overline{Y}| > 0.7\} = 1 - P\left\{\left|\frac{\overline{X} - \overline{Y}}{\sqrt{0.75}}\right| \leqslant \frac{0.7}{\sqrt{0.75}}\right\}$$
$$= 1 - \left[2\Phi\left(\frac{0.7}{\sqrt{0.75}}\right) - 1\right]$$
$$= 2 - 2\Phi(0.81) = 0.418.$$

5. 设总体 $X \sim N(10,3^2)$, $Y \sim N(5,6^2)$, 且 X,Y 相互独立. $(X_1, X_2, \cdots, X_{10})$ 和 $(Y_1, Y_2, \cdots, Y_8)$ 分别是来自 X 和 Y 的样本, 求 $P\left\{\dfrac{S_1^2}{S_2^2} < 0.68\right\}$.

解 统计量

$$\frac{S_1^2/\sigma_1^2}{S_2^2/\sigma_2^2} = \frac{S_1^2/3^2}{S_2^2/6^2} = \frac{4S_1^2}{S_2^2} \sim F(9,7) .$$

因为

$$P\left\{\frac{S_1^2}{S_2^2} < 0.68\right\} = P\left\{\frac{4S_1^2}{S_2^2} < 2.72\right\} = P\{F < 2.72\} = 1 - P\{F \geqslant 2.72\} .$$

查表得, 当自由度为 $(9,7)$ 时, 有 $F_{0.1}(9,7) = 2.72$, 即

$$P\{F \geqslant 2.72\} = 0.1 .$$

所以所求的概率为

$$P\left\{\frac{S_1^2}{S_2^2} < 0.68\right\} = 1 - 0.1 = 0.9.$$

自 测 题 六

1. 简单随机样本的两个基本特点是_____、_____.

解 相互独立、分布相同.

2. 设 $(X_1, X_2, \cdots, X_n)$ 是来自正态总体 $N(\mu, \sigma^2)$ 的样本，则 $\overline{X} \sim$ _____，$\frac{(n-1)S^2}{\sigma^2} \sim$ _____，$\frac{\sqrt{n}(\overline{X} - \mu)}{S} \sim$ _____.

解 $N\left(\mu, \dfrac{\sigma^2}{n}\right)$，$\chi^2(n-1)$，$t(n-1)$.

3. 设 (X_1, X_2, X_3, X_4) 是来自正态总体 $N(0, 2^2)$ 的样本，$X = a(X_1 - 2X_2)^2 + b(3X_3 - 4X_4)^2$，则当 $a =$ _____，$b =$ _____时，统计量 X 服从 χ^2 分布，其自由度为_____.

解 $\dfrac{1}{20}$，$\dfrac{1}{100}$，2.

4. 设随机变量 $X \sim N(0,1)$，随机变量 $Y \sim \chi^2(n)$，X、Y 相互独立，$Z = \dfrac{X}{\sqrt{Y/n}}$，则 $Z \sim$ _____，$Z^2 \sim$ _____.

解 $t(n)$，$F(1, n)$.

5. 设随机变量 $X \sim N(0,1)$，u_α 表示标准正态分布的上侧 α 分位数，则 $P\{|X| \geqslant u_{0.25}\} =$ _____.

解 0.5.

6. 设 (X_1, X_2, X_3) 是来自总体 $N(\mu, \sigma^2)$ 的一组样本，其中 μ 已知，σ 未知，则下列样本的函数中，不是统计量的是 (   ).

A. $\dfrac{1}{3}(X_1 + X_2 + X_3)$；

B. $X_1 + X_2 + 2\mu$；

C. $\max(X_1, X_2, X_3)$；

D. $\dfrac{1}{\sigma^2}(X_1^2 + X_2^2 + X_3^2)$.

解 答案为 D.

7. 设 $(X_1, X_2, \cdots, X_n)$ 是来自正态总体 $N(\mu, \sigma^2)$ 的样本，$S_1^2 = \dfrac{1}{n-1}\sum_{i=1}^{n}(X_i - \overline{X})^2$，$S_2^2 = \dfrac{1}{n}\sum_{i=1}^{n}(X_i - \overline{X})^2$，$S_3^2 = \dfrac{1}{n-1}\sum_{i=1}^{n}(X_i - \mu)^2$，$S_4^2 = \dfrac{1}{n}\sum_{i=1}^{n}(X_i - \mu)^2$，则下列随机变量服从

自由度为 $n-1$ 的 t 分布的是 (　　).

A. $\dfrac{\overline{X}-\mu}{S_1/\sqrt{n}}$;　　　　　B. $\dfrac{\overline{X}-\mu}{S_2/\sqrt{n}}$;　　　　　C. $\dfrac{\overline{X}-\mu}{S_3/\sqrt{n}}$;　　　　D. $\dfrac{\overline{X}-\mu}{S_4/\sqrt{n}}$.

解　答案为 A.

8. 设 $X\sim N(1,3^2)$, $(X_1,X_2,\cdots,X_n)$ 为来自总体 X 的样本, 则 (　　).

A. $\dfrac{\overline{X}-1}{3}\sim N(0,1)$;　　　　　　　　　B. $\dfrac{\overline{X}-1}{3/\sqrt{n}}\sim N(0,1)$;

C. $\dfrac{\overline{X}-1}{9}\sim N(0,1)$;　　　　　　　　　D. $\dfrac{\overline{X}-1}{\sqrt{3}/\sqrt{n}}\sim N(0,1)$.

解　答案为 B.

9. 设 $(X_1,X_2,\cdots,X_n)$ 为来自正态总体 X 的样本, $\overline{X}$ 为样本均值, 则下列结论不成立的是 (　　).

A. $\overline{X}$ 与 $\sum\limits_{i=1}^{n}(X_i-\overline{X})^2$ 独立;　　　　B. 当 $i\neq j$ 时, X_i 与 X_j 独立;

C. $\sum\limits_{i=1}^{n}X_i$ 与 $\sum\limits_{i=1}^{n}X_i^2$ 独立;　　　　D. 当 $i\neq j$ 时, X_i 与 X_j^2 独立.

解　答案为 C.

10. 取自总体 $X\sim N(30,4)$ 的容量为 16 的一组样本, 计算 $P\{29<\overline{X}<31\}$.

解　$X\sim N(30,4)$, 则 $\overline{X}\sim N\left(30,\dfrac{1}{4}\right)$, $P\{29<\overline{X}<31\}=\Phi\left(\dfrac{31-30}{1/2}\right)-\Phi\left(\dfrac{29-30}{1/2}\right)=$

$\Phi(2)-\Phi(-2)=2\Phi(2)-1=2\times0.9772-1=0.9544$.

11. 设 $(X_1,X_2,\cdots,X_n)$ 为来自总体 X 的样本, $E(X)=\mu$, $E[(X-\mu)^k]=\mu_k$, 试证明 $E\left[\dfrac{1}{n}\sum\limits_{i=1}^{n}(X_i-\mu)^k\right]=\mu_k$.

证明　因为 $E(X)=\mu$, $E[(X-\mu)^k]=\mu_k$, 所以 $E(X_i)=\mu$, $E[(X_i-\mu)^k]=\mu_k$, $i=1,2,\cdots,n$; 由期望的性质得

$$E\left[\frac{1}{n}\sum_{i=1}^{n}(X_i-\mu)^k\right]=\frac{1}{n}\sum_{i=1}^{n}E[(X_i-\mu)^k]=\mu_k.$$

第七章 参 数 估 计

一、基 本 内 容

1. 参数估计的两种形式

点估计和区间估计.

2. 参数的点估计

(1) 定义. 对总体的未知参数 θ 用样本函数 $\hat{\theta} = \hat{\theta}(X_1, X_2, \cdots, X_n)$ 作为其估计值, 就称 $\hat{\theta}(X_1, X_2, \cdots, X_n)$ 为 θ 的点估计量, $\hat{\theta}(x_1, x_2, \cdots, x_n)$ 为 θ 的点估计值.

常用的点估计方法为: 矩估计法和最大似然估计法.

(2) 矩估计法.

基本原理: 利用替换思想获得未知参数的估计, 即用样本矩作为同阶总体矩的估计, 从而列出相应的方程, 解之可得未知参数的矩估计.

常用结论: 总体均值 $E(X)$ 的矩估计量是样本均值 $\overline{X}$; 总体方差 $D(X)$ 的矩估计量是样本二阶中心矩 $M_2 = S_n^2$ (未修正的样本方差).

(3) 最大似然估计法.

基本原理: 利用最大似然原理获得未知参数的估计, 即似然函数 L 的极大值点为未知参数的最大似然估计.

注 因为 $\ln L$ 与 L 的极大值点相同, 所以为了简化计算常用 $\ln L$ 来寻求最大似然估计.

3. 估计量的评选标准

(1) 无偏性.

设未知参数 θ 的估计量 $\hat{\theta} = \hat{\theta}(X_1, X_2, \cdots, X_n)$ 的数学期望存在且等于 θ, 即

$$E(\hat{\theta}) = \theta,$$

则称 $\hat{\theta}$ 是 θ 的无偏估计量.

(2) 有效性.

设 $\hat{\theta}_1 = \hat{\theta}_1(X_1, X_2, \cdots, X_n)$ 与 $\hat{\theta}_2 = \hat{\theta}_2(X_1, X_2, \cdots, X_n)$ 都是参数 θ 的无偏估计量, 如果

$$D(\hat{\theta}_1) < D(\hat{\theta}_2),$$

则称 $\hat{\theta}_1$ 比 $\hat{\theta}_2$ 有效.

(3) 一致性.

如果当 $n \to +\infty$ 时, $\hat{\theta}$ 依概率收敛于 θ, 即对 $\forall \varepsilon > 0$, 有

$$\lim_{n \to +\infty} P\left\{\left|\hat{\theta} - \theta\right| < \varepsilon\right\} = 1,$$

则称 $\hat{\theta}$ 是 θ 的一致估计量, 或称相合估计量.

4. 参数的区间估计

(1) 双侧置信区间定义.

设总体 X 的分布含有未知参数 θ, 如果对于给定的概率 $\alpha(0 < \alpha < 1)$, 存在两个统计量 $\hat{\theta}_1 = \hat{\theta}_1(X_1, X_2, \cdots, X_n)$, $\hat{\theta}_2 = \hat{\theta}_2(X_1, X_2, \cdots, X_n)$, 使得

$$P\left\{\hat{\theta}_1 \leqslant \theta \leqslant \hat{\theta}_2\right\} = 1 - \alpha,$$

则称随机区间 $[\hat{\theta}_1, \hat{\theta}_2]$ 为 θ 的置信水平(置信度或置信系数)为 $1-\alpha$ 的双侧置信区间, $\hat{\theta}_1$ 和 $\hat{\theta}_2$ 分别称为双侧置信下限和置信上限.

(2) 单侧置信区间定义.

设总体 X 的分布含有一个未知参数 θ, 如果有样本的统计量 $\hat{\theta}_1 = \hat{\theta}_1(X_1, X_2, \cdots, X_n)$, 使对于给定的常数 $\alpha(0 < \alpha < 1)$, 满足

$$P\{\theta \geqslant \hat{\theta}_1\} = 1 - \alpha,$$

则称随机区间 $[\hat{\theta}_1, +\infty)$ 为参数 θ 的置信水平(置信度或置信系数)为 $1-\alpha$ 的单侧置信区间. $\hat{\theta}_1$ 称为单侧置信下限.

如果有样本的统计量 $\hat{\theta}_2 = \hat{\theta}_2(X_1, X_2, \cdots, X_n)$, 使对于给定的常数 $\alpha(0 < \alpha < 1)$, 满足

$$P\{\theta \leqslant \hat{\theta}_2\} = 1 - \alpha,$$

则称随机区间 $(-\infty, \hat{\theta}_2]$ 为参数 θ 的置信水平(或置信度、可靠度)为 $1-\alpha$ 的单侧置信区间, $\hat{\theta}_2$ 称为单侧置信上限.

(3) 求解双侧置信区间的步骤.

步骤 1: 构造一个样本 $(X_1, X_2, \cdots, X_n)$ 和 θ 的函数 $W = W(X_1, X_2, \cdots, X_n; \theta)$. 其中 W 满足两个条件: ①W 的分布不依赖于 θ 以及其他未知参数; ②W 的分布是已知的. 称这样的函数 W 为**枢轴量**.

步骤 2: 对于给定的置信水平 $1-\alpha$, 设 W 的上 $1-\dfrac{\alpha}{2}$ 分位数为 a, W 的上 $\dfrac{\alpha}{2}$ 分位数为 b, 于是 $P\{a \leqslant W \leqslant b\} = 1 - \alpha$.

步骤 3: 把不等式 "$a \leqslant W \leqslant b$" 做等价变形, 使它变为

$$\hat{\theta}_1(X_1, X_2, \cdots, X_n) \leqslant \theta \leqslant \hat{\theta}_2(X_1, X_2, \cdots, X_n),$$

则 $[\hat{\theta}_1(X_1, X_2, \cdots, X_n), \hat{\theta}_2(X_1, X_2, \cdots, X_n)]$ 就是 θ 的一个置信水平为 $1-\alpha$ 的双侧置信区间.

注　求单侧置信区间的方法与求双侧置信区间的一般步骤基本相同, 不同的只是在步骤 2 中, 选取 W 的上 $1-\alpha$ 分位数为 a (或选取 W 的上 α 分位数为 b), 使得

$$P\{a \le W\} = 1-\alpha \qquad (\text{或 } P\{W \le b\} = 1-\alpha).$$

然后对式中的 $a \le W$ (或 $W \le b$) 做不等式的等价变形即可得到相应的单侧置信区间.

(4) 正态分布参数的置信区间 (表 7-1).

表 7-1　正态分布参数的置信区间

待估参数	条件	置信区间
μ	σ^2 已知	$\left[\bar{X} - u_{\alpha/2}\dfrac{\sigma}{\sqrt{n}},\ \bar{X} + u_{\alpha/2}\dfrac{\sigma}{\sqrt{n}}\right]$
	σ^2 未知	$\left[\bar{X} - t_{\alpha/2}(n-1)\dfrac{S}{\sqrt{n}},\ \bar{X} + t_{\alpha/2}(n-1)\dfrac{S}{\sqrt{n}}\right]$
σ^2	μ 已知	$\left[\dfrac{\sum_{i=1}^{n}(X_i - \mu)^2}{\chi_{\alpha/2}^2(n)},\ \dfrac{\sum_{i=1}^{n}(X_i - \mu)^2}{\chi_{1-\alpha/2}^2(n)}\right]$
	μ 未知	$\left[\dfrac{(n-1)S^2}{\chi_{\alpha/2}^2(n-1)},\ \dfrac{(n-1)S^2}{\chi_{1-\alpha/2}^2(n-1)}\right]$
$\mu_1 - \mu_2$	σ_1^2, σ_2^2 已知	$\left[(\bar{X} - \bar{Y}) - u_{\alpha/2}\sqrt{\dfrac{\sigma_1^2}{n_1} + \dfrac{\sigma_2^2}{n_2}}, (\bar{X} - \bar{Y}) + u_{\alpha/2}\sqrt{\dfrac{\sigma_1^2}{n_1} + \dfrac{\sigma_2^2}{n_2}}\right]$
	σ_1^2, σ_2^2 未知但 $\sigma_1^2 = \sigma_2^2$	$\left[(\bar{X} - \bar{Y}) - t_{\alpha/2}(n_1 + n_2 - 2)S_\omega\sqrt{\dfrac{1}{n_1} + \dfrac{1}{n_2}},\right.$ $\left.(\bar{X} - \bar{Y}) + t_{\alpha/2}(n_1 + n_2 - 2)S_\omega\sqrt{\dfrac{1}{n_1} + \dfrac{1}{n_2}}\right]$
$\dfrac{\sigma_1^2}{\sigma_2^2}$	μ_1, μ_2 未知	$\left[\dfrac{S_1^2}{S_2^2}\dfrac{1}{F_{\alpha/2}(n_1-1, n_2-1)}, \dfrac{S_1^2}{S_2^2}\dfrac{1}{F_{1-\alpha/2}(n_1-1, n_2-1)}\right]$

二、基本要求

(1) 理解参数估计的概念, 熟练掌握点估计的矩估计法和最大似然估计法.

(2) 掌握估计量好坏的三个评选标准.

(3) 理解区间估计的概念, 熟练掌握单个正态总体的均值和方差的置信区间; 了解两个正态总体的均值差和方差比的区间估计.

三、扩 展 例 题

例 1 (2012 年考研真题)　设随机变量 X 与 Y 相互独立且分别服从正态分布 $N(\mu,\sigma^2)$ 与 $N(\mu,2\sigma^2)$，其中 σ 是未知参数，且 $\sigma > 0$. 记 $Z = X - Y$.

(1) 求 Z 的概率密度 $f(z;\sigma^2)$；

(2) $(Z_1,Z_2,\cdots,Z_n)$ 为来自总体 Z 的简单随机样本，求 σ^2 的最大似然估计量 $\hat{\sigma}^2$；

(3) 证明 $\hat{\sigma}^2$ 为 σ^2 的无偏估计量.

解　(1) 随机变量 X 与 Y 相互独立且分别服从正态分布 $N(\mu,\sigma^2)$ 与 $N(\mu,2\sigma^2)$，由正态分布的性质，知 $Z \sim N(0,3\sigma^2)$，所以 Z 的概率密度 $f(z;\sigma^2) = \dfrac{1}{\sqrt{6\pi}\,\sigma} e^{-\frac{z^2}{6\sigma^2}}$.

(2) $(Z_1,Z_2,\cdots,Z_n)$ 为来自总体 Z 的简单随机样本，则其似然函数为

$$L(\sigma^2) = \prod_{i=1}^{n} f(z_i) = \prod_{i=1}^{n}\left[\frac{1}{\sqrt{6\pi}\,\sigma} e^{-\frac{z_i^2}{6\sigma^2}}\right] = (6\pi\sigma^2)^{-\frac{n}{2}} e^{-\frac{1}{6\sigma^2}\sum_{i=1}^{n} z_i^2},$$

对 $L(\sigma^2)$ 求对数得 $\ln L(\sigma^2) = -\dfrac{n}{2}\ln(6\pi\sigma^2) - \dfrac{1}{6\sigma^2}\sum_{i=1}^{n} z_i^2$，求导得 $\dfrac{\mathrm{d}\ln L(\sigma^2)}{\mathrm{d}\sigma^2} = -\dfrac{n}{2\sigma^2} + \dfrac{1}{6\sigma^4}\sum_{i=1}^{n} z_i^2$，令 $\dfrac{\mathrm{d}\ln L(\sigma^2)}{\mathrm{d}\sigma^2} = 0$，解得 σ^2 的最大似然估计值为 $\hat{\sigma}^2 = \dfrac{1}{3n}\sum_{i=1}^{n} z_i^2$，最大似然估计量为 $\hat{\sigma}^2 = \dfrac{1}{3n}\sum_{i=1}^{n} Z_i^2$.

(3) **证明**
$$E\left(\hat{\sigma}^2\right) = E\left(\frac{1}{3n}\sum_{i=1}^{n} Z_i^2\right) = \frac{1}{3n}\sum_{i=1}^{n} E(Z_i^2)$$
$$= \frac{1}{3n}\sum_{i=1}^{n}\left[D(Z_i) + E^2(Z_i)\right] = \frac{1}{3n}\sum_{i=1}^{n} 3\sigma^2 = \sigma^2,$$

即 $\hat{\sigma}^2 = \dfrac{1}{3n}\sum_{i=1}^{n} Z_i^2$ 为 σ^2 的无偏估计量.

例 2 (2015 年考研真题)　设总体 X 的概率密度为 $f(x;\theta) = \begin{cases} \dfrac{1}{1-\theta}, & \theta \leqslant x \leqslant 1, \\ 0, & \text{其他,} \end{cases}$ 其中 θ 为未知参数，$(X_1,X_2,\cdots,X_n)$ 为随机样本. 求：

(1) θ 的矩估计量；　　(2) θ 的最大似然估计量.

解　(1) 由于总体 X 服从区间 $[\theta,1]$ 上的均匀分布，所以 $E(X) = \dfrac{1+\theta}{2}$. 令 $\dfrac{1+\theta}{2} = \overline{X}$，

解得 $\hat{\theta} = 2\overline{X} - 1$.

(2) 样本的似然函数为

$$L(\theta) = \prod_{i=1}^{n} f(x_i; \theta) = \begin{cases} \dfrac{1}{(1-\theta)^n}, & \theta \leqslant x_i \leqslant 1, i = 1, 2, \cdots, n, \\ 0, & \text{其他} \end{cases}$$

$$= \begin{cases} \dfrac{1}{(1-\theta)^n}, & \theta \leqslant \min\{x_1, x_2, \cdots, x_n\}, \\ 0, & \text{其他}. \end{cases}$$

由此可知,当 $\theta = \min\{x_1, x_2, \cdots, x_n\}$ 时, $L(\theta)$ 达到最大,故 θ 的最大似然估计量为

$$\theta = \min\{X_1, X_2, \cdots, X_n\}.$$

例 3 (2016 年考研真题) 设总体 X 的概率密度为 $f(x; \theta) = \begin{cases} \dfrac{3x^2}{\theta^3}, & 0 < x < \theta, \\ 0, & \text{其他}, \end{cases}$ 其中

$\theta \in (0, +\infty)$ 为未知参数, $(X_1, X_2, \cdots, X_n)$ 为随机样本,令 $T = \max\{X_1, X_2, X_3\}$.

(1) 求 T 的概率密度;

(2) 确定 a,使得 aT 为 θ 的无偏估计.

解 (1) 总体 X 的分布函数为 $F(x; \theta) = \begin{cases} 0, & x < 0, \\ \dfrac{x^3}{\theta^3}, & 0 \leqslant x < \theta, \\ 1, & x \geqslant \theta, \end{cases}$ 从而 T 的分布函数为

$$F_T(t) = P\{T \leqslant t\} = P\{\max\{X_1, X_2, X_3\} \leqslant t\} = P\{X_1 \leqslant t, X_2 \leqslant t, X_3 \leqslant t\}$$

$$= [F(t)]^3 = \begin{cases} 0, & t < 0, \\ \dfrac{t^9}{\theta^9}, & 0 \leqslant t < \theta, \\ 1, & t \geqslant \theta, \end{cases}$$

所以 T 的概率密度为 $f_T(t) = \begin{cases} \dfrac{9t^8}{\theta^9}, & 0 < t < \theta, \\ 0, & \text{其他}. \end{cases}$

(2) $E(T) = \displaystyle\int_{-\infty}^{+\infty} t f_T(t) \mathrm{d}t = \int_0^\theta \dfrac{9t^9}{\theta^9} \mathrm{d}t = \dfrac{9}{10}\theta$,从而 $E(aT) = \dfrac{9}{10}a\theta$,令 $E(aT) = \theta$,解得

$a = \dfrac{10}{9}$,所以当 $a = \dfrac{10}{9}$ 时, aT 为 θ 的无偏估计.

四、习 题 详 解

习题 7-1

1. 设总体 X 服从均匀分布 $U(0,\theta)$，它的概率密度函数为 $f(x;\theta)=\begin{cases}\dfrac{1}{\theta}, & 0<x<\theta, \\ 0, & \text{其他}.\end{cases}$

(1) 求未知参数 θ 的矩估计量;

(2) 当样本观测值为 0.3, 0.8, 0.27, 0.35, 0.62, 0.55 时, 求 θ 的矩估计值.

解 (1) 因为 $E(X)=\dfrac{\theta}{2}=\overline{X}$，所以 $\hat{\theta}=2\overline{X}$．

(2) 由所给样本的观测值可得

$$\overline{x}=\frac{1}{6}\sum_{i=1}^{n}x_i=\frac{1}{6}(0.3+0.8+0.27+0.35+0.62+0.55)=0.4817．$$

所以 $\hat{\theta}=2\overline{x}=0.9634$．

2. 假设某铸件的砂眼数服从参数为 λ 的泊松分布, 其中 $\lambda(\lambda>0)$ 未知, 今对某组铸件进行砂眼数检验, 得到如下数据:

砂眼个数	0	1	2	3	4	5
频数	3	5	5	4	2	1

求 λ 的最大似然估计值.

解 总体的分布列为 $P\{X=x\}=\dfrac{\lambda^x e^{-\lambda}}{x!}$，$x=0,1,2,\cdots$. 根据样本观测值可得似然函数为

$$L=L(\lambda;x_1,x_2,\cdots,x_{20})=\prod_{i=1}^{20}\frac{\lambda^{x_i}e^{-\lambda}}{x_i!}$$

$$=\left(\frac{\lambda^0}{0!}e^{-\lambda}\right)^3\left(\frac{\lambda^1}{1!}e^{-\lambda}\right)^5\left(\frac{\lambda^2}{2!}e^{-\lambda}\right)^5\left(\frac{\lambda^3}{3!}e^{-\lambda}\right)^4\left(\frac{\lambda^4}{4!}e^{-\lambda}\right)^2\left(\frac{\lambda^5}{5!}e^{-\lambda}\right)^1,$$

$$=\frac{\lambda^{40}}{2!^5\cdot 3!^4\cdot 2!^2\cdot 5!}e^{-20\lambda}.$$

两边取对数得 $\ln L=40\ln\lambda-20\lambda-\ln 2!^5\cdot 3!^4\cdot 2!^2\cdot 5!$，似然方程为

$$\frac{\mathrm{d}\ln L}{\mathrm{d}\lambda}=\frac{40}{\lambda}-20=0,$$

所以 λ 的最大似然估计值为 $\hat{\lambda}=2$.

3. 设总体 X 的概率分布列为

X	1	2	3
P	θ^2	$2\theta(1-\theta)$	$(1-\theta)^2$

其中 $\theta\,(0<\theta<1)$ 为未知参数, 假设取得的样本值为 $1,2,1$. 求:

(1) θ 的矩估计值;   (2) θ 的最大似然估计值.

解 (1) 因为 $E(X)=1\times\theta^2+2\times2\theta(1-\theta)+3\times(1-\theta)^2=3-2\theta$, 令 $E(X)=\bar{X}$, 解得 θ 的矩估计量为 $\hat{\theta}=\dfrac{3-\bar{X}}{2}$, 由样本观测值可得 $\bar{x}=\dfrac{1}{3}\times(1+2+1)=\dfrac{4}{3}$, 所以 θ 的矩估计值为 $\hat{\theta}=\dfrac{5}{6}$.

(2) 由样本观测值可得似然函数为

$$L=L(\theta;x_1,x_2,x_3)=\theta^2\times2\theta(1-\theta)\times\theta^2=2\theta^5(1-\theta),$$

取对数, 得到

$$\ln L=\ln 2+5\ln\theta+\ln(1-\theta),$$

求导得

$$\frac{\mathrm{d}\ln L}{\mathrm{d}\theta}=\frac{5}{\theta}-\frac{1}{1-\theta}=\frac{5-6\theta}{\theta(1-\theta)},$$

令 $\dfrac{\mathrm{d}\ln L}{\mathrm{d}\theta}=0$, 解得最大似然估计值为 $\hat{\theta}=\dfrac{5}{6}$.

4. 设总体 X 服从参数为 $\lambda\,(\lambda>0)$ 的指数分布, $(X_1,X_2,\cdots,X_n)$ 是来自总体 X 的样本, 求: (1) λ 的矩估计量; (2) λ 的最大似然估计量.

解 (1) $E(X)=\dfrac{1}{\lambda}=\bar{X}$, 所以 λ 的矩估计量为 $\hat{\lambda}=\dfrac{1}{\bar{X}}$.

(2) 设 $(x_1,x_2,\cdots,x_n)$ 为样本的一组观测值, 则似然函数

$$L=L(\lambda;x_1,x_2,\cdots,x_n)=\lambda^n\exp\left\{-\lambda\sum_{i=1}^{n}x_i\right\}\quad(x_i>0,\ i=1,2,\cdots,n),$$

取对数得

$$\ln L=n\ln\lambda-\lambda\sum_{i=1}^{n}x_i,$$

似然方程为

$$\frac{\mathrm{d}\ln L}{\mathrm{d}\lambda} = \frac{n}{\lambda} - \sum_{i=1}^{n} x_i = 0 ,$$

解得最大似然估计值为 $\hat{\lambda} = \dfrac{n}{\sum\limits_{i=1}^{n} x_i} = \dfrac{1}{\bar{x}}$，所以最大似然估计量为 $\hat{\lambda} = \dfrac{1}{\bar{X}}$.

5. 设 $(X_1, X_2, \cdots, X_n)$ 是来自总体 X 的样本，α 未知，X 的概率密度函数为

$$f(x; \alpha) = \begin{cases} (\alpha+1)x^{\alpha}, & 0 < x < 1, \\ 0, & \text{其他}, \end{cases} \qquad \alpha > -1 .$$

求: (1) α 的矩估计量; (2) α 的最大似然估计量.

解 (1) 因为 $E(X) = \displaystyle\int_0^1 x \cdot (\alpha+1)x^{\alpha} \mathrm{d}x = \dfrac{\alpha+1}{\alpha+2}$，令 $E(X) = \bar{X}$，解得 α 的矩估计量为

$$\hat{\alpha} = \frac{2\bar{X} - 1}{1 - \bar{X}} .$$

(2) 设 $(x_1, x_2, \cdots, x_n)$ 为样本的一组观测值，则似然函数

$$L = L(\alpha; x_1, x_2, \cdots, x_n) = \prod_{i=1}^{n} (\alpha+1)x_i^{\alpha} = (\alpha+1)^n \left(\prod_{i=1}^{n} x_i \right)^{\alpha} \quad (0 < x_i < 1, \ i = 1, 2, \cdots, n) ,$$

取对数得

$$\ln L = n\ln(\alpha+1) + \alpha \ln \left(\prod_{i=1}^{n} x_i \right) ,$$

似然方程为

$$\frac{\mathrm{d}\ln L}{\mathrm{d}\alpha} = \frac{n}{\alpha+1} + \ln \left(\prod_{i=1}^{n} x_i \right) = 0 ,$$

解得最大似然估计值为 $\hat{\alpha} = -\dfrac{n}{\ln\left(\prod\limits_{i=1}^{n} x_i\right)} - 1$，最大似然估计量为 $\hat{\alpha} = -\dfrac{n}{\ln\left(\prod\limits_{i=1}^{n} X_i\right)} - 1$.

6. 设总体 X 具有概率密度函数为 $f(x; \theta) = \begin{cases} \theta x^{\theta-1}, & 0 < x < 1, \\ 0, & \text{其他}, \end{cases} (\theta > 0)$，求:

(1) θ 的矩估计值; (2) θ 的最大似然估计值.

解 (1) 由总体 X 的概率密度知 $E(X) = \displaystyle\int_0^1 \theta x^{\theta} \mathrm{d}x = \dfrac{\theta}{\theta+1}$，解方程 $E(X) = \dfrac{\theta}{\theta+1} = \bar{X}$，得 θ 的矩估计量为 $\hat{\theta} = \dfrac{\bar{X}}{1-\bar{X}}$，矩估计值为 $\hat{\theta} = \dfrac{\bar{x}}{1-\bar{x}}$.

(2) 设 $(x_1, x_2, \cdots, x_n)$ 为样本的一组观测值，则似然函数

$$L = L(\theta; x_1, x_2, \cdots, x_n) = \prod_{i=1}^{n} f(x_i) = \begin{cases} \theta^n \prod\limits_{i=1}^{n} x_i^{\theta-1}, & 0 < x_i < 1, i = 1, 2, \cdots, n, \\ 0, & \text{其他}, \end{cases}$$

当 $L \neq 0$ 时, 对 L 取对数得

$$\ln L = n\ln\theta + (\theta-1)\sum_{i=1}^{n}\ln x_i ,$$

似然方程

$$\frac{d\ln L}{d\theta} = \frac{n}{\theta} + \sum_{i=1}^{n}\ln x_i = 0 ,$$

解得最大似然估计值为 $\hat{\theta} = \dfrac{-n}{\sum\limits_{i=1}^{n}\ln x_i}$, 所以最大似然估计量为 $\hat{\theta} = \dfrac{-n}{\sum\limits_{i=1}^{n}\ln X_i}$.

7. 设 $(X_1,X_2,\cdots,X_n)$ 为总体 X 的样本, $(x_1,x_2,\cdots,x_n)$ 为一组相应的样本观测值, 总体 X 具有概率密度

$$f(x;\theta) = \begin{cases} \theta c^{\theta} x^{-(\theta+1)}, & x > c, \\ 0, & \text{其他}, \end{cases}$$

其中 $c(c>0)$ 为已知, $\theta(\theta>1)$ 为未知参数. 求:

(1) θ 的矩估计值;　　　(2) θ 的最大似然估计值.

解　(1)　$E(X) = \displaystyle\int_{c}^{+\infty} x \cdot \theta c^{\theta} x^{-(\theta+1)} dx = \theta c^{\theta}\int_{c}^{+\infty} x^{-\theta} dx = \frac{\theta c}{\theta-1}$,

解方程 $\dfrac{\theta c}{\theta-1} = \overline{X}$ 得 θ 的矩估计量为 $\hat{\theta} = \dfrac{\overline{X}}{\overline{X}-c}$, 所以 θ 的矩估计值为 $\hat{\theta} = \dfrac{\overline{x}}{\overline{x}-c}$.

(2) 设 $(x_1,x_2,\cdots,x_n)$ 为样本的一组观测值, 则似然函数

$$L = L(\theta;x_1,x_2,\cdots,x_n) = \prod_{i=1}^{n}f(x_i) = \theta^n c^{n\theta}\prod_{i=1}^{n}x_i^{-(\theta+1)} \quad (x_i > c, i=1,2,\cdots,n) ,$$

对 L 取对数, 得到

$$\ln L = n\ln\theta + n\theta\ln c - (\theta+1)\sum_{i=1}^{n}\ln x_i ,$$

似然方程

$$\frac{d\ln L}{d\theta} = \frac{n}{\theta} + n\ln c - \sum_{i=1}^{n}\ln x_i = 0 ,$$

解得最大似然估计值为 $\hat{\theta} = \dfrac{n}{\sum\limits_{i=1}^{n}\ln x_i - n\ln c}$.

8. 一批产品有放回地抽取一个容量为 n 的样本, 其中有 k 件次品, 求这批产品中正品与次品之比 R 的最大似然估计.

解　设 $(X_1,\cdots,X_n)$ 为取到的样本, $X_i = \begin{cases} 1, & \text{取到次品}, \\ 0, & \text{取到正品}, \end{cases} i=1,\cdots,n$, 则 $(X_1,\cdots,X_n)$ 是

取自 $B(1, p)$ 的样本，其中 p 为每次抽到次品的概率且未知，则正品与次品之比为

$R = \dfrac{1-p}{p}$．由教材例 5 可知参数 p 的最大似然估计为 $\hat{p} = \bar{x} = \dfrac{k}{n}$．所以 R 的最大似然估

计为 $\hat{R} = \dfrac{1-\hat{p}}{\hat{p}} = \dfrac{n}{k} - 1$．

习题 7-2

1. 假设新生儿体重(单位: g)服从 $N(\mu, \sigma^2)$，现测量 10 名新生儿的体重, 得数据如下

$$3100 \quad 3480 \quad 2520 \quad 3700 \quad 2520$$
$$3200 \quad 2800 \quad 3800 \quad 3020 \quad 3260$$

求参数 σ^2 的一个无偏估计.

解　因为 S^2 是 σ^2 的无偏估计, 所以 $\hat{\sigma}^2 = \dfrac{1}{9}\sum_{i=1}^{10}(x_i - \bar{x})^2 = 198133$.

2. 设 $(X_1, X_2, \cdots, X_n)$ 是来自参数为 λ 的泊松分布的简单随机样本, 求 λ^2 的无偏估计量.

解　因总体 X 服从参数为 λ 的泊松分布, 故 $E(\bar{X}) = \lambda$, $D(\bar{X}) = \dfrac{\lambda}{n}$, 于是

$$E(\bar{X}^2) = D(\bar{X}) + [E(\bar{X})]^2 = \frac{\lambda}{n} + \lambda^2, \quad 即\ E\left(\bar{X}^2 - \frac{\lambda}{n}\right) = \lambda^2,$$

所以可以构造出一个无偏估计量为 $\hat{\lambda}^2 = \bar{X}^2 - \dfrac{\bar{X}}{n}$.

3. 设 $(X_1, \cdots, X_n)$ 是来自 X 的样本, $E(X)$ 存在, 证明: 对任何满足条件 $\sum_{i=1}^{n} C_i = 1$ 的

常数 $C_1, \cdots, C_n$, $\hat{\mu} = \sum_{i=1}^{n} C_i X_i$ 是 $\mu = E(X)$ 的无偏估计量.

解　由题意知: $E(X_i) = \mu$, 所以

$$E(\hat{\mu}) = E\left(\sum_{i=1}^{n} C_i X_i\right) = \sum_{i=1}^{n} C_i E(X_i) = \mu \sum_{i=1}^{n} C_i,$$

因为 $\sum_{i=1}^{n} C_i = 1$, 所以 $E(\hat{\mu}) = \mu$. 即 $\hat{\mu}$ 是 μ 的无偏估计量.

4. 设 $(X_1, X_2, \cdots, X_n)$ 是来自总体 X 的样本, 总体的均值 μ 已知, 方差 σ^2 未知, 那

么 $\dfrac{1}{n-1}\sum_{i=1}^{n}(X_i - \mu)^2$ 是否是 σ^2 的无偏估计? 应该将其如何修改才能成为 σ^2 的无偏估计.

解　因为 $E\left[\dfrac{1}{n-1}\sum_{i=1}^{n}(X_i - \mu)^2\right] = \dfrac{1}{n-1}\sum_{i=1}^{n}E(X_i - \mu)^2 = \dfrac{n}{n-1}\sigma^2$, 所以 $\dfrac{1}{n-1}\sum_{i=1}^{n}(X_i - \mu)^2$

不是 σ^2 的无偏估计. 而 $\dfrac{1}{n}\sum_{i=1}^{n}(X_i - \mu)^2$ 是 σ^2 的无偏估计.

5. 设总体 X 的均值 $E(X)$ 和方差 $D(X)$ 都存在,(X_1,X_2) 是来自总体 X 的样本, 证明

$$\hat{\mu}_1 = \frac{2}{3}X_1 + \frac{1}{3}X_2, \quad \hat{\mu}_2 = \frac{1}{4}X_1 + \frac{3}{4}X_2, \quad \hat{\mu}_3 = \frac{1}{2}X_1 + \frac{1}{2}X_2$$

都是 $E(X)$ 的无偏估计量,并判断哪一个最有效.

证明　由题意知 $E(X_1) = E(X_2) = \mu$, $D(X_1) = D(X_2) = \sigma^2$,则

$$E(\hat{\mu}_1) = E\left(\frac{2}{3}X_1 + \frac{1}{3}X_2\right) = \frac{2}{3}E(X_1) + \frac{1}{3}E(X_2) = \frac{2}{3}\mu + \frac{1}{3}\mu = \mu,$$

同理

$$E(\hat{\mu}_2) = \mu, \quad E(\hat{\mu}_3) = \mu,$$

所以 $\hat{\mu}_1 = \frac{2}{3}X_1 + \frac{1}{3}X_2, \hat{\mu}_2 = \frac{1}{4}X_1 + \frac{3}{4}X_2, \hat{\mu}_3 = \frac{1}{2}X_1 + \frac{1}{2}X_2$ 都是 $E(X)$ 的无偏估计量.

$$D(\hat{\mu}_1) = D\left(\frac{2}{3}X_1 + \frac{1}{3}X_2\right) = \frac{4}{9}D(X_1) + \frac{1}{9}D(X_2) = \frac{5}{9}\sigma^2.$$

同理 $D(\hat{\mu}_2) = \frac{10}{16}\sigma^2, D(\hat{\mu}_3) = \frac{1}{2}\sigma^2$,而 $D(\hat{\mu}_3) = \frac{1}{2}\sigma^2$ 最小. 所以 $\hat{\mu}_3 = \frac{1}{2}X_1 + \frac{1}{2}X_2$ 最有效.

6. 假设总体 X 服从 $N(0,\sigma^2)$,其中 σ^2 未知, 讨论 σ^2 的最大似然估计量的无偏性.

解　设 $(x_1,x_2,\cdots,x_n)$ 为样本的一组观测值,则似然函数

$$L = L(\sigma^2;x_1,x_2,\cdots,x_n) = (2\pi\sigma^2)^{-\frac{n}{2}}\exp\left\{-\frac{\sum\limits_{i=1}^{n}(x_i)^2}{2\sigma^2}\right\},$$

对 L 取对数,得到

$$\ln L = -\frac{n}{2}\ln(2\pi\sigma^2) - \frac{\sum\limits_{i=1}^{n}x_i^2}{2\sigma^2},$$

似然方程

$$\frac{\mathrm{d}\ln L}{\mathrm{d}\sigma^2} = -\frac{n}{2\sigma^2} + \frac{\sum\limits_{i=1}^{n}x_i^2}{2\sigma^4} = 0,$$

解得最大似然估计量为 $\hat{\sigma}^2 = \frac{1}{n}\sum\limits_{i=1}^{n}X_i^2$,又因为 $E(\hat{\sigma}^2) = E\left(\frac{1}{n}\sum\limits_{i=1}^{n}X_i^2\right) = \sigma^2$,所以 σ^2 的极大似然估计量具有无偏性.

习题 7-3

略.

习题 7-4

1. 以下是某种清漆的 9 个样品, 其干燥时间(单位: h)分别为

$$6.0 \quad 5.7 \quad 5.8 \quad 6.5 \quad 7.0 \quad 6.3 \quad 5.6 \quad 6.1 \quad 5.0$$

设干燥时间总体服从正态分布 $N(\mu,\sigma^2)$, 求 μ 的置信水平为 0.95 的置信区间.

(1) 若由以往经验知 $\sigma = 0.6\text{h}$; (2) 若 σ 为未知.

解 (1) 因为 $\alpha = 0.05, n = 9$, 查正态分布表知 $u_{\alpha/2} = u_{0.025} = 1.96$, 又 $\bar{x} = 6$, 所以

$$\frac{\sigma}{\sqrt{n}} \cdot u_{\alpha/2} = \frac{0.6}{\sqrt{9}} \times 1.96 = 0.392 .$$

故 μ 的置信水平为 0.95 的置信区间为 $[5.068, 6.392]$.

(2) $n = 9, \bar{x} = 6, s^2 = 0.33$, 查 t 分布表知 $t_{\alpha/2}(n-1) = t_{0.025}(8) = 2.306$, 则

$$\frac{s}{\sqrt{n}} \cdot t_{\alpha/2}(n-1) = \frac{\sqrt{0.33}}{\sqrt{9}} \times 2.306 = 0.442 .$$

故 μ 的置信水平为 0.95 的置信区间为 $[5.558, 6.442]$.

2. 设总体 X 服从正态分布 $N(\mu,\sigma^2)$, 已知 $\sigma = \sigma_0$, 要使总体均值 μ 的置信水平为 $100(1-\alpha)\%$ 的置信区间的长度不大于 l, 问需要抽取多大容量的样本?

解 均值 μ 的置信度为 $1-\alpha$ 的置信区间为 $\left[\bar{X} - \frac{\sigma}{\sqrt{n}} \times u_{\alpha/2}, \bar{X} + \frac{\sigma}{\sqrt{n}} \times u_{\alpha/2}\right]$, 置信区间长度为 $\frac{2\sigma}{\sqrt{n}} \times u_{\alpha/2}$, 要使 $\frac{2\sigma}{\sqrt{n}} \times u_{\alpha/2} \leqslant l$, 只需使 $n \geqslant \frac{4\sigma^2 u_{\alpha/2}^2}{l^2}$.

3. 某厂生产一批金属材料, 其抗弯强度服从正态分布, 今从这批金属材料中抽取 11 个测试件, 测得它们的抗弯强度(单位: N) 如下

$$42.5 \quad 42.7 \quad 43.0 \quad 42.3 \quad 43.4 \quad 44.5 \quad 44.0 \quad 43.8 \quad 44.1 \quad 43.9 \quad 43.7$$

求: (1) 平均抗弯强度 μ 的置信水平为 0.95 的置信区间;

(2) 抗弯强度标准差 σ 的置信水平为 0.90 的置信区间.

解 (1) 由 $\alpha = 0.05, n = 11$, 查 t 分布表知 $t_{\alpha/2}(n-1) = t_{0.025}(10) = 2.2281$, 又因为 $\bar{x} = 43.4, s^2 = 0.523$, 所以

$$\frac{s}{\sqrt{n}} \cdot t_{\alpha/2}(n-1) = \frac{\sqrt{0.523}}{\sqrt{11}} \times 2.2281 = 0.49 ,$$

则 μ 的置信水平为 0.95 的置信区间为 $[42.91, 43.89]$.

(2) 由 $\alpha = 0.1, n = 11$, 查 χ^2 分布表知 $\chi^2_{0.05}(10) = 18.307, \chi^2_{0.95}(10) = 3.9403$, 计算可知

$$\sqrt{\frac{(n-1)s^2}{\chi^2_{\alpha/2}(n-1)}}=\sqrt{\frac{10\times0.523}{18.307}}=0.53, \quad \sqrt{\frac{(n-1)s^2}{\chi^2_{1-\alpha/2}(n-1)}}=\sqrt{\frac{10\times0.523}{3.9403}}=1.15,$$

故标准差 σ 的置信水平为 0.90 的置信区间为

$$\left[\sqrt{\frac{(n-1)S^2}{\chi^2_{\alpha/2}(n-1)}},\sqrt{\frac{(n-1)S^2}{\chi^2_{1-\alpha/2}(n-1)}}\right]=[0.53,1.15].$$

4. 某车间生产滚珠, 滚珠的直径可以认为服从正态分布 $N(\mu,\sigma^2)$, μ,σ^2 均未知. 今从某日生产的滚珠中随机抽取 6 件, 测得直径(mm):

$$14.7 \quad 15.1 \quad 14.9 \quad 14.8 \quad 15.2 \quad 15.1$$

求标准差的置信水平为 0.95 的置信上限.

解　由 $P\left\{\dfrac{(n-1)S^2}{\sigma^2}\geqslant\chi^2_{1-\alpha}(n-1)\right\}=1-\alpha$ 可知, 标准差 σ 的 $1-\alpha$ 水平单侧置信区间

为 $\left(0,\sqrt{\dfrac{(n-1)S^2}{\chi^2_{1-\alpha}(n-1)}}\right]$.

由题可知 $1-\alpha=0.95$, $n=6$, 查表可得 $\chi^2_{0.95}(5)=1.1455$, 再由计算可得 $s^2=0.039$,

$$\sqrt{\frac{(n-1)s^2}{\chi^2_{1-\alpha}(n-1)}}=\sqrt{\frac{5\times0.039}{1.1455}}=0.41,$$

所以标准差的置信水平为 0.95 的单侧置信区间为

$$\left(0,\sqrt{\frac{(n-1)S^2}{\chi^2_{1-\alpha}(n-1)}}\right]=(0,0.41].$$

5. 设自总体 $X\sim N(\mu,0.25)$ 中抽取容量为 10 的样本, 算得样本均值 $\bar{x}=19.8$, 自总体 $Y\sim N(\mu,0.36)$ 中抽得容量为 10 的样本, 算得样本均值 $\bar{y}=24.0$, 两样本的总体相互独立, 求 $\mu_1-\mu_2$ 的置信水平为 0.9 的置信区间.

解　因为 $n_1=n_2=10,\alpha=0.1$, 查表可知 $u_{0.05}=1.645$, 又有 $\bar{x}=19.8$, $\bar{y}=24.0$, $\sigma_1^2=0.25,\sigma_2^2=0.36$, 则 σ_1^2,σ_2^2 均已知时 $\mu_1-\mu_2$ 置信区间为

$$\left[\bar{x}-\bar{y}-u_{\alpha/2}\sqrt{\frac{\sigma_1^2}{n_1}+\frac{\sigma_2^2}{n_2}},\ \bar{x}-\bar{y}+u_{\alpha/2}\sqrt{\frac{\sigma_1^2}{n_1}+\frac{\sigma_2^2}{n_2}}\right]=[-4.61,-3.79].$$

6. 为降低某一化学生产过程的损耗, 要采用一种新的催化剂, 为慎重起见, 先进行了试验, 设采用原来的催化剂进行了 $n_1=11$ 次试验, 得到的损耗的平均值为 $\bar{x}=8.06$, 样本方差为 $s_1^2=0.063^2$; 采用新的催化剂进行了 $n_2=21$ 次试验, 得到的损耗的平均值为 $\bar{y}=7.74$, 样本方差为 $s_2^2=0.059^2$. 假设两总体都服从正态分布, 且方差相同, 求两总体均值差 $\mu_1-\mu_2$ 的置信水平为 0.95 的置信区间.

解　由题意知,

$$n_1 = 11, \quad n_2 = 21, \quad \overline{x} = 8.06, \quad \overline{y} = 7.74, \quad s_1^2 = 0.063^2,$$

$$s_2^2 = 0.059^2, \quad 1 - \alpha = 0.95, \quad t_{0.025}(30) = 2.0423,$$

则 $s_\omega = \sqrt{\dfrac{(n_1-1)s_1^2 + (n_2-1)s_2^2}{n_1 + n_2 - 2}} = \sqrt{\dfrac{10 \times 0.063^2 + 20 \times 0.059^2}{30}} = 0.06$, 故 $\mu_1 - \mu_2$ 的置信水平

为 95% 的置信区间为

$$\left[\overline{x} - \overline{y} - t_{\alpha/2}(n_1 + n_2 - 2)s_\omega \sqrt{\frac{1}{n_1} + \frac{1}{n_2}}, \ \overline{x} - \overline{y} + t_{\alpha/2}(n_1 + n_2 - 2)s_\omega \sqrt{\frac{1}{n_1} + \frac{1}{n_2}} \right] = [-1.048, 1.688].$$

7. 设两位化验员 A, B 独立地对某种聚合物含氯量用相同的方法各做 10 次测定, 其测定值的样本方差依次为 $s_A^2 = 0.5419, s_B^2 = 0.6065$. 设 σ_A^2, σ_B^2 分别为 A, B 所测定的测定值的总体方差, 又设总体均服从正态分布, 两样本独立. 求方差比 $\dfrac{\sigma_A^2}{\sigma_B^2}$ 置信水平为 95% 的置信区间.

解　由题意知 $\alpha = 0.05$, $n_1 = n_2 = 10$. 查 F 分布表得 $F_{0.975}(9,9) = \dfrac{1}{F_{0.025}(9,9)} = \dfrac{1}{4.03}$,

$F_{0.025}(9,9) = 4.03$, 又因为 $s_A^2 = 0.5419, s_B^2 = 0.6065$, 于是得 $\dfrac{\sigma_1^2}{\sigma_2^2}$ 的置信区间为

$$\left[\frac{s_1^2}{s_2^2} \frac{1}{F_{\alpha/2}(n_1-1, n_2-1)}, \ \frac{s_1^2}{s_2^2} \frac{1}{F_{1-\alpha/2}(n_1-1, n_2-1)} \right] = [0.222, 3.601].$$

自　测　题　七

1. 设总体 $X \sim B(n, p)$, $0 < p < 1$ 为未知参数, $(X_1, X_2, \cdots, X_n)$ 为来自该总体的一组样本, 则参数 p 的矩估计量为_____.

解　$\dfrac{1}{n}\overline{X}$.

2. 设 $(X_1, X_2, \cdots, X_n)$ 是来自正态总体 $N(\mu, \sigma^2)$ 的样本, 则关于 μ 及 σ^2 的似然函数 $L(x_1, x_2, \cdots, x_n; \mu, \sigma^2) = $_____.

解　$\displaystyle\prod_{i=1}^{n}\left[\frac{1}{\sqrt{2\pi}\sigma} e^{-\frac{(x_i - \mu)^2}{2\sigma^2}} \right]$.

3. (X_1, X_2, X_3) 是来自总体 X 的一组样本, $\hat{\mu} = aX_1 + \dfrac{1}{3}X_2 - \dfrac{1}{6}X_3$ 为总体均值 μ 的无偏估计, 则 $a = $_____.

解　$\dfrac{5}{6}$.

4. 设总体 $X \sim P(\lambda)$，$\lambda > 0$ 为未知参数，$(X_1, X_2, \cdots, X_n)$ 为来自该总体的一组样本，则参数 λ 的矩估计量为_____.

解　$\overline{X}$.

5. 设 $(X_1, X_2, \cdots, X_n)$ 是来自正态总体 $N(0, \sigma^2)$ 的样本，则可作为 σ^2 的无偏估计量的是(　　).

A. $\dfrac{1}{n}\sum\limits_{i=1}^{n} X_i^2$；　　　B. $\dfrac{1}{n-1}\sum\limits_{i=1}^{n} X_i^2$；　　　C. $\dfrac{1}{n-1}\sum\limits_{i=1}^{n}(X_i - \overline{X})^2$；　D. $\dfrac{1}{n}\sum\limits_{i=1}^{n}(X_i - \overline{X})^2$.

解　答案为 C.

6. 设总体 $X \sim N(\mu, \sigma^2)$，σ^2 已知，设总体均值 μ 的置信度为 $1-\alpha$ 的置信区间长度为 l，当样本容量保持不变时，l 与 α 的关系为(　　).

A. α 增大，l 减小；　　　　　　　　B. α 增大，l 增大；

C. α 增大，l 不变；　　　　　　　　D. α 与 l 的关系不确定.

解　答案为 A.

7. 设 (X_1, X_2, X_3, X_4) 是来自总体 X 的一组样本，总体均值 μ 未知，则下列 μ 的无偏估计中，最有效的是(　　).

A. $\hat{\mu}_1 = \dfrac{1}{5}X_1 + \dfrac{1}{10}X_2 + \dfrac{2}{5}X_3 + \dfrac{3}{10}X_4$；　B. $\hat{\mu}_2 = \dfrac{1}{4}X_1 + \dfrac{1}{4}X_2 + \dfrac{1}{4}X_3 + \dfrac{1}{4}X_4$；

C. $\hat{\mu}_3 = \dfrac{1}{3}X_1 + \dfrac{1}{4}X_2 + \dfrac{1}{6}X_3 + \dfrac{1}{4}X_4$；　　D. $\hat{\mu}_4 = \dfrac{1}{3}X_1 + \dfrac{1}{2}X_2 + \dfrac{1}{12}X_3 + \dfrac{1}{12}X_4$.

解　答案为 B.

8. 设总体 $X \sim N(\mu, \sigma^2)$，σ^2 已知，现在以置信度为 $1-\alpha$ 的置信区间估计总体的均值 μ，下列做法中一定能使估计更精确的是(　　).

A. 提高置信度 $1-\alpha$，增加样本容量；　B. 提高置信度 $1-\alpha$，减少样本容量；

C. 降低置信度 $1-\alpha$，增加样本容量；　D. 降低置信度 $1-\alpha$，减少样本容量.

解　答案为 C.

9. 设 $(X_1, X_2, \cdots, X_n)$ 是来自总体 X 的一组样本，均值 μ 已知，用 $\dfrac{1}{n-1}\sum\limits_{i=1}^{n}(X_i - \mu)^2$ 去估计总体方差 σ^2，它是否是 σ^2 的无偏估计，若不是，如何修改才能使其成为无偏估计.

解　因为 $E(X) = \mu$，$D(X) = \sigma^2$，即 $E(X - \mu)^2 = \sigma^2$，从而 $E(X_i - \mu)^2 = \sigma^2$，故

$$E\left[\dfrac{1}{n-1}\sum_{i=1}^{n}(X_i - \mu)^2\right] = \dfrac{1}{n-1}\sum_{i=1}^{n}E(X_i - \mu)^2 = \dfrac{n\sigma^2}{n-1} \neq \sigma^2,$$

所以 $\dfrac{1}{n-1}\sum\limits_{i=1}^{n}(X_i - \mu)^2$ 不是 σ^2 的无偏估计. 令 $S_*^2 = \dfrac{n-1}{n} \times \dfrac{1}{n-1}\sum\limits_{i=1}^{n}(X_i - \mu)^2$，则 $E(S_*^2) =$

$\dfrac{n-1}{n} \times \dfrac{n}{n-1}\sigma^2 = \sigma^2$，故 S_*^2 是 σ^2 的无偏估计.

10. 设总体 X 的概率密度函数为 $f(x;\mu,\sigma) = \dfrac{1}{\sigma}\mathrm{e}^{-\frac{x-\mu}{\sigma}}$，$x > \mu, \sigma > 0$，试求未知参数 μ 和 σ 的最大似然估计量.

解 样本的似然函数为

$$L(\mu,\sigma) = \prod_{i=1}^{n} f(x_i;\mu,\sigma) = \prod_{i=1}^{n} \frac{1}{\sigma}\mathrm{e}^{-\frac{x_i-\mu}{\sigma}} = \sigma^{-n}\mathrm{e}^{-\sum_{i=1}^{n}\frac{x_i-\mu}{\sigma}}, \quad x_i > \mu, \quad i = 1,2,\cdots,n,$$

对 $L(\mu,\sigma)$ 取对数得

$$\ln L(\mu,\sigma) = -n\ln\sigma - \sum_{i=1}^{n}\frac{x_i-\mu}{\sigma}.$$

对上式关于 μ,σ 求导并令其为 0 得

$$\begin{cases} \dfrac{\partial \ln L(\mu,\sigma)}{\partial \mu} = \dfrac{n}{\sigma} > 0, & \textcircled{1} \\[4mm] \dfrac{\partial \ln L(\mu,\sigma)}{\partial \sigma} = -\dfrac{n}{\sigma} + \dfrac{1}{\sigma^2}\sum_{i=1}^{n}(x_i-\mu) = 0. & \textcircled{2} \end{cases}$$

由①知，$\ln L(\mu,\sigma)$ 是关于 μ 的单调增函数，故 μ 越大，$\ln L(\mu,\sigma)$ 越大. 考虑到 $x_i > \mu$，$i = 1,2,\cdots,n$，则 μ 的最大似然估计量为 $\hat{\mu} = \min_{1 \leqslant i \leqslant n}\{X_i\}$，将其代入②并求解得 σ 的极大似然估计量为 $\hat{\sigma} = \dfrac{\sum_{i=1}^{n}(X_i - \min_{1 \leqslant i \leqslant n}\{X_i\})}{n} = \overline{X} - \min_{1 \leqslant i \leqslant n}\{X_i\}$.

11. 设总体 $X \sim N(\mu, 0.9^2)$，当样本容量 $n = 9$ 时，测得样本均值 $\overline{X} = 5$，求未知参数 μ 的置信度为 0.95 的置信区间.

解 (1) 构造枢轴量 $U = \dfrac{\overline{X}-\mu}{\sigma/\sqrt{n}} \sim N(0,1)$；

(2) $\alpha = 0.05$，查表得 $u_{0.025} = 1.96$，$u_{0.975} = -u_{0.025} = -1.96$；

(3) $\sigma = 0.9$，$n = 9$，$\overline{X} = 5$，由 $P\left(-1.96 \leqslant \dfrac{\overline{X}-\mu}{\sigma/\sqrt{n}} \leqslant 1.96\right) = 0.95$，恒等变形为

$$P\left(\overline{X} - 1.96 \times \frac{\sigma}{\sqrt{n}} \leqslant \mu \leqslant \overline{X} + 1.96 \times \frac{\sigma}{\sqrt{n}}\right) = 0.95.$$

故未知参数 μ 的置信度为 0.95 的置信区间

$$\left[5 - 1.96 \times \frac{0.9}{3}, 5 + 1.96 \times \frac{0.9}{3}\right] = [4.412, 5.588].$$

12. 某车间两条生产线生产同一种产品，产品的质量指标可以认为服从正态分布，

现分别从两条生产线的产品中抽取容量为 25 和 21 的样本检测, 算得样本方差分别是 7.89 和 5.07, 求产品质量指标方差比的置信水平为 95% 的置信区间.

解 μ_1, μ_2 未知时, $\dfrac{\sigma_1^2}{\sigma_2^2}$ 置信水平为 $1-\alpha$ 的置信区间为

$$\left[\frac{S_1^2}{S_2^2} \frac{1}{F_{\alpha/2}(n_1-1, n_2-1)}, \frac{S_1^2}{S_2^2} \frac{1}{F_{1-\alpha/2}(n_1-1, n_2-1)} \right],$$

$n_1 = 25$, $n_2 = 21$, $S_1^2 = 7.89$, $S_2^2 = 5.07$, $\alpha = 0.05$, $F_{0.025}(24, 20) = 2.41$,

$$F_{0.975}(24, 20) = \frac{1}{F_{0.025}(20, 24)} = \frac{1}{2.33} ,$$

代入得 $\dfrac{\sigma_1^2}{\sigma_2^2}$ 的置信区间为 $[0.6457, 3.6260]$.

第八章 假设检验

一、基 本 内 容

1. 基本概念

(1) 假设检验.

对总体的分布提出某种假设, 然后利用样本所提供的信息, 根据概率论的原理对假设做出"接受"还是"拒绝"的判断, 这一类统计推断问题统称为假设检验.

(2) 基本思想.

假设检验的基本思想实质上是带有某种概率性质的反证法. 其原理是小概率事件在一次试验中是几乎不可能发生的.

(3) 两类错误.

第一类错误: 当原假设 H_0 为真时, 根据样本提供的信息做出拒绝 H_0 的判断, 通常称之为弃真错误或拒真错误.

第二类错误: 当原假设 H_0 不成立时, 根据样本提供的信息做出接受 H_0 的决定, 这类错误称之为取伪错误.

(4) 假设检验的基本步骤:

① 根据实际问题提出原假设 H_0 及备择假设 H_1;

② 构造适当的检验统计量, 并在 H_0 成立的条件下确定其分布;

③ 对事先给定的显著性水平 α, 根据检验统计量的分布, 查表找出临界值, 从而确定 H_0 的拒绝域 W;

④ 由样本观测值计算检验统计量的值;

⑤ 判断: 如果检验统计量的值落入拒绝域 W 内, 则拒绝 H_0, 接受 H_1; 如果没有落入拒绝域 W 内, 则接受 H_0, 拒绝 H_1.

2. 单个正态总体的假设检验(表 8-1、表 8-2)

表 8-1 正态总体均值 μ 的检验表

检验法	条件	原假设 H_0	备择假设 H_1	统计量及其分布	拒绝域
U 检验法	σ^2 已知	$\mu = \mu_0$	$\mu \neq \mu_0$	$U = \dfrac{\overline{X} - \mu}{\sigma / \sqrt{n}} \sim N(0,1)$	$\|U\| > u_{\alpha/2}$
		$\mu \leqslant \mu_0$	$\mu > \mu_0$		$U > u_\alpha$
		$\mu \geqslant \mu_0$	$\mu < \mu_0$		$U < -u_\alpha$

检验法	条件	原假设 H_0	备择假设 H_1	统计量及其分布	拒绝域
t 检验法	σ^2 未知	$\mu = \mu_0$	$\mu \neq \mu_0$	$T = \dfrac{\bar{X} - \mu}{S / \sqrt{n}} \sim t(n-1)$	$\lvert T \rvert > t_{\alpha/2}(n-1)$
		$\mu \leqslant \mu_0$	$\mu > \mu_0$		$T > t_\alpha(n-1)$
		$\mu \geqslant \mu_0$	$\mu < \mu_0$		$T < -t_\alpha(n-1)$

表 8-2　正态总体方差 σ^2 的检验表

检验法	条件	原假设 H_0	备择假设 H_1	统计量及其分布	拒绝域
χ^2 检验法	μ 已知	$\sigma^2 = \sigma_0^2$	$\sigma^2 \neq \sigma_0^2$	$\chi^2 = \dfrac{\sum\limits_{i=1}^{n}(X_i - \mu)^2}{\sigma_0^2} \sim \chi^2(n)$	$\chi^2 > \chi_{\alpha/2}^2(n)$ 或 $\chi^2 < \chi_{1-\alpha/2}^2(n)$
		$\sigma^2 \leqslant \sigma_0^2$	$\sigma^2 > \sigma_0^2$		$\chi^2 > \chi_\alpha^2(n)$
		$\sigma^2 \geqslant \sigma_0^2$	$\sigma^2 < \sigma_0^2$		$\chi^2 < \chi_{1-\alpha}^2(n)$
χ^2 检验法	μ 未知	$\sigma^2 = \sigma_0^2$	$\sigma^2 \neq \sigma_0^2$	$\chi^2 = \dfrac{(n-1)S_n^2}{\sigma^2} \sim \chi^2(n-1)$	$\chi^2 > \chi_{\alpha/2}^2(n-1)$ 或 $\chi^2 < \chi_{1-\alpha/2}^2(n-1)$
		$\sigma^2 \leqslant \sigma_0^2$	$\sigma^2 > \sigma_0^2$		$\chi^2 > \chi_\alpha^2(n-1)$
		$\sigma^2 \geqslant \sigma_0^2$	$\sigma^2 < \sigma_0^2$		$\chi^2 < \chi_{1-\alpha}^2(n-1)$

3. 两个正态总体的假设检验(表 8-3、表 8-4)

表 8-3　两个正态总体均值 μ 的检验表

检验法	条件	原假设 H_0	备择假设 H_1	统计量及其分布	拒绝域
U 检验法	σ_1^2, σ_2^2 已知	$\mu_1 = \mu_2$	$\mu_1 \neq \mu_2$	$U = \dfrac{(\bar{X} - \bar{Y}) - (\mu_1 - \mu_2)}{\sqrt{\dfrac{\sigma_1^2}{m} + \dfrac{\sigma_2^2}{n}}} \sim N(0,1)$	$\lvert U \rvert > u_{\alpha/2}$
		$\mu_1 \leqslant \mu_2$	$\mu_1 > \mu_2$		$U > u_\alpha$
		$\mu_1 \geqslant \mu_2$	$\mu_1 < \mu_2$		$U < -u_\alpha$
t 检验法	σ_1^2, σ_2^2 未知 但相等	$\mu_1 = \mu_2$	$\mu_1 \neq \mu_2$	$T = \dfrac{(\bar{X} - \bar{Y}) - (\mu_1 - \mu_2)}{S_\omega \sqrt{\dfrac{1}{m} + \dfrac{1}{n}}} \sim t(m+n-2)$	$\lvert T \rvert > t_{\alpha/2}(m+n-2)$
		$\mu_1 \leqslant \mu_2$	$\mu_1 > \mu_2$		$T > t_\alpha(m+n-2)$
		$\mu_1 \geqslant \mu_2$	$\mu_1 < \mu_2$		$T < -t_\alpha(m+n-2)$

表 8-4　两个正态总体方差 σ^2 的检验表

检验法	条件	原假设 H_0	备择假设 H_1	统计量及其分布	拒绝域
F 检验法	μ_1, μ_2 已知	$\sigma_1^2 = \sigma_2^2$	$\sigma_1^2 \neq \sigma_2^2$	$F = \dfrac{\sum\limits_{i=1}^{m}(X_i - \mu_1)^2 / m}{\sum\limits_{j=1}^{n}(Y_j - \mu_2)^2 / n} \sim F(m,n)$	$F > F_{\alpha/2}(m,n)$ 或 $F < F_{1-\alpha/2}(m,n)$
		$\sigma_1^2 \leqslant \sigma_2^2$	$\sigma_1^2 > \sigma_2^2$		$F > F_\alpha(m,n)$
		$\sigma_1^2 \geqslant \sigma_2^2$	$\sigma_1^2 < \sigma_2^2$		$F < F_{1-\alpha}(m,n)$

续表

检验法	条件	原假设 H_0	备择假设 H_1	统计量及其分布	拒绝域
F 检验法	μ_1,μ_2 未知	$\sigma_1^2=\sigma_2^2$	$\sigma_1^2\neq\sigma_2^2$	$F=\dfrac{S_1^2}{S_2^2}\sim F(m-1,n-1)$	$F>F_{\alpha/2}(m-1,n-1)$ 或 $F<F_{1-\alpha/2}(m-1,n-1)$
		$\sigma_1^2\leqslant\sigma_2^2$	$\sigma_1^2>\sigma_2^2$		$F>F_{\alpha}(m-1,n-1)$
		$\sigma_1^2\geqslant\sigma_2^2$	$\sigma_1^2<\sigma_2^2$		$F<F_{1-\alpha}(m-1,n-1)$

二、基 本 要 求

通过本章的学习, 要求学生了解假设检验的基本思想, 熟练掌握假设检验的基本步骤及两类错误, 熟练掌握正态总体的均值及方差的假设检验及其应用.

重点: 单个正态总体的均值与方差的假设检验.

难点: 两个正态总体的均值与方差的假设检验.

三、扩 展 例 题

例 (2018 年考研真题) 设总体 X 服从正态分布 $N(\mu,\sigma^2)$, $(X_1,X_2,\cdots,X_n)$ 是来自总体 X 的简单随机样本, 据此样本检验: 假设 $H_0:\mu=\mu_0$, $H_1:\mu\neq\mu_0$, 则( ).

A. 如果在检验水平 $\alpha=0.05$ 下拒绝 H_0, 那么在检验水平 $\alpha=0.01$ 下必拒绝 H_0;

B. 如果在检验水平 $\alpha=0.05$ 下拒绝 H_0, 那么在检验水平 $\alpha=0.01$ 下必接受 H_0;

C. 如果在检验水平 $\alpha=0.05$ 下接受 H_0, 那么在检验水平 $\alpha=0.01$ 下必拒绝 H_0;

D. 如果在检验水平 $\alpha=0.05$ 下接受 H_0, 那么在检验水平 $\alpha=0.01$ 下必接受 H_0.

解 检验水平 α 为检验犯第一类错误的概率, 即当 H_0 为真的条件下, 做出拒绝 H_0 而犯错误的概率. 显然如果 α 变小时, 拒绝 H_0 的范围应该变小, 接受 H_0 的范围应变大, 所以 D 正确.

四、习 题 详 解

习题 8-1

1. 试述假设检验的基本步骤.

解 假设检验的基本步骤:

(1) 根据所讨论的实际问题提出原假设 H_0 及备择假设 H_1;

(2) 构造适当的检验统计量, 并在 H_0 成立的条件下确定其分布;

(3) 对事先给定的显著性水平 α, 根据检验统计量的分布, 查表找出临界值, 从而

确定 H_0 的拒绝域 W;

(4) 由样本观测值计算检验统计量的值;

(5) 判断: 如果检验统计量的值落入拒绝域 W 内, 则拒绝 H_0, 接受 H_1; 如果没有落入拒绝域 W 内, 则接受 H_0, 拒绝 H_1.

2. 设 α, β 分别是假设检验中犯第一、第二类错误的概率且 H_0, H_1 分别为原假设及备择假设, 则

(1) $P\{$接受$H_0 \mid H_0$不真$\} = $ _____;

(2) $P\{$拒绝$H_0 \mid H_0$为真$\} = $ _____;

(3) $P\{$拒绝$H_0 \mid H_0$为不真$\} = $ _____;

(4) $P\{$接受$H_0 \mid H_0$真$\} = $ _____.

解 (1) β;　　　(2) α;　　　(3) $1-\beta$;　　　(4) $1-\alpha$.

3. 在假设检验问题中, 显著性水平 α 的意义是( ).

A. 在 H_0 成立的条件下, 经检验 H_0 被拒绝的概率;

B. 在 H_0 成立的条件下, 经检验 H_0 被接受的概率;

C. 在 H_0 不成立的条件下, 经检验 H_0 被拒绝的概率;

D. 在 H_0 不成立的条件下, 经检验 H_0 被接受的概率.

解 答案为 A.

4. 下列说法正确的是( ).

A. 如果备择假设是正确的, 但做出拒绝备择假设结论, 则犯了弃真错误;

B. 如果备择假设是错误的, 但做出接受备择假设结论, 则犯了取伪错误;

C. 如果原假设是错误的, 但做出接受备择假设结论, 则犯了取伪错误;

D. 如果原假设是正确的, 但做出接受备择假设结论, 则犯了弃真错误.

解 答案为 D.

5. 假设检验时, 当在样本容量一定时, 减小犯第二类错误的概率, 则犯第一类错误的概率( ).

A. 必然变小;　　　B. 必然变大;　　　C. 不确定;　　　D. 肯定不变.

解 答案为 B.

习题 8-2

1. 设某产品重量 X (单位: g)服从正态分布 $N(2, 0.01)$. 现采用新工艺后抽取 100 个产品, 算得其重量的平均值为 $\bar{x} = 1.978$. 若方差 $\sigma^2 = 0.01$ 未变, 问能否认为产品重量的均值还和以前相同? (取 $\alpha = 0.05$)

解 已知总体 X 服从正态分布 $N(\mu, \sigma^2)$, 其中 σ^2 已知, 取显著性水平 $\alpha = 0.05$. 提出假设 $H_0: \mu = \mu_0 = 2$, $H_1: \mu \neq 2$. 取统计量为

$$U = \frac{\bar{X} - \mu}{\sigma / \sqrt{n}} \sim N(0, 1).$$

由 $\alpha = 0.05$，查标准正态分布表，得 $u_{\alpha/2} = u_{0.025} = 1.96$，所以拒绝域为

$$(-\infty, -1.96) \cup (1.96, +\infty).$$

将样本观测值代入计算得

$$\left| \frac{\bar{x} - 2}{0.1} \times 10 \right| = \left| \frac{1.978 - 2}{0.1} \times 10 \right| = 2.2 > 1.96.$$

故拒绝 H_0，认为产品重量均值不再等于 2g.

2. 某自动机生产一种铆钉，尺寸误差 $X \sim N(\mu, 1)$，该机正常工作与否的标志是检验 $\mu = 0$ 是否成立. 一日抽检容量 $n = 10$ 的样本，测得样本均值为 $\bar{x} = 1.01$. 试问在显著性水平 $\alpha = 0.05$ 下，该日自动机工作是否正常?

解 提出假设 H_0：$\mu = 0$, H_1：$\mu \neq 0$. 取统计量为

$$U = \frac{\bar{X} - \mu}{\sigma / \sqrt{n}} \sim N(0,1).$$

由 $\alpha = 0.05$，查标准正态分布表，得 $u_{\alpha/2} = u_{0.025} = 1.96$. 所以拒绝域为 $(-\infty, -1.96) \cup (1.96, +\infty)$. 将样本观测值代入计算得

$$\left| \frac{\bar{x} - \mu_0}{\sigma} \times \sqrt{n} \right| = \left| \frac{1.01 - 0}{1} \times \sqrt{10} \right| = 3.194 > 1.96.$$

故拒绝 H_0，认为该日自动机工作不正常.

3. 设某厂生产的袋装食盐的重量服从正态分布 $N(\mu, \sigma^2)$（单位：克），已知标准差为 3 克. 在生产过程中随机抽取 16 袋盐，分别测得重量后算出平均袋装食盐重量为 496 克. 问是否可以认为该厂生产的袋装食盐的平均重量为 500 克? (取 $\alpha = 0.05$)

解 提出假设 H_0：$\mu = 500$, H_1：$\mu \neq 500$. 取统计量为

$$U = \frac{\bar{X} - \mu}{\sigma / \sqrt{n}} \sim N(0,1),$$

由 $\alpha = 0.05$，查标准正态分布表，得 $u_{\alpha/2} = u_{0.025} = 1.96$，所以拒绝域为

$$(-\infty, -1.96) \cup (1.96, +\infty),$$

将样本观测值代入计算得

$$\left| \frac{\bar{x} - \mu_0}{\sigma} \times \sqrt{n} \right| = \left| \frac{496 - 500}{3} \times \sqrt{16} \right| = 5.3 > 1.96,$$

故拒绝 H_0，即不能认为该厂生产的袋装食盐的平均重量为 500 克.

4. 某校大二学生概率统计成绩 X 服从正态分布 $N(\mu, \sigma^2)$，从中随机抽取 25 位考生的成绩，算得平均分为 72.5 分，标准差为 8 分. 问是否可以认为这次考试全体学生的平均成绩为 75 分? (取 $\alpha = 0.05$)

解 提出假设 H_0：$\mu = 75$, H_1：$\mu \neq 75$. 构造统计量

$$T = \frac{\bar{X} - \mu}{S / \sqrt{n}} \sim t(n-1).$$

在显著性水平为 $\alpha = 0.05$ 下，查 t 分布表可得 $t_{0.025}(24) = 2.0639$，其拒绝域为 $(-\infty,$ $-2.0639) \bigcup (2.0639, +\infty)$，计算统计量的值为 $|t| = \left|\dfrac{\bar{x} - \mu}{s/\sqrt{n}}\right| = \left|\dfrac{72.5 - 75}{8/\sqrt{25}}\right| = 1.56$．由于 $|t| = 1.56$ 不在拒绝域内，故接受 H_0，即可以认为这次考试全体学生的平均成绩为 75 分．

5. 某日从饮料生产线随机抽取 16 瓶饮料，分别测得重量(单位：克)后算出样本均值 $\bar{x} = 502.92$ 克及样本标准差 $s = 12$ 克．假设瓶装饮料的重量服从正态分布 $N(\mu, \sigma^2)$，其中 σ^2 未知，问该日生产的瓶装饮料的平均重量是否为 500 克？(取 $\alpha = 0.05$)

解　提出假设 H_0：$\mu = \mu_0 = 500$，H_1：$\mu \neq 500$．构造统计量

$$T = \frac{\bar{X} - \mu}{S/\sqrt{n}} \sim t(n-1),$$

在显著性水平为 $\alpha = 0.05$ 下，查 t 分布表可得 $t_{0.025}(15) = 2.1314$，其拒绝域为 $(-\infty,$ $-2.1314) \bigcup (2.1314, +\infty)$，计算统计量的值为

$$t = \frac{\bar{x} - \mu_0}{s/\sqrt{n}} = \frac{502.92 - 500}{12/\sqrt{16}} = 0.973 < 2.1314,$$

由于 $t = 0.973$ 不在拒绝域内，故接受 H_0，即可以认为该日生产的瓶装饮料的平均重量为 500 克．

6. 有一种新安眠剂，据说在一定剂量下能比某种旧安眠剂平均增加睡眠时间 3 小时，为了检验新安眠剂的这种说法是否正确，收集到一组使用新安眠剂的睡眠时间(单位：小时)：

$$26.7 \qquad 22.0 \qquad 24.1 \qquad 21.0 \qquad 27.2 \qquad 25.0 \qquad 23.4$$

根据资料，用某种旧安眠剂时平均睡眠时间为 23.8 小时，假设用安眠剂后睡眠时间服从正态分布，试问这组数据能否说明新安眠剂的疗效？(取 $\alpha = 0.05$)

解　提出假设 H_0：$\mu = \mu_0 = 26.8$，H_1：$\mu \neq 26.8$．取统计量为

$$T = \frac{\bar{X} - \mu}{S/\sqrt{n}} \sim t(n-1),$$

对于给定的显著性水平 $\alpha = 0.05$，查 t 分布表可得 $t_{0.025}(6) = 2.4469$，即拒绝为 $|T| >$ 2.4469，根据题意知 $n = 7, \bar{x} = 24.2, s = 2.296$．又

$$|t| = \left|\frac{\bar{x} - \mu}{s/\sqrt{n}}\right| = \left|\frac{24.2 - 26.8}{2.296/\sqrt{7}}\right| = 2.9961 > 2.4469,$$

故拒绝 H_0，认为新安眠剂的疗效没有达到平均增加睡眠时间 3 小时．

7. 设某厂生产铜线的折断力 X 服从 $N(\mu, 8^2)$，现从一批产品中抽查 10 根测其折断力，经计算得样本均值 $\bar{x} = 575.2\,\text{kg}$，样本方差 $s^2 = 68.16\,\text{kg}^2$．试问能否认为这批铜线折断力的方差仍为 $8^2 (\text{kg}^2)$？(取 $\alpha = 0.05$)

解　提出假设 H_0：$\sigma^2 = 8^2$，H_1：$\sigma^2 \neq 8^2$．取统计量为

$$\chi^2 = \frac{(n-1)S^2}{\sigma_0^2} \sim \chi^2(n-1),$$

对于给定的显著性水平 $\alpha = 0.05$，查 χ^2 分布表可得

$$\chi_{\alpha/2}^2(n-1) = \chi_{0.025}^2(9) = 19.0228, \quad \chi_{1-\alpha/2}^2(n-1) = \chi_{0.975}^2(9) = 2.7004,$$

即拒绝域为 $(0, 2.7004) \bigcup (19.0228, +\infty)$，根据样本值计算得 $\chi^2 = \frac{1}{8^2} \times 9 \times 68.16 = 9.6$，由于 χ^2 不在拒绝域内，故接受 H_0，认为该批铜线折断力的方差仍为 $8^2 \mathrm{kg}^2$.

8. 某供货商声称他们提供的金属线的质量非常稳定，其抗拉强度的方差为 $9\mathrm{kg}^2$. 为了检测抗拉强度，在该金属线中随机地抽取 10 根，测得样本标准差 $s = 4.5\mathrm{kg}$，设该金属线的抗拉强度服从正态分布 $N(\mu, \sigma^2)$，问是否可以相信该供货商的说法？（取 $\alpha = 0.05$）

解　由题意知，要检验假设 H_0: $\sigma^2 = 9$，H_1: $\sigma^2 \neq 9$. 取统计量为

$$\chi^2 = \frac{(n-1)S^2}{\sigma_0^2} \sim \chi^2(n-1),$$

对于给定的显著性水平 $\alpha = 0.05$，查 χ^2 分布表可得

$$\chi_{\alpha/2}^2(n-1) = \chi_{0.025}^2(9) = 19.0228, \quad \chi_{1-\alpha/2}^2(n-1) = \chi_{0.975}^2(9) = 2.7004,$$

即拒绝域为 $(0, 2.7004) \bigcup (19.0228, +\infty)$，根据样本值计算得 $\chi^2 = \frac{9 \times 4.5^2}{9} = 20.25$，由于 $\chi^2 = 20.25$ 在拒绝域内，故拒绝 H_0，即不相信该供货商的说法.

习题 8-3

1. 设 $X \sim N(\mu_1, 9), Y \sim N(\mu_2, 16)$，从中各抽样 25 件，测得 $\bar{x} = 90, \bar{y} = 89$. 设 X, Y 相互独立，试问是否可以认为 μ_1, μ_2 基本相同？（取 $\alpha = 0.05$）

解　提出假设 H_0: $\mu_1 = \mu_2$，H_1: $\mu_1 \neq \mu_2$. 取统计量为

$$U = \frac{\bar{X} - \bar{Y}}{\sqrt{\dfrac{\sigma_1^2}{n_1} + \dfrac{\sigma_2^2}{n_2}}} \sim N(0,1),$$

对于给定的显著性水平 $\alpha = 0.05$，查得临界值 $u_{0.025} = 1.96$，所以拒绝域为 $(-\infty, -1.96) \bigcup (1.96, +\infty)$，根据样本值计算得 $|u| = \left| \dfrac{90 - 89}{\sqrt{9/25 + 16/25}} \right| = 1 < 1.96$，故接受 H_0，可以认为 μ_1, μ_2 基本相同.

2. 一卷烟厂向化验室送去 A, B 两种烟草，化验尼古丁的含量是否相同，从 A, B 中各随机抽取质量相同的五例进行化验，测得尼古丁的含量为

$$A: 24, 27, 26, 21, 24; \quad B: 27, 28, 23, 31, 26.$$

假设尼古丁的含量服从正态分布，且 A 种烟草的方差为 5，B 种烟草的方差为 8，取显著性水平 $\alpha = 0.05$，问两种烟草的尼古丁含量是否有差异？

解　设 A 的尼古丁的含量为 X，B 的尼古丁的含量为 Y，且

$$X \sim N(\mu_1, 5), \quad Y \sim N(\mu_2, 8).$$

于是提出假设 H_0：$\mu_1 = \mu_2$，H_1：$\mu_1 \neq \mu_2$．取统计量为

$$U = \frac{\bar{X} - \bar{Y}}{\sqrt{\dfrac{\sigma_1^2}{n_1} + \dfrac{\sigma_2^2}{n_2}}} \sim N(0,1).$$

对于给定的显著性水平 $\alpha = 0.05$，查得临界值 $u_{0.025} = 1.96$．所以拒绝域为 $(-\infty, -1.96) \bigcup (1.96, +\infty)$，根据样本值计算得 $\bar{x} = 24.4$，$\bar{y} = 27$，故

$$|u| = \left| \frac{24.4 - 27}{\sqrt{1 + 8/5}} \right| = \frac{2.6}{1.612} = 1.6129 < 1.96,$$

故接受 H_0，认为两种烟草的尼古丁含量没有差异．

3. 在漂白工艺中考察温度对针织品断裂强度的影响，现在 $70℃$ 与 $80℃$ 下分别做 8 次和 6 次试验，测得各自的断裂强度 X 和 Y 的观测值．经计算得

$$\bar{x} = 20.4, \quad \bar{y} = 19.3167, \quad (m-1)S_x^2 = 6.2, \quad (n-1)S_y^2 = 5.0283,$$

根据以往经验，认为 X 和 Y 均服从正态分布，且方差相等，在给定 $\alpha = 0.10$ 时，问 $70℃$ 与 $80℃$ 对断裂强度有无显著差异？

解　由题设，可假定 $X \sim N(\mu_1, \sigma^2), Y \sim N(\mu_2, \sigma^2)$，于是假设两个温度下的断裂强度无显著差异，即相当于作假设 H_0：$\mu_1 = \mu_2$，H_1：$\mu_1 \neq \mu_2$．取统计量为

$$T = \frac{\bar{X} - \bar{Y}}{\sqrt{\dfrac{(m-1)S_x^2 + (n-1)S_y^2}{m+n-2}} \cdot \sqrt{\dfrac{1}{m} + \dfrac{1}{n}}} \sim t(m+n-2),$$

对于给定的显著性水平 $\alpha = 0.10$，查 t 分布表，得临界值

$$t_{\alpha/2}(m+n-2) = t_{0.05}(12) = 1.7823,$$

所以拒绝域为 $(-\infty, -1.7823) \bigcup (1.7823, +\infty)$，根据样本值计算得 $t = \dfrac{20.4 - 19.3167}{\sqrt{6.2 + 5.0283}} \sqrt{\dfrac{8 \times 6 \times 12}{14}} =$ 2.074，由于 t 在拒绝域内，故拒绝 H_0，认为断裂强度有显著差异．

4. 在大体相同的条件下得到甲、乙两个品种作物的产量数据分别为 $(x_1, x_2, \cdots, x_{10})$，$(y_1, y_2, \cdots, y_{10})$．设作物产量均服从正态分布且方差相等，并算得 $\bar{x} = 30.97$，$\bar{y} = 21.79$，$s_1^2 = 26.70$，$s_2^2 = 12.10$，取显著性水平 $\alpha = 0.05$，问是否可以认为这两个品种作物的产量没有显著差异．

解　提出假设 H_0：$\mu_1 = \mu_2$，H_1：$\mu_1 \neq \mu_2$．取统计量为

$$T = \frac{\overline{X} - \overline{Y}}{\sqrt{\dfrac{(m-1)S_1^2 + (n-1)S_2^2}{m+n-2}} \cdot \sqrt{\dfrac{1}{m} + \dfrac{1}{n}}} \sim t(m+n-2),$$

对于给定的显著性水平 $\alpha = 0.05$，查 t 分布表，得临界值

$$t_{\alpha/2}(m+n-2) = t_{0.025}(18) = 2.1009,$$

所以拒绝域为 $(-\infty, -2.1009) \bigcup (2.1009, +\infty)$，根据样本值计算得 $t = 4.66$，由于 4.66 在拒绝域内，故拒绝 H_0，认为两个品种作物的产量有显著差异.

5. 测得两批电子元件样本的电阻为下表(单位: Ω)

I 批	0.140	0.138	0.143	0.142	0.144	0.137
II 批	0.135	0.140	0.142	0.136	0.138	0.140

设这两批元件的电阻值总体分别服从 $N(\mu_1, \sigma_1^2), N(\mu_2, \sigma_2^2)$，且两批样本独立，试问这两批电子元件电阻的方差是否一样? (取 $\alpha = 0.05$)

解 提出假设 H_0: $\sigma_1^2 = \sigma_2^2$，H_1: $\sigma_1^2 \neq \sigma_2^2$. 取统计量为

$$F = \frac{S_1^2}{S_2^2} \sim F(n_1 - 1, n_2 - 1),$$

对于给定的显著性水平 $\alpha = 0.05$，查 F 分布表，得临界值

$$F_{0.025}(5,5) = 7.15, \quad F_{0.975}(5,5) = \frac{1}{F_{0.025}(5,5)} = \frac{1}{7.15} = 0.1399,$$

所以拒绝域为 $(0, 0.1399) \bigcup (7.15, +\infty)$，根据样本值计算得

$$n_1 = 6, \quad \overline{x} = 0.1407, \quad s_1^2 = 7.86 \times 10^{-6}, \quad n_2 = 6, \quad \overline{y} = 0.1385, \quad s_2^2 = 7.10 \times 10^{-6},$$

$$f = \frac{s_1^2}{s_2^2} = \frac{7.86 \times 10^{-6}}{7.10 \times 10^{-6}} = 1.108,$$

因为 $0.1399 < 1.108 < 7.15$，所以接受 H_0，即认为两批电子元件电阻的方差一样.

习题 8-4

1. 一种燃料的辛烷等级服从正态分布 $N(\mu, \sigma^2)$，其平均等级 $\mu_0 = 98.0$，标准差 $\sigma = 0.8$，现抽取 25 桶新油，测试其等级，算得平均等级为 97.7. 假定标准差与原来一样，问新油的辛烷平均等级是否比原燃料的辛烷平均等级偏低? (取 $\alpha = 0.05$)

解 提出假设 H_0: $\mu \geqslant \mu_0 = 98.0$，$H_1$: $\mu < 98.0$. 取统计量为

$$U = \frac{\overline{X} - \mu}{\sigma / \sqrt{n}} \sim N(0,1).$$

查标准正态分布表得 $u_\alpha = u_{0.05} = 1.645$，拒绝域为 $U < -u_\alpha$，即 $U < -1.645$．计算得 $u = \dfrac{97.7 - 98.0}{0.8}\sqrt{25} = -1.875$，由 $u = -1.875 < -1.645$，所以拒绝 H_0，即认为新油的辛烷平均等级比原燃料的辛烷平均等级确实偏低．

2. 某单位上年度排出的污水中，某种有害物质的平均含量为 0.009%. 污水经处理后，本年度抽测了 16 次，得这种物质的含量(%)为

$$0.008 \quad 0.011 \quad 0.009 \quad 0.007 \quad 0.005 \quad 0.010 \quad 0.009 \quad 0.003$$

$$0.007 \quad 0.004 \quad 0.007 \quad 0.009 \quad 0.008 \quad 0.006 \quad 0.007 \quad 0.008$$

设有害物质含量服从正态分布，问是否可认为污水经处理后，这种有害物质的含量有显著降低? (取 $\alpha = 0.10$)

解 提出假设 H_0: $\mu \geqslant \mu_0 = 0.009\%$，$H_1$: $\mu < \mu_0 = 0.009\%$．取统计量为

$$T = \frac{\bar{X} - \mu}{S / \sqrt{n}} \sim t(n-1)，$$

对于给定的显著性水平 $\alpha = 0.10$，查 t 分布表可得 $t_{0.1}(15) = 1.3406$，即拒绝域为 $T < -t_\alpha(n-1)$，即 $T < -1.3406$，根据样本值计算得 $\bar{x} = 0.007375\%, s = 0.002125\%$．又 $t = \dfrac{\bar{x} - \mu}{s / \sqrt{n}} = -3.50588 < -1.3406$，所以拒绝 H_0，认为有害物质的含量有显著降低．

3. 某类钢板每块的重量 X 服从正态分布，其一项质量指标是钢板重量的方差不得超过 0.016kg^2. 现从某天生产的钢板中随机抽取 25 块，得其样本方差 $s^2 = 0.025\text{kg}^2$，问该天生产的钢板重量的方差是否满足要求? (取 $\alpha = 0.05$)

解 提出假设 H_0: $\sigma^2 \leqslant 0.016$，H_1: $\sigma^2 > 0.016$．取统计量为

$$\chi^2 = \frac{(n-1)S^2}{\sigma_0^2} \sim \chi^2(n-1)，$$

对于给定的显著性水平 $\alpha = 0.05$，查 χ^2 分布表可得

$$\chi^2_\alpha(n-1) = \chi^2_{0.05}(24) = 36.415，$$

即拒绝域为 $\chi^2 > 36.415$，即 $(36.415, +\infty)$，经计算得 $\chi^2 = \dfrac{(n-1)S^2}{\sigma_0^2} = \dfrac{24 \times 0.025}{0.016} = 37.5 > 36.415$，故拒绝 H_0，认为该天生产的钢板重量不符合要求．

4. 某厂使用两种不同的原料生产同一类产品，随机选取使用原料 A 生产的样品 22 件，测得平均质量为 $\bar{x} = 2.36$，样本标准差 $s_1 = 0.57$．取使用原料 B 生产的样品 24 件，测得平均质量为 $\bar{y} = 2.55$，样本标准差 $s_2 = 0.48$．设产品质量服从正态分布，这两个样本相互独立，问能否认为使用原料 B 生产的产品平均质量较使用原料 A 生产的产品平均质量显著大? (取 $\alpha = 0.05$)

解 提出假设 H_0: $\mu_1 \geqslant \mu_2$，H_1: $\mu_1 < \mu_2$．取统计量为

$$T = \frac{\overline{X} - \overline{Y}}{\sqrt{\dfrac{(m-1)S_1^2 + (n-1)S_2^2}{m+n-2}} \cdot \sqrt{\dfrac{1}{m} + \dfrac{1}{n}}} \sim t(m+n-2),$$

对于给定的显著性水平 $\alpha = 0.05$，查 t 分布表，得临界值

$$t_\alpha(m+n-2) = t_{0.05}(44) = 1.6802,$$

所以拒绝域为 $T < -t_\alpha(m+n-2)$，即 $(-\infty, -1.6802)$，根据样本值计算得 $t = -1.2266$，由于 -1.2266 不在拒绝域内，故接受 H_0，即认为使用原料 B 生产的产品平均质量较使用原料 A 生产的产品平均质量无显著增大.

5. 有两台机床生产同一型号的滚珠，根据以往经验知，这两台机床生产的滚珠的直径都服从正态分布. 现分别从这两台机床生产的滚珠中随机抽取 7 个和 9 个，并测得 $\overline{x} = 15.057$，$\overline{y} = 15.033$，$s_1^2 = 0.1745$，$s_2^2 = 0.0438$. 试问机床乙生产的滚珠的直径的方差是否比机床甲生产的滚珠的直径的方差小？（取 $\alpha = 0.05$）

解　由题意提出假设 $H_0: \sigma_1^2 \leqslant \sigma_2^2$，$H_1: \sigma_1^2 > \sigma_2^2$. 取统计量

$$F = \frac{S_1^2}{S_2^2} \sim F(n_1 - 1, n_2 - 1),$$

拒绝域为 $F > F_\alpha(n_1 - 1, n_2 - 1)$，查 F 分布表 $F_\alpha(n_1 - 1, n_2 - 1) = F_{0.05}(6,8) = 3.58$，即拒绝域为 $F > 3.58$，经计算得 $f = \dfrac{s_1^2}{s_2^2} = \dfrac{0.1745}{0.0438} = 3.984$. 由于 $3.984 > 3.58$ 在拒绝域中，故拒绝 H_0，从而认为机床乙生产的滚珠的直径的方差明显比机床甲生产的滚珠的直径的方差小.

6. 从用旧工艺生产的机械零件中抽取 25 个，测得直径的样本方差为 6.27. 现改用新工艺生产，从中抽取 25 个零件，测得直径的样本方差为 4.40. 设两种工艺条件下生产的零件直径都服从正态分布，问新工艺生产的零件直径的方差是否比旧工艺生产的零件直径的方差显著地小？（取 $\alpha = 0.05$，$F_{0.05}(24,24) = 1.98$）

解　设新旧零件直径分别用 X, Y 表示，由题意知 $Y \sim N(\mu_1, \sigma_1^2), Y \sim N(\mu_2, \sigma_2^2)$，其中 μ_1, σ_1^2，μ_2, σ_2^2 均未知，样本容量分别为 $n_1 = 25, n_2 = 25$，记样本方差分别为 S_1^2, S_2^2，则 $s_1^2 = 4.40, s_2^2 = 6.27$.

提出假设 $H_0: \sigma_1^2 \geqslant \sigma_2^2$，$H_1: \sigma_1^2 < \sigma_2^2$. 取统计量为

$$F = \frac{S_1^2}{S_2^2} \sim F(n_1 - 1, n_2 - 1),$$

对于给定的显著性水平 $\alpha = 0.05$，得临界值

$$F_{0.95}(24,24) = \frac{1}{F_{0.05}(24,24)} = \frac{1}{1.98} = 0.505,$$

所以拒绝域为 $W = (0, 0.505)$，根据样本值计算得 $f = \dfrac{s_1^2}{s_2^2} = \dfrac{4.4}{6.27} = 0.702 \notin W$，因此接受

H_0，即不能认为新工艺生产的零件直径的方差是比旧工艺生产的零件直径的方差显著的小.

自 测 题 八

1. 假设检验的基本原理是_____.

解 小概率事件在一次试验中几乎不可能发生.

2. 在对总体参数的假设检验中，若给定显著性水平为 α，则犯第一类错误的概率是_____.

解 α.

3. 设总体 $X \sim N(\mu, \sigma^2)$，σ^2 未知，在显著性水平 α 下，检验 $H_0 : \mu = \mu_0$，$H_1 : \mu \neq \mu_0$ 的拒绝域为_____.

解 $W = \left\{ \left| \dfrac{\overline{X} - \mu_0}{S / \sqrt{n}} \right| \geqslant t_{\alpha/2}(n-1) \right\}$.

4. 设 $(X_1, X_2, \cdots, X_n)$ 是来自正态总体 $N(\mu, \sigma^2)$ 的样本，其中 μ 和 σ^2 未知，则检验假设 $H_0 : \mu = 0$，$H_1 : \mu \neq 0$ 的统计量为_____.

解 $T = \dfrac{\overline{X}}{S / \sqrt{n}}$

5. 在假设检验中，α 和 β 分别表示犯第一类错误和第二类错误的概率，则当样本容量一定时，下列说法正确的是(   ).

A. α 减少，β 也减少；

B. α 增大，β 也增大；

C. α 和 β 不能同时减少，减少其中一个，另一个往往就会增大；

D. 以上说法均不正确.

解 答案为 C.

6. 在假设检验中，犯第一类错误指的是(   ).

A. 在 H_0 成立的条件下接受 H_0；　　　　　　B. 在 H_0 成立的条件下接受 H_1；

C. 在 H_1 成立的条件下接受 H_0；　　　　　　D. 在 H_1 成立的条件下接受 H_1.

解 答案为 B.

7. 某厂生产的某种产品，由以往经验知其强力标准差为 7.5kg，且强力服从正态分布. 改用新原料后，从新产品中抽取 25 件作强力试验，算得样本标准差 $s = 9.5$ kg. 问新产品的强力标准差是否有显著变化？（$\alpha = 0.05$）

解 (1) 提出假设：$H_0 : \sigma^2 = 7.5, H_1 : \sigma^2 \neq 7.5$.

(2) 构造检验统计量：当 H_0 成立时，$\chi^2 = \dfrac{(n-1)S^2}{\sigma^2} \sim \chi^2(n-1)$.

(3) 确定拒绝域：$\alpha = 0.05, n = 25$，查 χ^2 分位数表知 $\chi^2_{0.975}(24) = 12.4012$，$\chi^2_{0.025}(24) =$

39.3641，则拒绝域 $W = \{\chi^2 \leqslant 12.4012 \text{ 或 } \chi^2 \geqslant 39.3641\}$.

(4) 判断：$s = 9.5$，则 $\chi_0^2 = \dfrac{(n-1)s^2}{\sigma^2} = \dfrac{24 \times 9.5^2}{7.5^2} = 38.5067$.

$12.4012 < 38.5067 < 39.3641$，接受 H_0，即认为新产品的强力标准差无显著变化.

8. 测定某种溶液中的水分，由它的 10 个测定值计算得到：$\bar{x} = 0.452\%$，$s = 0.037\%$. 设测定值总体服从正态分布，能否认为该溶液含水量等于 0.5%？（$\alpha = 0.05$）

解 (1) 提出假设：$H_0 : \mu = 0.5\%$，$H_1 : \mu \neq 0.5\%$.

(2) 构造检验统计量：当 H_0 成立时，$T = \dfrac{\sqrt{n}(\bar{X} - \mu)}{S} \sim t(n-1)$.

(3) 确定拒绝域：$\alpha = 0.05$，$n = 10$，查 t 分布分位数表知

$$t_{0.025}(9) = 2.2622,$$

$$W = \{|T| > 2.2622\}.$$

(4) 判断：$\bar{x} = 0.452\%$，$s = 0.037\%$，

$$|T_0| = \left| \frac{\sqrt{n}(\bar{x} - \mu)}{s} \right| = \left| \frac{\sqrt{10}(0.452\% - 0.5\%)}{0.037\%} \right| = 4.1024 > 2.2622,$$

拒绝 H_0，即不能认为该溶液含水量等于 0.5%.

9. 某食品厂用自动装罐机装罐头食品，规定标准重量为 250 克，标准差不超过 3 克时机器工作为正常，每天定时检验机器情况，现抽取 16 罐，测得平均重量 $\bar{x} = 252$ 克，样本标准差 $s = 4$ 克，假定罐头重量服从正态分布，试问该机器工作是否正常？（$\alpha = 0.05$）

解 设罐头食品重量 $X \sim N(\mu, \sigma^2)$，则 $\alpha = 0.05$，$n = 16$，$\bar{x} = 252$，$s = 4$.

(1) 检验假设 $H_0 : \mu = 250$，$H_1 : \mu \neq 250$，在 H_0 成立条件下，构造统计量

$$T = \frac{\bar{X} - 250}{S / \sqrt{n}} \sim t(15).$$

查 t 分布分位数表知 $t_{0.025}(15) = 2.1314$，那么拒绝域为 $W = \{|T| > 2.1314\}$，$|T_0| = \left| \dfrac{\sqrt{16}(252 - 250)}{4} \right| = 2 < 2.1314$，故接受 H_0，即认为罐头食品平均重量为 250 克.

(2) 检验假设 $H_0 : \sigma^2 \leqslant 9$，$H_1 : \sigma^2 > 9$，在 H_0 成立条件下，构造统计量

$$\chi^2 = \frac{(n-1)S^2}{\sigma^2} \sim \chi^2(15).$$

查 χ^2 分位数表知 $\chi_{0.05}^2(15) = 24.9958$，故拒绝域为 $W = \{\chi^2 \geqslant 24.9958\}$，$\chi^2 = \dfrac{(n-1)s^2}{\sigma^2} = \dfrac{15 \times 16}{9} = 26.6667 > 24.9958$，故拒绝 H_0，即认为罐头食品重量的标准差超过了 3 克. 综合(1)和(2)得，认为机器工作不正常.

第九章 方差分析与回归分析

一、基 本 内 容

1. 单因素方差分析

(1) 问题与数据.

设因素 A 有 r 个水平 $A_1, A_2, \cdots, A_r$，第 i 个水平重复做 n_i 次试验，$i = 1, 2, \cdots, r$，所得数据如表 9-1 所示.

表 9-1　单因素试验数据

因子水平	试验数据			
A_1	x_{11}	x_{12}	$\cdots$	x_{1n_1}
A_2	x_{21}	x_{22}	$\cdots$	x_{2n_2}
$\vdots$	$\vdots$	$\vdots$		$\vdots$
A_r	x_{r1}	x_{r2}	$\cdots$	x_{rn_r}

对于这些数据，要研究的问题是：r 个水平 $A_1, A_2, \cdots, A_r$ 有无显著差异.

(2) 数学模型.

把 r 个水平 $A_1, A_2, \cdots, A_r$ 下的试验指标分别看作 r 个独立的总体 $X_1, X_2, \cdots, X_r$，假定它们服从方差相同的正态分布，即 $X_i \sim N(\mu_i, \sigma^2)$，$i = 1, 2, \cdots, r$．（$X_{i1}, X_{i2}, \cdots, X_{in_i}$），$i = 1, 2, \cdots, r$ 是从总体 X_i 中随机抽取的样本，数据 $(x_{i1}, x_{i2}, \cdots, x_{in_i})$ 看作 r 组样本的观测值. 假定各组样本之间相互独立. 于是，建立数学模型

$$\begin{cases} X_{ij} \sim N(\mu_i, \sigma^2), \\ X_{ij} \text{相互独立}, j = 1, 2, \cdots, n_i, \ i = 1, 2, \cdots, r, \\ \mu_i, \sigma^2 \text{未知}. \end{cases}$$

方差分析的主要任务是判断因素水平间是否有显著差异，也就是检验各正态总体的均值是否相等. 即检验假设

$$H_0: \mu_1 = \mu_2 = \cdots = \mu_r, \quad H_1: \mu_1, \mu_2, \cdots, \mu_r \text{不完全相等}.$$

(3) 平方和分解式.

为构造检验统计量，考虑数据 x_{ij} 的波动并分析其波动原因，得到平方和分解式：$S_T = S_e + S_A$，其中

$$S_T = \sum_{i=1}^{r}\sum_{j=1}^{n_i}(X_{ij} - \overline{X})^2 \text{ 称为总偏差平方和, 其自由度 } f_T = n-1;$$

$$S_e = \sum_{i=1}^{r}\sum_{j=1}^{n_i}(X_{ij} - \overline{X}_{i\cdot})^2 \text{ 称为误差偏差平方和, 其自由度 } f_e = n-r;$$

$$S_A = \sum_{i=1}^{r}n_i(\overline{X}_{i\cdot} - \overline{X})^2 \text{ 称为因子偏差平方和, 其自由度 } f_A = r-1;$$

$$\overline{X}_{i\cdot} = \frac{1}{n_i}\sum_{j=1}^{n_i}X_{ij}, \quad \overline{X} = \frac{1}{n}\sum_{i=1}^{r}\sum_{j=1}^{n_i}X_{ij}.$$

(4) 方差分析表.

在 H_0 成立下, 构造检验统计量 $F = \dfrac{S_A/(r-1)}{S_e/(n-r)} \sim F(r-1, n-r)$, 并将计算过程归纳为如下方差分析表:

来源	平方和	自由度	均方	F 比
因素	S_A	$r-1$	$S_A/(r-1)$	$\dfrac{S_A/(r-1)}{S_e/(n-r)}$
误差	S_e	$n-r$	$S_e/(n-r)$	
总和	S_T			

(5) 判断.

对于给定显著性水平 α, 该检验的拒绝域为 $W = \{F > F_\alpha(r-1, n-r)\}$. 若 $F > F_\alpha(r-1, n-r)$, 则因素 A 显著; 若 $F \leqslant F_\alpha(r-1, n-r)$, 则因素 A 不显著.

2. 一元线性回归分析

(1) 问题与数据.

考察两个变量 X 与 Y 之间是否存在线性相关关系, 一般 X 为一般变量, Y 为随机变量. 对 X 与 Y 进行观察, 对于变量 X 的一组不完全相同的取值 $x_1, x_2, \cdots, x_n$, 分别相应观测到随机变量 Y 的 n 个取值 $y_1, y_2, \cdots, y_n$, 可得 n 组数据 $(x_i, y_i), i = 1, 2, \cdots, n$. 注意, 这里 X 与 Y 的观测值一定要相对应, 不能错位.

(2) 数学模型.

当随机变量 Y 与变量 X 之间大致存在线性相关关系时(通常借助画散点图直观观察判断), 采用如下的线性模型进行描述: $Y = a + bX + \varepsilon$, 其中, $\varepsilon \sim N(0, \sigma^2)$ 是由随机因素所产生的误差, 称为随机误差. 数据 $(x_i, y_i), i = 1, 2, \cdots, n$ 可看作取自该模型的样本, 于是有如下统计模型: $\begin{cases} y_i = a + bx_i + \varepsilon_i, & i = 1, 2, \cdots, n, \\ \varepsilon_i \sim N(0, \sigma^2), & \text{且相互独立,} \end{cases}$ 一元线性回归分析的主要任务之一就是利用观测值 $(x_i, y_i), i = 1, 2, \cdots, n$, 确定参数 a, b, 从而得到回归方程 $\hat{y} = a + bx$.

(3) 参数估计.

利用最小二乘法求出 $\hat{b} = \dfrac{L_{xy}}{L_{xx}}$, $\hat{a} = \bar{y} - \hat{b}\bar{x}$, 其中 $\bar{x} = \dfrac{1}{n}\sum\limits_{i=1}^{n} x_i$, $\bar{y} = \dfrac{1}{n}\sum\limits_{i=1}^{n} y_i$,

$$L_{xx} = \sum\limits_{i=1}^{n}(x_i - \bar{x})^2, \quad L_{xy} = \sum\limits_{i=1}^{n}(x_i - \bar{x})(y_i - \bar{y}), \quad L_{yy} = \sum\limits_{i=1}^{n}(y_i - \bar{y})^2.$$

(4) 回归方程的显著性检验.

回归方程的显著性检验就是要检验 $H_0 : b = 0$, $H_1 : b \neq 0$, 通过分析 $y_i (i = 1, 2, \cdots, n)$ 的波动性, 得到平方和分解式: $S_T = S_e + S_R$, 其中 $S_T = \sum\limits_{i=1}^{n}(y_i - \bar{y})^2$ 称为总偏差平方和; $S_R = \sum\limits_{i=1}^{n}(\hat{y}_i - \bar{y})^2$ 称为回归平方和; $S_e = \sum\limits_{i=1}^{n}(y_i - \hat{y}_i)^2$ 称为残差平方和; $\bar{y} = \dfrac{1}{n}\sum\limits_{i=1}^{n} y_i$, $\hat{y}_i = \hat{a} + \hat{b}x_i$, $i = 1, 2, \cdots, n$. 在 H_0 成立下, 构造检验统计量 $F = \dfrac{S_R}{S_e/(n-2)} \sim F(1, n-2)$, 拒绝域为 $W = \{F > F_\alpha(1, n-2)\}$. 若 $F > F_\alpha(1, n-2)$, 则拒绝原假设 H_0, 回归方程显著; 若 $F \leqslant F_\alpha(1, n-2)$, 则接受原假设 H_0, 回归方程不显著.

(5) 预测.

若回归方程显著, 则当 $X = x_0$ 时, 用该点的回归值 $\hat{y}_0 = \hat{a} + \hat{b}x_0$ 作为此时随机变量 Y_0 的点预测; 用区间 $(\hat{y}_0 - \delta(x_0), \hat{y}_0 + \delta(x_0))$, 其中 $\delta(x_0) = \hat{\sigma}\sqrt{1 + \dfrac{1}{n} + \dfrac{(x_0 - \bar{x})^2}{L_{xx}}}\, t_{\alpha/2}(n-2)$ 作为随机变量 Y_0 的置信水平为 $1 - \alpha$ 的区间预测.

二、基 本 要 求

(1) 理解单因素方差分析, 掌握单因素方差分析表的计算.
(2) 理解一元线性回归模型, 掌握一元线性回归方程的求解和检验方法.

三、扩 展 例 题

例　一灯泡厂制作灯丝用四种材料, 想要检验灯丝材料对灯泡使用寿命的影响, 现在从这四种材料制成的灯泡中随机抽取若干只灯泡进行试验, 测得寿命数据如下表 (单位: 小时):

材料	寿命时长							
1	1600	1610	1650	1680	1700	1720	1800	
2	1580	1940	1640	1700	1750			
3	1460	1550	1600	1620	1640	1660	1740	1820
4	1510	1520	1530	1570	1600	1680		

如果灯泡的使用寿命服从正态分布, 并且方差相同, 请在显著性水平 $\alpha = 0.05$ 下, 判断不同材料的灯丝对灯泡的使用寿命有无显著差异.

解 为了方便计算, 对原始数据做线性变换, 所有数据同时减掉 1600, 由于方差分析在检验过程中考虑的是数据的波动程度, 故对原始数据做线性变换后不会影响检验结果. 相关计算如下:

材料			寿命时长					$\sum\limits_{j=1}^{n} X_{ij}$	$\left(\sum\limits_{j=1}^{n} X_{ij}\right)^2$	$\sum\limits_{j=1}^{n} X_{ij}^2$
1	0	−90	50	80	100	120	200	460	211600	81400
2	−20	340	40	100	150			610	372100	150100
3	−140	−50	0	20	40	60	140	220	290	84100	95700
4	−90	−80	−70	−30	0	80		−190	36100	26700
和								1170		353900

$$S_T = \sum_{i=1}^{r}\sum_{j=1}^{n_i} X_{ij}^2 - \frac{1}{n}\left(\sum_{i=1}^{r}\sum_{j=1}^{n_i} X_{ij}\right)^2 = 353900 - \frac{1170^2}{26} = 301250, \quad f_T = n - 1 = 25;$$

$$S_A = \sum_{i=1}^{r} n_i \bar{X}_{i\cdot}^2 - \frac{1}{n}\left(\sum_{i=1}^{r}\sum_{j=1}^{n_i} X_{ij}\right)^2 = \frac{460^2}{7} + \frac{610^2}{5} + \frac{290^2}{8} + \frac{(-190)^2}{6} - \frac{1170^2}{26} = 68527.74;$$

$$f_A = r - 1 = 3;$$

$$S_e = S_T - S_A = 301250 - 68527.74 = 232722.26, \quad f_e = n - r = 22.$$

计算结果列为如下方差分析表:

来源	平方和	自由度	均方	F 比
因素	68527.74	3	22842.58	2.16
误差	232722.26	22	10578.28	
总和	301250			

对于给定的显著性水平 $\alpha = 0.05$, 查 F 分布上侧分位数表得 $F_{0.05}(3,22) = 3.05$. 因为 $F = 2.16 < 3.05$, 所以因素 A 不显著, 即可以认为四种不同材料的灯丝对灯泡的使用寿命无显著差异.

四、习 题 详 解

习题 9-1

1. 在单因素方差分析模型中, 因素 A 有三个水平, 每个水平下的试验数据如下:

因子水平			试验数据	
A_1	8	5	7	
A_2	6	10	11	8
A_3	5	3	8	

试计算总偏差平方和、因素 A 的偏差平方和、误差偏差平方和, 并指出它们各自的自由度.

解 数据计算表如下:

因子水平			试验数据		$\sum_{j=1}^{n_i} X_{ij}$	$\left(\sum_{j=1}^{n_i} X_{ij}\right)^2$	$\sum_{j=1}^{n_i} X_{ij}^2$
A_1	8	5	7		20	400	138
A_2	6	10	11	8	35	1225	321
A_3	5	3	8		16	256	98
和					71	1881	557

$$S_T = \sum_{i=1}^{r}\sum_{j=1}^{n_i} X_{ij}^2 - \frac{1}{n}\left(\sum_{i=1}^{r}\sum_{j=1}^{n_i} X_{ij}\right)^2 = 557 - \frac{71^2}{10} = 52.90, \quad f_T = n-1 = 9;$$

$$S_A = \sum_{i=1}^{r} n_i \overline{X}_{i\cdot}^2 - \frac{1}{n}\left(\sum_{i=1}^{r}\sum_{j=1}^{n_i} X_{ij}\right)^2 = \frac{400}{3} + \frac{1225}{4} + \frac{256}{3} - \frac{71^2}{10} = 20.82, \quad f_A = r-1 = 2;$$

$$S_e = S_T - S_A = 52.90 - 20.82 = 32.08, \quad f_e = n-r = 7.$$

2. 在单因素方差分析模型中, 因素 A 有四个水平, 每个水平下各做 4 次重复试验, 请完成如下方差分析表, 并在显著性水平 $\alpha = 0.05$ 下, 对因素 A 是否显著作出检验.

来源	平方和	自由度	均方	F 比
因素	4.2			
误差				
总和	7.6			

解

来源	平方和	自由度	均方	F比
因素	4.2	3	1.4	5.0
误差	3.4	12	0.28	
总和	7.6	15		

$\alpha = 0.05$，查 F 分布分位数表得 $F_{0.05}(3,12) = 3.49$，$F = 5.0 > 3.49$，因素 A 显著.

3. 有某种型号的电池三批，分别为 A，B，C 三个工厂生产，为评价其质量，各随机抽取 5 只电池为样品，测得寿命(小时)见下表：

工厂	电池寿命				
A	40	42	48	38	45
B	26	30	34	28	32
C	39	50	40	50	43

假定各厂生产的电池寿命服从正态分布，且方差相等. 试在显著性水平 $\alpha = 0.05$ 下检验三个工厂生产的电池平均寿命是否有显著差异.

解 数据计算表如下：

工厂	电池寿命					$\sum_{j=1}^{n_i} X_{ij}$	$\left(\sum_{j=1}^{n_i} X_{ij}\right)^2$	$\sum_{j=1}^{n_i} X_{ij}^2$
A	40	42	48	38	45	213	45369	9137
B	26	30	34	28	32	150	22500	4540
C	39	50	40	50	43	222	49284	9970
和						585	117153	23647

$$S_T = \sum_{i=1}^{r}\sum_{j=1}^{n_i} X_{ij}^2 - \frac{1}{n}\left(\sum_{i=1}^{r}\sum_{j=1}^{n_i} X_{ij}\right)^2 = 23647 - \frac{585^2}{15} = 832, \quad f_T = n-1 = 14;$$

$$S_A = \sum_{i=1}^{r} n_i \bar{X}_{i\cdot}^2 - \frac{1}{n}\left(\sum_{i=1}^{r}\sum_{j=1}^{n_i} X_{ij}\right)^2 = 615.6, \quad f_A = r-1 = 2;$$

$$S_e = S_T - S_A = 216.4, \quad f_e = n-r = 12.$$

列方差分析表:

方差分析表

来源	平方和	自由度	均方	F 比
因子 A	615.6	2	307.8	17.0715
误差 e	216.4	12	18.03	
和 T	832	14		

$\alpha = 0.05$,查 F 分布分位数表得 $F_{0.95}(2,12) = 3.89$,故其拒绝域为 $W = \{F \geqslant 3.89\}$.
$F = 17.0715 > 3.89$,故认为因子显著,即三个工厂生产的电池平均寿命有显著差异.

习题 9-2

1. 为了研究某商品的需求量 Y 与价格 X 之间的关系,收集到下列 10 对数据:

价格 x_i	1.0	1.5	2.0	2.5	3.0	3.5	4.0	4.0	4.5	5.0
需求量 y_i	10.0	8.0	7.5	8.0	7.0	6.0	4.5	4.0	2.0	1.0

(1) 求需求量 Y 与价格 X 之间的线性回归方程;
(2) 对所求线性回归方程作显著性检验($\alpha = 0.05$).

解 (1) 有关计算见下表:

x_i	y_i	x_i^2	$x_i y_i$	y_i^2
1.0	10.0	1.00	10	100
1.5	8.0	2.25	12	64
2.0	7.5	4.00	15	56.25
2.5	8.0	6.25	20	64
3.0	7.0	9.00	21	49
3.5	6.0	12.25	21	36
4.0	4.5	16.00	18	20.25
4.0	4.0	16.00	16	16
4.5	2.0	20.25	9	4
5.0	1.0	25.0	5	1
和 31	58	112	147	410.50

$$L_{xx} = \sum_{i=1}^{n} x_i^2 - n\overline{x}^2 = 112 - 31^2/10 = 15.90 ;$$

$$L_{xy} = \sum_{i=1}^{n} (x_i y_i) - n\overline{x}\,\overline{y} = 147 - 31 \times 58/10 = -32.80 ;$$

$$\hat{b} = \frac{L_{xy}}{L_{xx}} = \frac{-32.80}{15.90} = -2.06 ; \quad \hat{a} = \overline{y} - \hat{b}\overline{x} = 58/10 - (-2.06) \times 31/10 = 12.186 .$$

故所求回归方程为 $\hat{y} = 12.186 - 2.06x$.

(2) $S_T = \sum_{i=1}^{n} y_i^2 - n\overline{y}^2 = 410.50 - \dfrac{58^2}{10} = 74.10 ;$ $S_R = \hat{b}^2 L_{xx} = (-2.06)^2 \times 15.90 = 67.47 ;$

$S_e = 74.10 - 67.47 = 6.63 ;$ $n = 10$, $\alpha = 0.05$, 查 F 分布分位数表, 得 $F_{0.05}(1,8) = 5.32$,

$F = \dfrac{S_R}{S_e/(n-2)} = \dfrac{67.47}{6.63/8} = 81.41 > 5.32$, 拒绝原假设, 即所求回归方程是显著的.

2. 一个医院用仪器检验尿汞时, 测得尿汞含量与消光系数数据如下表:

尿汞含量 x_i	2	4	6	8	10
消光系数 y_i	64	138	205	285	360

试求: (1) 消光系数 Y 关于尿汞含量 X 的回归方程;

(2) 检验所求回归方程是否显著($\alpha = 0.05$);

(3) 当 $x_0 = 9$ 时, 消光系数 y_0 的置信水平为 0.95 的预测区间.

解 (1) 有关计算见下表:

x_i	y_i	x_i^2	$x_i y_i$	y_i^2
2	64	4	128	4096
4	138	16	552	19044
6	205	36	1230	42025
8	285	64	2280	81225
10	360	100	3600	129600
和 30	1052	220	7790	275990

$$L_{xx} = \sum_{i=1}^{n} x_i^2 - n\overline{x}^2 = 220 - 30^2/5 = 40 ;$$

$$L_{xy} = \sum_{i=1}^{n} (x_i y_i) - n\overline{x}\,\overline{y} = 7790 - 30 \times 1052/5 = 1478 ;$$

$$\hat{b} = \frac{L_{xy}}{L_{xx}} = \frac{1478}{40} = 36.95 \,; \quad \hat{a} = \overline{y} - \hat{b}\,\overline{x} = 1052\,/\,5 - 36.95 \times 30\,/\,5 = -11.30\,.$$

故所求回归方程为 $\hat{y} = -11.30 + 36.95x$.

$$\text{(2)} \qquad\qquad S_T = \sum_{i=1}^{n} y_i^2 - n\overline{y}^2 = 275990 - \frac{1052^2}{5} = 54649.2 \,;$$

$$S_R = \hat{b}^2 L_{xx} = (36.95)^2 \times 40 = 54612.1 \,;$$

$$S_e = 54649.2 - 54612.1 = 37.1 \,; \quad n = 5, \quad \alpha = 0.05,$$

查 F 分布分位数表, 得 $F_{0.05}(1,3) = 10.13$, $F = \dfrac{S_R}{S_e\,/\,(n-2)} = \dfrac{54612.1}{37.1\,/\,3} = 4416.07 > 10.13$,

拒绝原假设, 即所求回归方程是显著的.

(3) 当 $x_0 = 9$ 时, 由回归方程得 $\hat{y}_0 = -11.30 + 36.95 \times 9 = 321.25$, $\alpha = 0.05$, $n = 5$, 查表得 $t_{0.025}(3) = 3.1824$, $\hat{\sigma} = \sqrt{\dfrac{S_e}{n-2}} = \sqrt{\dfrac{37.1}{3}} = 3.52$,

$$\delta(x_0) = \hat{\sigma}\sqrt{1 + \frac{1}{n} + \frac{(x_0 - \overline{x})^2}{L_{xx}}}\, t_{\alpha/2}(n-2) = 3.52 \times \sqrt{1 + \frac{1}{5} + \frac{(9-6)^2}{40}} \times 3.1824 = 13.37 \,,$$

$321.25 \pm 13.37 = (307.88, 334.62)$. 于是, 当 $x_0 = 9$ 时, 消光系数 y_0 的置信水平为 0.95 的预测区间为 $(307.88, 334.62)$.

自 测 题 九

1. 单因素试验方差分析的数学模型中, 三个基本假定是_____、_____、

_____.

   解　正态性, 方差相等, 独立性.

2. 一元线性回归分析中 $Y = a + bX + \varepsilon$, 对随机误差 ε 的要求是_____.

   解　$\varepsilon \sim N(0, \sigma^2)$.

3. 在单因素方差分析中, 对因子的显著性检验构造的检验统计量是_____.

   解　$F = \dfrac{S_A\,/\,(r-1)}{S_E\,/\,(n-r)} \sim F(r-1, n-r)$.

4. 在单因素方差分析模型中, 设 S_T 为总偏差平方和, S_e 为误差偏差平方和, S_A 为因素偏差平方和, 则总有(　　).

A. $S_T = S_e + S_A$;　　　　　　　　　　　　B. $\dfrac{S_A}{\sigma^2} \sim \chi^2(r-1)$;

C. $\dfrac{S_A\,/\,(r-1)}{S_e\,/\,(n-r)} \sim F(r-1, n-r)$;　　　　D. S_A 与 S_e 相互独立.

解 答案为 A.

5. 单因素方差分析的主要目的是研究( ).

A. 各总体方差是否存在;　　　　　　　B. 各总体方差是否相等;

C. 各总体均值是否存在;　　　　　　　D. 各总体均值是否相等.

解 答案为 D.

6. 收集了 n 组数据 $(x_i, y_i), i=1,2,\cdots,n$, 画出散点图, 若 n 个点基本在一条直线附近时, 称这两变量间具有( ).

A. 独立的关系;　B. 不相容的关系;　　C. 函数关系;　　D. 线性相关关系.

解 答案为 D.

7. 为研究不同品种对某种果树产量的影响, 进行试验, 得试验结果(产量)如下表:

品种	试验结果			
A_1	10	7	13	10
A_2	12	13	15	12
A_3	8	4	7	9

试分析果树品种对产量是否有显著影响. ($\alpha = 0.05$)

解 相关计算列表表示为

品种	试验结果				$\sum\limits_{j=1}^{n_i} X_{ij}$	$\left(\sum\limits_{j=1}^{n_i} X_{ij}\right)^2$	$\sum\limits_{j=1}^{n_i} X_{ij}^2$
A_1	10	7	13	10	40	1600	418
A_2	12	13	15	12	52	2704	682
A_3	8	4	7	9	28	784	210
和					120	5088	1310

$$S_T = \sum_{i=1}^{r}\sum_{j=1}^{n_i} X_{ij}^2 - \frac{1}{n}\left(\sum_{i=1}^{r}\sum_{j=1}^{n_i} X_{ij}\right)^2 = 1310 - \frac{120^2}{12} = 110, \quad f_T = n-1 = 11;$$

$$S_A = \sum_{i=1}^{r} n_i \bar{X}_{i\cdot}^2 - \frac{1}{n}\left(\sum_{i=1}^{r}\sum_{j=1}^{n_i} X_{ij}\right)^2 = \frac{5088}{4} - \frac{120^2}{12} = 72, \quad f_A = r-1 = 2;$$

$$S_e = S_T - S_A = 110 - 72 = 38, \quad f_e = n-r = 9.$$

计算结果列为如下方差分析表:

来源	平方和	自由度	均方	F 比
因素	72	2	36	8.53
误差	38	9	4.22	
总和	110			

对于给定的显著性水平 $\alpha = 0.05$，查 F 分布上侧分位数表得 $F_{0.05}(2,9) = 4.26$．因为 $F = 8.53 > 4.26$，所以因素 A 显著，即可以认为这三种果树品种对果树产量有显著差异．

8. 随机调查 10 个城市居民的家庭平均收入 X 与电器用电支出 Y 情况的数据(单位: 千元)如下:

收入 x_i	18	20	22	24	26	28	30	32	34	38
支出 y_i	0.9	1.1	1.1	1.4	1.7	2.0	2.3	2.5	2.9	3.1

(1) 求电器用电支出 Y 与家庭平均收入 X 之间的线性回归方程;

(2) 对线性回归方程作显著性检验; ($\alpha = 0.05$)

(3) 若线性相关关系显著,求家庭平均收入 $x_0 = 25$ 时, 电器用电支出 Y 的置信度为 0.95 的预测区间.

解　(1) 有关计算见下表:

x_i	y_i	x_i^2	$x_i y_i$	y_i^2
18	0.9	324	16.2	0.81
20	1.1	400	22	1.21
22	1.1	484	24.2	1.21
24	1.4	576	33.6	1.96
26	1.7	676	44.2	2.89
28	2.0	784	56	4
30	2.3	900	69	5.29
32	2.5	1024	80	6.25
34	2.9	1156	98.6	8.41
38	3.1	1444	117.8	9.61
和　272	19	7768	561.6	41.64

$$L_{xx} = \sum_{i=1}^{n} x_i^2 - n\overline{x}^2 = 7768 - 272^2/10 = 369.6 ;$$

$$L_{xy} = \sum_{i=1}^{n} (x_i y_i) - n\overline{x}\,\overline{y} = 561.6 - 272 \times 19/10 = 44.8 ;$$

$$\hat{b} = \frac{L_{xy}}{L_{xx}} = \frac{44.8}{369.6} = 0.12 ; \quad \hat{a} = \overline{y} - \hat{b}\overline{x} = 19/10 - 0.12 \times 272/10 = -1.364 .$$

故所求回归方程为 $\hat{y} = -1.364 + 0.12x$.

(2) $S_T = \sum_{i=1}^{n} y_i^2 - n\overline{y}^2 = 41.64 - \dfrac{19^2}{10} = 5.54 ; \quad S_R = \hat{b}^2 L_{xx} = 0.12^2 \times 369.6 = 5.32 ;$

$$S_e = 5.54 - 5.32 = 0.22 ; \quad n = 10 , \quad \alpha = 0.05 ,$$

查 F 分布分位数表, 得 $F_{0.05}(1,8) = 5.32$, $F = \dfrac{S_R}{S_e/(n-2)} = \dfrac{5.32}{0.22/8} = 193.45 > 5.32$, 拒绝原假设, 即所求回归方程是显著的.

(3) 当 $x_0 = 25$ 时, 由回归方程得 $\hat{y}_0 = -1.364 + 0.12 \times 25 = 1.636$, $\alpha = 0.05$, $n = 10$, 查表得 $t_{0.025}(8) = 2.3060$,

$$\hat{\sigma} = \sqrt{\frac{S_e}{n-2}} = \sqrt{\frac{0.22}{8}} = 0.1658 ,$$

$$\delta(x_0) = \hat{\sigma}\sqrt{1 + \frac{1}{n} + \frac{(x_0 - \overline{x})^2}{L_{xx}}}\, t_{\alpha/2}(n-2) = 0.1658 \times \sqrt{1 + \frac{1}{10} + \frac{(25 - 27.2)^2}{369.6}} \times 2.3060 = 0.403 ,$$

$$1.636 \pm 0.403 = (1.233, 2.039) .$$

于是, 当 $x_0 = 25$ 时, 电器用电支出 Y 的置信度为 0.95 的预测区间为 $(1.233, 2.039)$.

概率论 自测题一

一、填空题

1. 已知 A,B 两个事件满足条件 $P(AB) = P(\overline{AB})$，且 $P(A) = p$，则 $P(B) = $ _____.

2. 设随机变量 X 服从参数为 $\lambda(\lambda > 0)$ 的指数分布，且 $D(X) = \dfrac{1}{4}$，则 $\lambda = $ _____.

3. 设随机变量 X 的概率密度函数为 $f(x) = \begin{cases} \dfrac{1}{2a}, & -a < x < a, \\ 0, & \text{其他,} \end{cases}$ 其中 $a > 0$，要使 $P\{X > 1\} = \dfrac{1}{3}$，则 $a = $ _____.

4. 设随机变量 X 服从 $(1,6)$ 上的均匀分布，则方程 $t^2 + Xt + 1 = 0$ 有实根的概率为 _____.

5. 设随机变量 X 的概率密度函数为 $f(x) = \begin{cases} c, & 1 < x < 3, \\ 0, & \text{其他,} \end{cases}$ 则方差 $D(X) = $ _____.

6. 设二维随机变量 (X,Y) 的联合分布列为

X \\ Y	0	1	2
-1	$\dfrac{2}{9}$	$\dfrac{a}{6}$	$\dfrac{1}{4}$
0	$\dfrac{1}{9}$	$\dfrac{1}{4}$	a^2

则常数 $a = $ _____.

7. 设 $X_1, X_2, \cdots, X_n, \cdots$ 是独立同分布的随机变量序列，且均服从参数为 λ 的泊松分布，则对于任意实数 x，有 $\lim\limits_{n \to +\infty} P\left\{ \dfrac{\sum\limits_{i=1}^{n} X_i - n\lambda}{\sqrt{n\lambda}} \leqslant x \right\} = $ _____. 对于任意 $\varepsilon > 0$，有 $\lim\limits_{n \to +\infty} P\left\{ \left| \dfrac{1}{n} \sum\limits_{i=1}^{n} X_i - \lambda \right| < \varepsilon \right\} = $ _____.

二、选择题

1. 设 $X \sim N(-1, 4)$，则（　　　）$\sim N(0,1)$.

A. $\dfrac{X-1}{4}$;   B. $\dfrac{X-1}{2}$;   C. $\dfrac{X+1}{4}$;   D. $\dfrac{X+1}{2}$.

2. 若事件 A 和 B 同时出现的概率 $P(AB)=0$, 则( ).

A. A 和 B 互不相容(互斥);   B. AB 是不可能事件;

C. AB 未必是不可能事件;   D. $P(A)=0$ 或 $P(B)=0$.

3. 设 X_1 和 X_2 是任意两个相互独立的连续型随机变量, 它们的概率密度函数分别为 $f_1(x)$ 和 $f_2(x)$, 分布函数分别为 $F_1(x)$ 和 $F_2(x)$, 则( ).

A. $f_1(x)+f_2(x)$ 必为某一随机变量的概率密度;

B. $F_1(x)\cdot F_2(x)$ 必为某一随机变量的分布函数;

C. $F_1(x)+F_2(x)$ 必为某一随机变量的分布函数;

D. $f_1(x)\cdot f_2(x)$ 必为某一随机变量的概率密度.

4. 设连续型随机变量 X 的分布函数为 $F(x)=\begin{cases}0, & x<0, \\ x^3, & 0\leqslant x\leqslant 1, \\ 1, & x>1,\end{cases}$ 则 $E(X)=($).

A. $\displaystyle\int_0^{+\infty}x^4\mathrm{d}x$;   B. $\displaystyle\int_0^1 x^4\mathrm{d}x+\int_1^{+\infty}x\mathrm{d}x$;   C. $\displaystyle\int_0^1 3x^3\mathrm{d}x$;   D. $\displaystyle\int_0^{+\infty}3x^3\mathrm{d}x$.

5. 设随机变量 X 的分布未知, $E(X)=\mu, D(X)=\sigma^2$, 则由切比雪夫不等式估计概率 $P\{|X-\mu|\geqslant 3\sigma\}$ ( ).

A. $\geqslant\dfrac{1}{9}$;   B. $\geqslant\dfrac{8}{9}$;   C. $\leqslant\dfrac{1}{9}$;   D. $\leqslant\dfrac{8}{9}$.

6. 设 X 与 Y 为独立同分布的离散型随机变量, 且 X 的分布列为

X	0	1
P	$\dfrac{1}{2}$	$\dfrac{1}{2}$

则随机变量 $Z=\max(X,Y)$ 的分布列为( ).

A. $P\{Z=0\}=\dfrac{1}{2}, P\{Z=1\}=\dfrac{1}{2}$;   B. $P\{Z=0\}=1, P\{Z=1\}=0$;

C. $P\{Z=0\}=\dfrac{3}{4}, P\{Z=1\}=\dfrac{1}{4}$;   D. $P\{Z=0\}=\dfrac{1}{4}, P\{Z=1\}=\dfrac{3}{4}$.

三、设随机变量 X 的概率密度函数为 $f(x)=\begin{cases}2x, & 0\leqslant x\leqslant\dfrac{1}{2}, \\ 1, & \dfrac{1}{2}<x\leqslant 1, \\ 3-2x, & 1<x\leqslant\dfrac{3}{2}, \\ 0, & \text{其他},\end{cases}$ 而随机变量

$$Y = \begin{cases} -1, & X \leqslant \dfrac{2}{3}, \\ 0, & \dfrac{2}{3} < X < \dfrac{5}{4}, \\ 1, & X \geqslant \dfrac{5}{4}, \end{cases}$$ 试求 Y 的概率分布列.

四、 某食品包装流水线最后一道工序是在外包装上打印日期, 此项工作由甲、乙两人承担, 他们对日期的漏打率分别是 3% 和 2%, 已知经过甲、乙的外包装件数之比为 8∶10. 任意抽查一件产品, 求:

(1) 这件产品外包装无日期的概率; (2) 如果这件产品无日期, 是乙漏打的概率.

五、 若随机变量 X 的概率密度函数为 $f(x) = \begin{cases} 2x, & 0 < x < 1, \\ 0, & 其他, \end{cases}$ 求随机变量 $Y = 3X$ 的概率密度函数 $f_Y(y)$.

六、 已知随机变量 X 的概率密度函数为 $f(x) = \begin{cases} \dfrac{3}{8}x^2, & 0 < x < 2, \\ 0, & 其他, \end{cases}$ 求:

(1) X 的分布函数; (2) $\dfrac{1}{X^2}$ 的数学期望; (3) $P\{-1 < X < 3\}$.

七、 设二维随机变量 (X, Y) 的联合概率密度函数为

$$f(x, y) = \begin{cases} \dfrac{1}{4} \sin x \sin y, & 0 \leqslant x \leqslant \pi, 0 \leqslant y \leqslant \pi, \\ 0, & 其他, \end{cases}$$

求: (1) X 的边缘密度函数 $f_X(x)$ 以及 Y 的边缘密度函数 $f_Y(y)$;

(2) 判断 X 与 Y 的独立性;

(3) $E(X), E(Y), E(XY)$.

概率论　自测题二

一、填空题

1. 设事件 A，B 相互独立，且 $P(A)=0.6$，$P(A-B)=0.3$，则 $P(B)=$ _____.

2. 将 2 个球随机地投入到 4 个盒子中，则 2 个球放入一个盒子中的概率为_____.

3. 设离散型随机变量 X 的分布函数为 $F(x)=\begin{cases} 0, & x<-2, \\ 0.3, & -2\leqslant x<0, \\ 0.6, & 0\leqslant x<2, \\ 1, & x\geqslant 2, \end{cases}$ 则 X 的分布列为_____.

4. 设随机变量 $X\sim P(\lambda)$，$E[(X-1)(X+2)]=1$，则 $\lambda=$ _____.

5. 设随机变量 X 的分布函数为 $F(x)=\begin{cases} k-\mathrm{e}^{-x}, & x\geqslant 0, \\ 0, & x<0, \end{cases}$ 则常数 $k=$ _____.

6. 设 $X\sim N(2,4)$，则 $-2X+1\sim$ _____.

7. 设随机变量 X 与 Y 相互独立，概率密度函数分别为

$$f_X(x)=\frac{1}{2\sqrt{2\pi}}\mathrm{e}^{-\frac{x^2}{8}}, \qquad f_Y(y)=\begin{cases} \dfrac{1}{2}, & -1\leqslant x\leqslant 1, \\ 0, & \text{其他}, \end{cases}$$

则 $D(X-3Y+6)=$ _____.

二、选择题

1. 下列命题不成立的是(　　).

A. $\overline{A\cup B}=\overline{A}\,\overline{B}\cup B$；　　B. $\overline{A\cup B}=\overline{A}\cup\overline{B}$；　C. $(AB)(A\overline{B})=\varnothing$；　D. $A\subset B\Rightarrow\overline{B}\subset\overline{A}$.

2. 设 A,B 为两事件，且 $B\subset A$，则下列式子正确的是(　　).

A. $P(A\cup B)=P(B)$；　　　　　　　　　B. $P(AB)=P(B)$；

C. $P(B\,|\,A)=P(B)$；　　　　　　　　　D. $P(B-A)=P(B)-P(A)$.

3. $F(x,y)$ 是随机变量 (X,Y) 的联合分布函数，下列说法不正确的是(　　).

A. $F(x,y)$ 分别关于 x,y 单调不减；　　B. $\lim\limits_{x\to+\infty}F(x,y)=1$；

C. $\lim\limits_{x\to-\infty}F(x,y)=0$；　　　　D. $F(x,y)$ 分别关于 x,y 右连续.

4. 三人独立地向同一目标进行射击，三人击中目标的概率分别为 0.6, 0.8, 0.7, 则目标被击中的概率为(　　).

A. 0.336;　　　　　B. 0.024;　　　　　C. 0.976;　　　　　D. 0.664.

5. 设随机变量 $X \sim N(3,4)$，且 $P\{X \geqslant x\} = P\{X < x\}$，则 $x = ($ $)$.

   A. 3;   B. 4;   C. 2;   D. 0.

6. 设 X 为随机变量，$E(X) = 2$，$D(X) = 4$，利用切比雪夫不等式估计 $P\{|X - 2| \geqslant 3\} \leqslant$
$($ $)$.

   A. $\dfrac{5}{9}$;   B. $\dfrac{4}{9}$;   C. $\dfrac{2}{9}$;   D. $\dfrac{1}{9}$.

7. 设随机变量序列 $X_1, X_2, \cdots, X_n, \cdots$ 相互独立，服从同一分布，且 $E(X_i) = \mu$，$i = 1$，
$2, \cdots$，则 $\lim\limits_{n \to +\infty} P\left\{\left|\dfrac{1}{n}\sum\limits_{i=1}^{n} X_i - \mu\right| < \varepsilon\right\} = ($ $)$.

   A. 0;   B. 1;   C. $\Phi(x)$;   D. $N(0,1)$.

三、仓库中有十箱同样规格的产品，已知其中有五箱、三箱、两箱依次为甲、乙、丙厂生产的，且甲、乙、丙厂生产这种产品的次品率依次为 $\dfrac{1}{10}, \dfrac{1}{15}, \dfrac{1}{20}$，从这十箱产品中任取一件产品，

   (1) 求取到次品的概率；

   (2) 若已知取到的是次品，求它为甲厂生产的概率.

四、在区间 $[0,1]$ 内随机地取两个数 x, y，求 $y \leqslant x^2$ 的概率.

五、设随机变量 X 的概率密度函数为 $f(x) = \begin{cases} A\left(x^2 + \dfrac{x}{3}\right), & 0 < x < 1, \\ 0, & \text{其他,} \end{cases}$ 求：

   (1) 常数 A；   (2) X 的分布函数 $F(x)$；   (3) $P\{0 < X < 1/2\}$；   (4) $E\left(\dfrac{1}{X}\right)$.

六、设随机变量 X 的分布列如下表，且 $Y = |X|$，

X	-1	0	1
P	0.4	0.3	0.3

求：(1) Y 的分布列； (2) (X, Y) 的联合分布列； (3) $F(0,0)$；(4) $D(-Y)$.

七、设二维随机变量 (X, Y) 的联合密度函数为

$$f(x, y) = \begin{cases} cxy^2, & 0 \leqslant x \leqslant 2, 0 \leqslant y \leqslant 1, \\ 0, & \text{其他,} \end{cases}$$

求：(1) 常数 c； (2) $P\{X + Y \geqslant 1\}$； (3) 边缘密度函数 $f_X(x), f_Y(y)$；

   (4) 判断 X 和 Y 是否相互独立； (5) $E(XY)$.

概率论 自测题三

一、填空题

1. 设事件 A,B 仅发生一个的概率为 0.3，且 $P(A)+P(B)=0.5$，则 A,B 至少有一个不发生的概率为_____.

2. 有 5 个人在一座 8 层大楼的第一层进入电梯，设他们中的每一个人自第二层开始在每一层离开是等可能的，则 5 个人在不同层离开的概率为_____.

3. 一射手向一圆形区域 $D=\{(x,y)|x^2+y^2\leqslant 2\}$ 内任意射击，则命中环形区域 $G=\{(x,y)|1\leqslant x^2+y^2\leqslant 2\}$ 的概率为_____.

4. 某大楼装有 4 个同类型的供水设备，在任意时刻每个设备被使用的概率都是 $\dfrac{2}{3}$，则某一时刻至少有一个设备被使用的概率为_____.

5. 设离散型随机变量 X 的分布函数为 $F(x)=\begin{cases}0, & x<-1, \\ 0.2, & -1\leqslant x<0, \\ 0.6, & 0\leqslant x<1, \\ 1, & x\geqslant 1,\end{cases}$ 则 X 的分布列为_____.

6. 设随机变量 X 服从参数为 2 的指数分布，则 $E(X^2)=$_____.

7. 设随机变量 $X\sim P(\lambda)$，$P\{X=2\}=P\{X=3\}$，则 $\lambda=$_____.

8. 设随机变量 X 与 Y 相互独立，且 $X\sim N(1,2)$，$Y\sim U(-1,1)$，则 $D(2X-Y+2)=$_____.

二、选择题

1. 设事件 A 与 B 同时出现时 C 也出现，则(　　).

A. $A\bigcup B$ 是 C 的子事件；　　　　B. C 是 $A\bigcup B$ 的子事件；

C. AB 是 C 的子事件；　　　　　　D. C 是 AB 的子事件.

2. 设事件 A 与 B 互不相容，则(　　).

A. $P(AB)=P(A)P(B)$；　　　　　B. $P(A\bigcup B)=P(A)+P(B)$；

C. $\overline{A}$ 与 $\overline{B}$ 互不相容；　　　　D. $A\bigcup B=\Omega$.

3. $F(x)$ 是随机变量 X 的分布函数，则下列说法错误的是(　　).

A. $F(x)$ 是单调不减的函数；　　　B. $\lim\limits_{x\to +\infty}F(x)=1$；

C. $\lim\limits_{x\to -\infty}F(x)=0$；　　　　D. $F(x)$ 是左连续的.

4. 设随机变量 $X\sim N(0,2)$，则 $-2X+1\sim$(　　).

A. $N(1,8)$；　　B. $N(1,9)$；　　C. $N(0,8)$；　　D. $N(0,9)$.

5. 设随机变量 $X \sim N(1,4)$，且 $P\{X \geqslant x\} = P\{X < x\}$，则 $x = ($　　$)$.

A. 1;　　　　　　　B. 4;　　　　　　　C. 2;　　　　　　　D. 0.

6. 设 X 为随机变量，$E(X) = 2$，$D(X) = 4$，利用切比雪夫不等式估计 $P\{-1 < X < 5\}$

$($　　$)$.

A. $\geqslant \dfrac{5}{9}$;　　　　　B. $\geqslant \dfrac{4}{9}$;　　　　　C. $\leqslant \dfrac{5}{9}$;　　　　　D. $\leqslant \dfrac{4}{9}$.

7. 设随机变量序列 $X_1, X_2, \cdots, X_n, \cdots$ 相互独立，服从同一分布，且 $E(X_i) = \mu$，$i = 1,2,\cdots$，则 $\lim\limits_{n \to \infty} P\left\{\left|\dfrac{1}{n}\sum\limits_{i=1}^{n} X_i - \mu\right| \geqslant \varepsilon\right\} = ($　　$)$.

A. 0;　　　　　　　B. 1;　　　　　　　C. $\Phi(x)$;　　　　　　D. $N(0,1)$.

三、一公司从过去经验得知，一位新员工参加培训后能完成生产任务的概率为 0.86，不参加培训能完成生产任务的概率为 0.35，假如该厂中 80% 的员工参加过培训. 求：

(1) 一位新员工完成生产任务的概率.

(2) 若一位新员工已完成生产任务，他参加过培训的概率.

四、设随机变量 X 的分布列为 $Y = X^2$，

X	-1	0	1	2
P	0.2	0.3	0.2	0.3

求：(1) Y 的分布函数;　(2) (X,Y) 的联合分布列;　(3) $P\{Y \leqslant 2 \mid X \geqslant 1\}$.

五、设随机变量 X 的分布函数为 $F(x) = \begin{cases} A + B e^{-2x}, & x > 0, \\ 0, & x \leqslant 0, \end{cases}$ 求：

(1) A, B 的值;　(2) $P\{-1 < X < 1\}$;　(3) X 的密度函数 $f(x)$.

六、设随机变量 X 的密度函数为 $f(x) = \begin{cases} A x^2, & 0 < x < 2, \\ 0, & \text{其他}. \end{cases}$ 求：

(1) 常数 A;　(2) X 的分布函数 $F(x)$;　(3) $P\{0 < X < 1\}$;　(4) $E\left(\dfrac{1}{X}\right)$.

七、袋中有大小、重量完全相同的四个球，分别标有数字 1,2,2,3，现从袋中任取一球，取后不放回，再取第二次. 分别以 X, Y 表示第一次和第二次取得球上标有的数字. 求：(1) (X,Y) 的联合分布列;　(2) X, Y 的边缘分布列;　(3) $F(2,3)$;

(4) 判断 X 和 Y 是否相互独立;　(5) $E(X)$.

八、设二维随机变量 (X,Y) 的联合密度函数为 $f(x,y) = \begin{cases} c e^{-y}, & 0 \leqslant x \leqslant y, \\ 0, & \text{其他}, \end{cases}$ 求：

(1) 常数 c;　(2) $P\{X \leqslant 1 - Y\}$;　(3) 边缘密度函数 $f_X(x), f_Y(y)$;

(4) 判断 X 和 Y 是否相互独立;　(5) $D(X)$.

概率论　　自测题一答案

一、填空题

1. $1-p$；　　　　2. 2；　　3. 3；　　4. 0.8；　　5. $\dfrac{1}{3}$；　　6. $\dfrac{1}{3}$；　　7. $\Phi(x)$，1．

二、选择题

1. D；　　　　　2. C；　　3. B；　　4. C；　　5. C；　　　　6. D.

三、解
$$P\{Y=-1\}=P\left\{X\leqslant\frac{2}{3}\right\}=\int_{-\infty}^{\frac{2}{3}}f(x)\mathrm{d}x=\int_{0}^{\frac{1}{2}}2x\mathrm{d}x+\int_{\frac{1}{2}}^{\frac{2}{3}}1\mathrm{d}x=\frac{5}{12}；$$

$$P\{Y=0\}=P\left\{\frac{2}{3}<X<\frac{5}{4}\right\}=\int_{\frac{2}{3}}^{\frac{5}{4}}f(x)\mathrm{d}x=\int_{\frac{2}{3}}^{1}1\mathrm{d}x+\int_{1}^{\frac{5}{4}}(3-2x)\mathrm{d}x=\frac{25}{48}；$$

$$P\{Y=1\}=P\left\{X\geqslant\frac{5}{4}\right\}=\int_{\frac{5}{4}}^{+\infty}f(x)\mathrm{d}x=\int_{\frac{5}{4}}^{\frac{3}{2}}(3-2x)\mathrm{d}x=\frac{1}{16}．$$

所以 Y 的分布列为

Y	-1	0	1
P	$\dfrac{5}{12}$	$\dfrac{25}{48}$	$\dfrac{1}{16}$

四、解　设 $A_1=$ "甲包装的产品"，$A_2=$ "乙包装的产品"，$B=$ "任取一件产品外包装无日期"．

$$P(A_1)=\frac{8}{18}，\quad P(A_2)=\frac{10}{18}，\quad P(B|A_1)=3\%，\quad P(B|A_2)=2\%．$$

(1) 由全概率公式得
$$P(B)=\sum_{i=1}^{2}P(A_i)P(B|A_i)=\frac{8}{18}\times3\%+\frac{10}{18}\times2\%=0.0244．$$

(2) 由贝叶斯公式得
$$P(A_2|B)=\frac{P(A_2)P(B|A_2)}{P(B)}=\frac{\dfrac{10}{18}\times2\%}{0.0244}=0.4554．$$

五、解　由题可知 $F_Y(y)=P\{Y\leqslant y\}=P\{3X\leqslant y\}=P\left\{X\leqslant\frac{y}{3}\right\}$．

当 $y\leqslant0$ 时，$F_Y(y)=0$；

当 $0<\dfrac{y}{3}\leqslant1$ 时，$F_Y(y)=\int_{0}^{\frac{y}{3}}2x\mathrm{d}x=\dfrac{y^2}{9}$；

当 $\dfrac{y}{3}>1$ 时，$F_Y(y)=1$．

所以 $f_Y(y) = F_Y'(y) = \begin{cases} \dfrac{2}{9}y, & 0 < y < 3, \\ 0, & \text{其他}. \end{cases}$

六、解 (1) $x \leqslant 0$ 时，$F(x) = \displaystyle\int_{-\infty}^{x} f(t)\mathrm{d}t = 0$；

$0 < x < 2$ 时，$F(x) = \displaystyle\int_{-\infty}^{x} f(t)\mathrm{d}t = \int_0^x \frac{3}{8}t^2\mathrm{d}t = \frac{1}{8}x^3$；

$x \geqslant 2$ 时，$F(x) = \displaystyle\int_{-\infty}^{x} f(t)\mathrm{d}t = \int_0^2 \frac{3}{8}t^2\mathrm{d}t = 1$.

所以 X 的分布函数为 $F(x) = \begin{cases} 0, & x \leqslant 0, \\ \dfrac{1}{8}x^3, & 0 < x < 2, \\ 1, & x \geqslant 2. \end{cases}$

(2) $E\left(\dfrac{1}{X^2}\right) = \displaystyle\int_{-\infty}^{+\infty} \frac{1}{x^2}f(x)\mathrm{d}x = \int_0^2 \frac{3}{8}\mathrm{d}x = \frac{3}{4}$.

(3) $P\{-1 < X < 3\} = \displaystyle\int_{-1}^{3} f(x)\mathrm{d}x = \int_0^2 \frac{3}{8}x^2\mathrm{d}x = 1$.

七、解 (1) $f_X(x) = \displaystyle\int_{-\infty}^{+\infty} f(x,y)\mathrm{d}y = \begin{cases} \displaystyle\int_0^\pi \frac{1}{4}\sin x \sin y\,\mathrm{d}y, & 0 \leqslant x \leqslant \pi, \\ 0, & \text{其他} \end{cases}$

$= \begin{cases} \dfrac{1}{2}\sin x, & 0 \leqslant x \leqslant \pi, \\ 0, & \text{其他}; \end{cases}$

$f_Y(y) = \displaystyle\int_{-\infty}^{+\infty} f(x,y)\mathrm{d}x = \begin{cases} \displaystyle\int_0^\pi \frac{1}{4}\sin x \sin y\,\mathrm{d}x, & 0 \leqslant y \leqslant \pi, \\ 0, & \text{其他} \end{cases}$

$= \begin{cases} \dfrac{1}{2}\sin y, & 0 \leqslant y \leqslant \pi, \\ 0, & \text{其他}. \end{cases}$

(2) $f(x,y) = f_X(x)f_Y(y)$，故 X, Y 相互独立.

(3) $E(X) = \displaystyle\int_{-\infty}^{+\infty}\int_{-\infty}^{+\infty} xf(x,y)\mathrm{d}x\mathrm{d}y = \int_0^\pi\left(\int_0^\pi x\frac{1}{4}\sin x \sin y\,\mathrm{d}x\right)\mathrm{d}y = \frac{\pi}{2}$；

$E(Y) = \displaystyle\int_{-\infty}^{+\infty}\int_{-\infty}^{+\infty} yf(x,y)\mathrm{d}x\mathrm{d}y = \int_0^\pi\left(\int_0^\pi y\frac{1}{4}\sin x \sin y\,\mathrm{d}x\right)\mathrm{d}y = \frac{\pi}{2}$；

$E(XY) = \displaystyle\int_{-\infty}^{+\infty}\int_{-\infty}^{+\infty} xyf(x,y)\mathrm{d}x\mathrm{d}y = \int_0^\pi\left(\int_0^\pi xy\frac{1}{4}\sin x \sin y\,\mathrm{d}x\right)\mathrm{d}y = \frac{\pi^2}{4}$.

概率论 自测题二答案

一、填空题

1. 0.5;　　　　2. $\dfrac{1}{4}$;　　　　3.

Y	-2	0	2
P	0.3	0.3	0.4

4. 1;　　　　5. 1;　　　　6. $N(-3,16)$;　　　　7. 7.

二、选择题

1. B;　　2. B;　　3. B;　　4. C;　　5. A;　　6. B;　　7. B.

三、解　设 $A_1=$ "取到甲厂的产品"，$A_2=$ "取到乙厂的产品"，$A_3=$ "取到丙厂的产品"，$B=$ "取到次品"，则

$$P(B\mid A_1)=\frac{1}{10},\quad P(B\mid A_2)=\frac{1}{15},\quad P(B\mid A_3)=\frac{1}{20},\quad P(A_1)=0.5,\quad P(A_2)=0.3,\quad P(A_3)=0.2.$$

(1)由全概率公式得

$$P(B)=\sum_{i=1}^{3}P(A_i)P(B\mid A_i)=0.5\times\frac{1}{10}+0.3\times\frac{1}{15}+0.2\times\frac{1}{20}=0.08.$$

(2) 由贝叶斯公式得

$$P(A_1\mid B)=\frac{P(A_1)P(B\mid A_1)}{P(B)}=\frac{0.5\times0.1}{0.08}=\frac{5}{8}.$$

四、解　$\Omega=\left\{(x,y)\,\middle|\,0<x\leqslant1,0<y\leqslant1\right\}$，令 $A=\left\{(x,y)\,\middle|\,y\leqslant x^2\right\}$. 则

$$P(A)=\frac{\int_0^1 x^2\mathrm{d}x}{S(\Omega)}=\frac{1}{3}.$$

五、解　(1) 因为 $\int_{-\infty}^{+\infty}f(x)\mathrm{d}x=1$，所以

$$\int_0^1 A\left(x^2+\frac{x}{3}\right)\mathrm{d}x=A\left(\frac{1}{3}x^3+\frac{1}{6}x^2\right)\Bigg|_0^1=\frac{A}{2}=1.\quad 即 A=2.$$

(2) 若 $x\leqslant0, F(x)=0$；若 $x\geqslant1, F(x)=1$；

若 $0<x<1, F(x)=\int_{-\infty}^{x}f(x)\mathrm{d}x=\int_0^x 2\left(t^2+\frac{t}{3}\right)\mathrm{d}t=\frac{2}{3}x^3+\frac{1}{3}x^2.$

所以 X 的分布函数为 $F(x)=\begin{cases}0, & x\leqslant0,\\ \dfrac{2}{3}x^3+\dfrac{1}{3}x^2, & 0<x<1,\\ 1, & x\geqslant1.\end{cases}$

(3) $P\left\{0<X<\dfrac{1}{2}\right\}=\int_0^{\frac{1}{2}}2\left(x^2+\frac{x}{3}\right)\mathrm{d}x=\frac{1}{6}.$

(4) $E\left(\dfrac{1}{X}\right)=\displaystyle\int_0^1\dfrac{1}{x}\cdot 2\left(x^2+\dfrac{x}{3}\right)\mathrm{d}x=\dfrac{5}{3}$.

六、解 (1)

Y	0	1
P	0.3	0.7

(2)

X \ Y	0	1
-1	0	0.4
0	0.3	0
1	0	0.3

(3) $F(0,0)=P\{X\leqslant 0,Y\leqslant 0\}=P\{X=0,Y=0\}=0.3$.

(4) $E(Y)=0\times 0.3+1\times 0.7=0.7$，$E(Y^2)=0^2\times 0.3+1^2\times 0.7=0.7$，

$D(-Y)=D(Y)=E(Y^2)-[E(Y)]^2=0.7-0.49=0.21$.

七、解 (1) 因为 $\displaystyle\int_{-\infty}^{+\infty}\int_{-\infty}^{+\infty}f(x,y)\mathrm{d}x\mathrm{d}y=1$，所以

$$\int_0^2\mathrm{d}x\int_0^1 cxy^2\mathrm{d}y=\dfrac{2c}{3}=1,\quad\text{因此}\quad c=\dfrac{3}{2}.$$

(2) $P\{X+Y\geqslant 1\}=\displaystyle\int_0^1\mathrm{d}y\int_{1-y}^2\dfrac{3}{2}xy^2\mathrm{d}x=\dfrac{39}{40}$.

(3) $f_X(x)=\displaystyle\int_{-\infty}^{+\infty}f(x,y)\mathrm{d}y=\begin{cases}\displaystyle\int_0^1\dfrac{3}{2}xy^2\mathrm{d}y,&0\leqslant x\leqslant 2,\\ 0,&\text{其他}\end{cases}=\begin{cases}\dfrac{x}{2},&0\leqslant x\leqslant 2,\\ 0,&\text{其他};\end{cases}$

$f_Y(y)=\displaystyle\int_{-\infty}^{+\infty}f(x,y)\mathrm{d}x=\begin{cases}\displaystyle\int_0^2\dfrac{3}{2}xy^2\mathrm{d}x,&0\leqslant y\leqslant 1,\\ 0,&\text{其他}\end{cases}=\begin{cases}3y^2,&0\leqslant y\leqslant 1,\\ 0,&\text{其他}.\end{cases}$

(4) 因为 $f(x,y)=f_X(x)f_Y(y)$，所以 X 和 Y 相互独立.

(5) $E(XY)=\displaystyle\int_{-\infty}^{+\infty}\int_{-\infty}^{+\infty}xyf(x,y)\mathrm{d}x\mathrm{d}y=\int_0^2\mathrm{d}x\int_0^1 xy\cdot\dfrac{3}{2}xy^2\mathrm{d}y=\int_0^2\dfrac{3}{8}x^2\mathrm{d}x=1$.

概率论　自测题三答案

一、填空题

1. 0.9;　　　　2. $\dfrac{A_7^5}{7^5}$;　　　　3. $\dfrac{1}{2}$;　　　　4. $\dfrac{80}{81}$;

5.

X	-1	0	1
P	0.2	0.4	0.4

6. $\dfrac{1}{2}$;　　　　7. 3;　　　　8. $\dfrac{25}{3}$.

二、选择题

1. C;　　2. B;　　3. D;　　4. A;　　5. A;　　6. A;　　7. A.

三、解　设 A_1 表示工人已经参加培训, A_2 表示工人未受到培训, B 表示工人完成生产任务.

$$P(A_1)=0.8, \quad P(A_2)=0.2, \quad P(B|A_1)=0.86, \quad P(B|A_2)=0.35.$$

(1) 根据全概率公式 $P(B)=\sum_{i=1}^{2}P(A_i)P(B|A_i)=0.8\times0.86+0.2\times0.35=0.758.$

(2) 由贝叶斯公式 $P(A_1|B)=\dfrac{P(A_1B)}{P(B)}=\dfrac{0.8\times0.86}{0.758}=0.908.$

四、解　(1) Y 的分布列为

Y	0	1	4
P	0.3	0.4	0.3

Y 的分布函数为

$$F(y)=P\{Y\leqslant y\}=\begin{cases}0, & y<0,\\ 0.3, & 0\leqslant y<1,\\ 0.7, & 1\leqslant y<4,\\ 1, & y\geqslant 4.\end{cases}$$

(2) (X,Y) 的联合分布列为

X ＼ Y	0	1	4
-1	0	0.2	0
0	0.3	0	0
1	0	0.2	0
2	0	0	0.3

(3) $P\{Y \leqslant 2 | X > 1\} = \dfrac{P\{X > 1, Y \leqslant 2\}}{P\{X > 1\}} = \dfrac{0.2}{0.2 + 0.3} = \dfrac{2}{5}$.

五、解　(1) $F(+\infty) = \lim\limits_{x \to +\infty}(A + B\mathrm{e}^{-2x}) = A = 1$ ，所以 $A = 1$.

　　$F(x)$ 在 0 点右连续，即 $\lim\limits_{x \to 0^+} F(x) = F(0)$ ，从而 $1 + B = 0$ ，所以 $B = -1$ ，即

$$F(x) = \begin{cases} 1 - \mathrm{e}^{-2x}, & x > 0, \\ 0, & x \leqslant 0. \end{cases}$$

(2) $P\{-1 < X < 1\} = F(1) - F(-1) = 1 - \mathrm{e}^{-2}$.

(3) $f(x) = F'(x) = \begin{cases} 2\mathrm{e}^{-2x}, & x \geqslant 0, \\ 0, & x < 0. \end{cases}$

六、解　(1) 因为 $\int_{-\infty}^{+\infty} f(x)\mathrm{d}x = 1$ ，所以 $\int_0^2 Ax^2\mathrm{d}x = \left.\dfrac{A}{3}x^3\right|_0^2 = \dfrac{8A}{3} = 1$ ，故 $A = \dfrac{3}{8}$.

(2) $F(x) = \int_{-\infty}^{x} f(t)\mathrm{d}t$ ；当 $x \leqslant 0$ 时，$F(x) = 0$ ；

当 $0 < x < 2$ 时，$F(x) = \int_0^x \dfrac{3}{8}t^2\mathrm{d}t = \left.\dfrac{1}{8}t^3\right|_0^x = \dfrac{1}{8}x^3$ ；

当 $x \geqslant 2$ 时，$F(x) = 1$.

所以 X 的分布函数为　$F(x) = \begin{cases} 0, & x \leqslant 0, \\ \dfrac{1}{8}x^3, & 0 < x < 2, \\ 1, & x \geqslant 2. \end{cases}$

(3) $P\{0 < X < 1\} = \int_0^1 f(x)\mathrm{d}x = \int_0^1 \dfrac{3}{8}x^2\mathrm{d}x = \dfrac{1}{8}$.

(4) $E\left(\dfrac{1}{X}\right) = \int_{-\infty}^{+\infty} \dfrac{1}{x} \cdot f(x)\mathrm{d}x = \int_0^2 \dfrac{1}{x} \cdot \dfrac{3}{8}x^2\mathrm{d}x = \dfrac{3}{4}$.

七、解　(1)

X \ Y	1	2	3
1	0	1/6	1/12
2	1/6	1/6	1/6
3	1/12	1/6	0

(2)

X	1	2	2
P	1/4	1/2	1/4

Y	1	2	3
P	1/4	1/2	1/4

(3) $F(2,3) = P\{X \leqslant 2, Y \leqslant 3\} = \dfrac{1}{6} + \dfrac{1}{12} + \dfrac{1}{6} + \dfrac{1}{6} = 3/4$.

(4) $P\{X = 1, Y = 1\} \neq P\{X = 1\} \cdot P\{Y = 1\}$ ，所以 X 与 Y 不相互独立.

(5) $E(X) = 1 \times \dfrac{1}{4} + 2 \times \dfrac{1}{2} + 3 \times \dfrac{1}{4} = 2$.

八、解　(1) 由 $\displaystyle\int_{-\infty}^{+\infty}\int_{-\infty}^{+\infty} f(x,y)\mathrm{d}x\mathrm{d}y = 1$ 知,

$$\int_0^{+\infty}\left(\int_x^{+\infty} c\mathrm{e}^{-y}\mathrm{d}y\right)\mathrm{d}x = \int_0^{+\infty} c\mathrm{e}^{-x}\mathrm{d}x = -c\mathrm{e}^{-x}\Big|_0^{+\infty} = c = 1 ,$$

所以 $c = 1$.

(2) $P\{X \leqslant 1-Y\} = \displaystyle\iint\limits_{\{(x,y)|x+y\leqslant 1\}} f(x,y)\mathrm{d}x\mathrm{d}y = \int_0^{\frac{1}{2}}\left(\int_x^{1-x} \mathrm{e}^{-y}\mathrm{d}y\right)\mathrm{d}x$

$$= \int_0^{\frac{1}{2}}(\mathrm{e}^{-x} - \mathrm{e}^{x-1})\mathrm{d}x = 1 + \mathrm{e}^{-1} - 2\mathrm{e}^{-\frac{1}{2}} .$$

(3) 随机变量 X 的边缘概率密度函数为

$$f_X(x) = \int_{-\infty}^{+\infty} f(x,y)\mathrm{d}y = \begin{cases} \displaystyle\int_x^{+\infty} \mathrm{e}^{-y}\mathrm{d}y, & x \geqslant 0, \\ 0, & \text{其他} \end{cases} = \begin{cases} \mathrm{e}^{-x}, & x \geqslant 0, \\ 0, & \text{其他}. \end{cases}$$

同理随机变量 Y 的边缘概率密度函数为

$$f_Y(y) = \int_{-\infty}^{+\infty} f(x,y)\mathrm{d}x = \begin{cases} \displaystyle\int_0^{y} \mathrm{e}^{-y}\mathrm{d}x, & y \geqslant 0, \\ 0, & \text{其他} \end{cases} = \begin{cases} y\mathrm{e}^{-y}, & y \geqslant 0, \\ 0, & \text{其他}. \end{cases}$$

(4) 因为 $f(x,y) \neq f_X(x) \cdot f_Y(y)$,故随机变量 X 与随机变量 Y 不独立.

(5) 　　　$E(X) = \displaystyle\int_{-\infty}^{+\infty}\int_{-\infty}^{+\infty} x \cdot f(x,y)\mathrm{d}x\mathrm{d}y = \int_0^{+\infty}\left(\int_x^{+\infty} x\mathrm{e}^{-y}\mathrm{d}y\right)\mathrm{d}x = \int_0^{+\infty} x\mathrm{e}^{-x}\mathrm{d}x = 1;$

$$E(X^2) = \int_{-\infty}^{+\infty}\int_{-\infty}^{+\infty} x^2 \cdot f(x,y)\mathrm{d}x\mathrm{d}y = \int_0^{+\infty}\left(\int_x^{+\infty} x^2\mathrm{e}^{-y}\mathrm{d}y\right)\mathrm{d}x = \int_0^{+\infty} x^2\mathrm{e}^{-x}\mathrm{d}x = 2;$$

$$D(X) = E(X^2) - [E(X)]^2 = 2 - 1 = 1 .$$

概率论与数理统计 自测题一

一、填空题

1. 设事件 A, B 互不相容, $P(A) = 0.3$, $P(B) = 0.6$, 则 $P(A \cup B) = $_____.

2. 某射手在三次射击中至少命中一次的概率为 0.875, 则这个射手在一次射击中命中的概率为_____.

3. 若在区间 $(0,1)$ 内任意取两个数, 则这两个数之和小于 $\dfrac{1}{2}$ 的概率为_____.

4. 设 X 服从区间 $(0,2)$ 上的均匀分布, 则 X 的概率密度函数为_____.

5. 设随机变量 X 与 Y 相互独立, 且分布列如下

X	0	1
P	1/2	1/2

Y	2	3
P	1/3	2/3

则 (X, Y) 的联合分布列为_____.

6. 设 $\hat{\theta}_1, \hat{\theta}_2, \hat{\theta}_3$ 分别是总体分布中参数 θ 的无偏估计量, $\hat{\theta} = \alpha \hat{\theta}_1 - \hat{\theta}_2 + 3\hat{\theta}_3$, 当 $\alpha = $_____时, $\hat{\theta}$ 也是 θ 的无偏估计量.

二、选择题

1. 设随机变量 X 的概率分布为 $P\{X = k\} = \dfrac{k}{15}, k = 1,2,3,4,5$, 则 $P\{1 < X < 4\}$ 的值是(   ).

A. $\dfrac{3}{5}$;   B. $\dfrac{1}{3}$;   C. $\dfrac{2}{3}$;   D. $\dfrac{4}{5}$.

2. 若函数 $f(x)$ 是一随机变量 X 的概率密度函数, 则(   )一定成立.

A. $f(x)$ 的定义域是 $[0,1]$;   B. $f(x)$ 在 $(-\infty, \infty)$ 内连续;

C. $f(x)$ 的值域为 $[0,1]$;   D. $f(x)$ 为非负.

3. 设随机变量 X 与 Y 独立同分布, X 的分布列为

X	0	1
P	1/4	3/4

则下列式子正确的是(   ).

A. $X = Y$;   B. $P\{X = Y\} = 1$;

C. $P\{X=Y\}=\dfrac{5}{8}$; D. $P\{X=Y\}=0$.

4. 设随机变量 X 服从 (a,b) 上的均匀分布, 且 $E(X)=2$, $D(X)=\dfrac{1}{3}$, 则 a,b 分别为 ( ).

A. $a=1,b=2$; B. $a=1,b=3$;

C. $a=-1,b=5$; D. $a=2,b=4$.

5. 设 $X\sim N(1,3^2)$, $Y\sim N(0,4^2)$, 且 $\rho_{XY}=\dfrac{1}{2}$, 则 $\mathrm{cov}(X,Y)=($).

A. 24; B. $\dfrac{1}{6}$; C. 6; D. $\dfrac{1}{24}$.

6. 在假设检验问题中, 犯第一类错误的概率 α 的意义是 ( ).

A. 在 H_0 不成立的条件下, 经检验 H_0 被拒绝的概率;

B. 在 H_0 不成立的条件下, 经检验 H_0 被接受的概率;

C. 在 H_0 成立的条件下, 经检验 H_0 被拒绝的概率;

D. 在 H_0 成立的条件下, 经检验 H_0 被接受的概率.

7. 设总体 $X\sim N(\mu,\sigma^2)$, $(X_1,X_2,\cdots,X_n)$ 为简单随机样本, 则统计量( )是 σ^2 的无偏估计量.

A. $\dfrac{1}{n}\sum_{i=1}^{n}\left(X_i-\bar{X}\right)^2$; B. $\dfrac{1}{n-1}\sum_{i=1}^{n}\left(X_i-\bar{X}\right)^2$;

C. $\dfrac{1}{n}\sum_{i=1}^{n}\left(X_i-\mu\right)^2$; D. $\dfrac{1}{n-1}\sum_{i=1}^{n}\left(X_i-\mu\right)^2$.

8. 设 $X\sim\chi^2(m)$, $Y\sim\chi^2(n)$, 且 X 与 Y 相互独立, 则统计量 $\dfrac{X/m}{Y/n}$ 服从( )分布.

A. $F(m,n)$; B. $F(n,m)$; C. $F(m-1,n-1)$; D. $F(n-1,m-1)$.

三、从以往的资料分析得知, 在出口罐头导致索赔的事件中, 有 50%是质量问题, 有 30%是数量短缺问题, 有 20% 是产品包装问题. 又知在质量问题的争议中, 经过协商解决的占 40%; 在数量短缺问题的争议中, 经过协商解决的占 60%; 在产品包装问题的争议中, 经过协商解决的占 75%. 如果在发生的索赔事件中, 经过协商解决了, 求这一事件不属于质量问题的概率.

四、设随机变量 X 的概率密度函数为 $f(x)=\begin{cases}k(3+2x), & x\in(2,4), \\ 0, & \text{其他,}\end{cases}$ 求:

(1) k 的值; (2) X 的分布函数 $F(x)$; (3) $P\{1<X\leqslant 3\}$.

五、设随机变量 X 的概率分布列为

X	-1	0	3
P	$2a$	$2a$	a

求:

(1) 常数 a 的值;　(2) X 的分布函数;　(3) $P\left\{-1 \leqslant X \leqslant \dfrac{3}{2}\right\}$;　(4) $Y = (X-1)^2$ 的分布列.

六、设二维随机变量 (X, Y) 的联合概率密度函数为 $f(x, y) = \begin{cases} Cxy^2, & 0 < x < y < 1, \\ 0, & \text{其他.} \end{cases}$

(1) 求常数 C;　　　　　　　　(2) 求 X 和 Y 的边缘概率密度函数 $f_X(x)$, $f_Y(y)$;

(3) 判断 X 和 Y 是否独立;　　(4) 求 $E(XY)$.

七、设 $(X_1, \cdots, X_n)$ 为总体 X 的样本, $(x_1, \cdots, x_n)$ 为一组相应的样本观测值, 总体 X 具有概率密度 $f(x) = \begin{cases} \theta c^\theta x^{-(\theta+1)}, & x > c, \\ 0, & \text{其他,} \end{cases}$ 其中 $c(c>0)$ 已知, $\theta(\theta>1)$ 为未知参数. 求:

(1) θ 的矩估计量;　(2) θ 的最大似然估计量.

八、已知某炼铁厂生产的铁水含碳量正常情况下服从正态分布 $N(4.55, 10.8^2)$, 现在测了 5 炉铁水, 其含碳量为

　　　　　　　4.28　　4.40　　4.42　　4.35　　4.37

若方差没有变化, 问总体均值是否有显著变化? ($\alpha = 0.05$, $u_{0.025} = 1.96$, $t_{0.025}(4) = 2.7764$)

概率论与数理统计 自测题二

一、填空题

1. 已知 $P(A) = 0.4$，$P(A-B) = 0.2$，则 $P(\overline{AB}) = $ _____.

2. 袋中装有标号为 $1,2,\cdots,10$ 的 10 个小球，从袋中任取一球，则这个球的标号小于等于 4 的概率为 _____.

3. 向一圆形区域 $D = \{(x,y) \mid x^2 + y^2 \leqslant 1\}$ 内任意投掷一石子，则石子落入区域 $G = \left\{(x,y) \Big| x^2 + y^2 \leqslant \dfrac{1}{2}\right\}$ 的概率为 _____.

4. 已知离散型随机变量 X 的分布函数 $F(x) = \begin{cases} 0, & x < 1, \\ \dfrac{1}{4}, & 1 \leqslant x < 2, \\ \dfrac{3}{8}, & 2 \leqslant x < 3, \\ 1, & x \geqslant 3, \end{cases}$ 则 $P\{X = 2\} = $ _____.

5. 设随机变量 X 服从泊松分布，且 $P\{X \leqslant 1\} = 4P\{X = 2\}$，则 $P\{X = 3\} = $ _____.

6. 设随机变量 $X \sim P(4)$，$Y \sim P(9)$，且 $\rho_{XY} = -\dfrac{1}{2}$，则 $\mathrm{cov}(X,Y) = $ _____.

7. 已知随机变量 X 满足 $E(X) = 0, D(X) = 1$，由切比雪夫不等式估计 $P\{|X| > 2\} \leqslant $ _____.

8. 设总体 X 的期望为 μ，(X_1, X_2, X_3) 为来自总体的样本，$\hat{\mu} = kX_1 + 3X_2 + (2-2k)X_3$ 是 μ 的无偏估计，则 $k = $ _____.

9. 设 $(X_1, X_2, \cdots, X_n)$ 为来自总体 $N(0,1)$ 的一个样本，则 $\sum\limits_{i=1}^{n} X_i^2 \sim$ _____.

二、选择题

1. 设 A, B, C 是三个事件，下列各式正确的是(   ).

A. $ABC = AB(C \cup B)$；　　　　　B. $\overline{A \cup B \cup C} = \overline{A}\,\overline{B}\,\overline{C}$；

C. $(A \cup B) - A = B$；　　　　　D. $(\overline{A \cup B})C = (\overline{A}C) \cup (\overline{B}C)$.

2. 设事件 A 与 B 互不相容，则必有(   ).

A. $P(\overline{A}B) = P(\overline{A})P(B)$；　　　　B. $P(\overline{A}B) = P(\overline{A}) - P(B)$；

C. $P(\overline{A}B) = P(B) - P(A)$；　　　　D. $P(\overline{A}B) = P(B)$.

3. 设随机变量 $X \sim N(2,4), Y \sim N(-1,0.25)$，且 X 与 Y 相互独立，则 $Z = X - 2Y \sim$ (　　).

    A. $N(7,2)$；   B. $N(7,5)$；   C. $N(4,5)$；   D. $N(4,9)$.

4. 设每次试验成功的概率为 p，进行 n 次独立重复试验，则至少成功一次的概率为(　　).

    A. $1 - (1-p)^n$；   B. $(1-p)^n$；   C. $np(1-p)^{n-1}$；   D. $1 - p^n$.

5. 二维随机变量 (X,Y) 的联合概率密度函数 $f(x,y) = \begin{cases} xy, & 0 < x < 2, 0 < y < 1, \\ 0, & \text{其他}, \end{cases}$ 则 $E(X) = ($　　$)$.

    A. $\int_0^2 \int_0^1 x^2 y \mathrm{d}x\mathrm{d}y$； B. $\int_0^2 \int_0^1 xy \mathrm{d}x\mathrm{d}y$； C. $\int_0^{+\infty} \int_0^{\infty} xy \mathrm{d}x\mathrm{d}y$； D. $\int_0^{+\infty} \int_0^{+\infty} x^2 y \mathrm{d}x\mathrm{d}y$.

6. 设二维随机变量 (X,Y) 的分布列为

Y \ X	0	1
0	0.1	0.1
1	a	b

且 X 与 Y 相互独立，则下列结论正确的是(　　).

    A. $a = 0.2, b = 0$；   B. $a = 0.1, b = 0.9$；

    C. $a = 0.4, b = 0.4$；   D. $a = 0.6, b = 0.2$.

7. 设 x_α 为连续型随机变量 X 的上侧 α 分位数，则 $P\{X > x_\alpha\} = ($　　$)$.

    A. α；   B. $1 - \alpha$；   C. 0；   D. 1.

8. 设随机变量序列 $X_1, X_2, \cdots, X_n, \cdots$ 相互独立且同分布，$E(X_i) = \mu$，$i = 1, 2, \cdots$，则对于任意的 $\varepsilon > 0$，$\lim\limits_{n \to +\infty} P\left\{ \left| \dfrac{1}{n} \sum\limits_{i=1}^n X_i - \mu \right| < \varepsilon \right\} = ($　　$)$.

    A. 0;   B. 1;   C. $\Phi(x)$；   D. $N(0,1)$.

9. 设总体 $X \sim N(\mu, 2^2)$，其中 μ 未知，$(X_1, X_2, \cdots, X_n)$ 为来自总体的样本，样本均值为 $\overline{X}$，样本方差为 S^2，则下列各式中不是统计量的是(　　).

    A. $2\overline{X}$；   B. $\dfrac{S^2}{4}$；   C. $\dfrac{\overline{X} - \mu}{2}$；   D. $\dfrac{(n-1)S^2}{4}$.

三、设连续型随机变量 X 的密度函数为 $f(x) = \begin{cases} kx + c, & 0 \leqslant x \leqslant 2, \\ 0, & \text{其他}, \end{cases}$ 且 $E(3X + 2) = 6$. 求:

    (1) 常数 k, c；   (2) $P(|2X - 1| < 2)$；   (3) X 的分布函数 $F(x)$；   (4) X 的方差 $D(X)$.

四、设二维随机变量 (X,Y) 的联合概率密度函数为

$$f(x,y)=\begin{cases}kxy, & 0\leqslant x\leqslant 1, 0\leqslant y\leqslant 1,\\ 0, & \text{其他}.\end{cases}$$

求: (1) 常数 k; (2) X 和 Y 的边缘概率密度函数 $f_X(x)$, $f_Y(y)$; (3) 判断 X 与 Y 的独立性; (4) $P\{X+Y\leqslant 1\}$.

五、设二维随机变量 (X,Y) 联合分布列为

X \ Y	0	1	2
0	0.1	a	0.1
1	0.1	0.3	b

已知 $E(XY)=0.3$, 求:

(1) a 和 b; (2) X 和 Y 的边缘分布列; (3) $P\{X<1|Y\leqslant 1\}$; (4) $D(X+Y)$.

六、 设总体的概率密度函数为 $f(x)=\begin{cases}\theta x^{\theta-1}, & 0<x<1,\\ 0, & \text{其他}\end{cases}$ ($\theta>0$ 未知), 求:

(1) θ 的矩估计量; (2) θ 的最大似然估计值.

七、设工厂有甲、乙、丙三台机器生产螺丝钉, 甲、乙、丙的产量分别占总产量的 25%, 35%, 40%, 次品率分别为 4%, 2%, 2%, 现在从总产品中任取一个螺丝钉, 求:

(1) 取到的螺丝钉是次品的概率; (2) 此次品是甲机器生产的概率.

八、机器生产垫圈的厚度服从正态分布, 以往一台机器生产的垫圈平均厚度为 0.05cm. 为了检验这台机器是否处于正常工作状态, 现取 10 个垫圈的一组样本, 测得其平均厚度为 0.053cm, 样本方差为 0.0032^2cm^2, 在显著性水平 $\alpha=0.05$ 的条件下, 检验机器是否处于正常工作状态. ($t_{0.025}(9)=2.26$, $\sqrt{10}=3.16$)

概率论与数理统计　自测题三

一、填空题

1. 已知事件 A，B 相互独立，$P(A)=0.3$，$P(B)=0.2$，则 $P(A\bigcup B)=$ _____.

2. 设随机变量 X 的分布列为 $P\{X=k\}=\dfrac{c}{k}, k=2,4,8$，则常系数 $c=$ _____.

3. 带活动门的小盒子中有采自同一巢的 20 只工蜂和 10 只雄蜂，现随机地放出 3 只做试验，则其中有 2 只工蜂的概率为_____.

4. 已知随机变量 X 满足 $E(X)=1, D(X)=2$，由切比雪夫不等式估计 $P\{|X-1|\leqslant 4\}\geqslant$ _____.

5. 已知离散型随机变量 X 的分布列为

X	-1	0	1	2
P	0.1	0.2	0.3	0.4

则 $Y=2X^2-1$ 的概率分布列为_____.

6. 设 X 与 Y 为随机变量，$D(X)=25, D(Y)=36, \rho_{XY}=0.4$，则 $D(X+Y)=$ _____.

7. 设随机变量 $X\sim N(-3,1)$，$Y=2X+1$，则 $Y\sim$ _____.

8. 设随机变量序列 $X_1,X_2,\cdots,X_n,\cdots$ 相互独立且服从参数为 p 的 0-1 分布，则

$$\lim_{n\to+\infty}P\left\{\dfrac{\sum\limits_{i=1}^{n}X_i-np}{\sqrt{np(1-p)}}\leqslant x\right\}=$$ _____.

9. 设随机变量 $X\sim U(0,5)$，则关于 x 的方程 $4x^2+4Xx+X+2=0$ 有实根的概率为_____.

10. 已知随机变量 X 的分布函数 $F(x)=\begin{cases} 0, & x<-2, \\ \dfrac{1}{3}, & -2\leqslant x<0, \\ \dfrac{5}{6}, & 0\leqslant x<1, \\ 1, & x\geqslant 1, \end{cases}$ 则 X 的分布列为_____.

二、选择题

1. 设 A,B 为随机事件，$P(B)>0$，$P(A|B)=1$，则必有(　　).

A. $P(A\bigcup B)=P(A)$；　　　　　　　B. $A\supset B$；

C. $P(A)=P(B)$；　　　　　　　　　　D. $P(A)=P(AB)$.

2. 设随机变量 $X \sim B\left(9, \frac{1}{3}\right)$，则 $P\{X \geqslant 1\} = ($).

A. $1 - \left(\frac{2}{3}\right)^9$;　　B. $\left(\frac{2}{3}\right)^9$;　　C. $1 - \left(\frac{1}{3}\right)^9$;　　D. $\left(\frac{1}{3}\right)^9$.

3. 设随机变量 X 与 Y 相互独立，下列正确的是( ).

A. $D(X - Y) = D(X) - D(Y)$;　　B. $D(X + Y) = D(X) + D(Y)$;

C. $D(XY) = D(X)D(Y)$;　　D. $D(aX + bY) = aD(X) + bD(Y)$.

4. 设总体 $X \sim N(\mu, \sigma^2)$，其中 μ, σ^2 均未知，$(X_1, X_2, \cdots, X_n)$ 为来自总体的样本，样本均值为 $\overline{X}$，样本方差为 S^2，则下列各式中是统计量的为( ).

A. $2\overline{X}$;　　B. $\frac{1}{n}\sum_{i=1}^{n}\left(\frac{X_i - \mu}{\sigma}\right)^2$;　　C. $\frac{\overline{X} - \mu}{\sigma / \sqrt{n}}$;　　D. $\frac{(n-1)S^2}{\sigma^2}$.

5. 设 $(X_1, X_2, \cdots, X_n)$ 为总体 $X \sim N(\mu, \sigma^2)$ 的样本，$\overline{X} = \frac{1}{n}\sum_{i=1}^{n} X_i$ 为样本均值，则下列说法正确的是( ).

A. $\overline{X} \sim N(\mu, \sigma^2)$;　　B. $\overline{X} \sim N(n\mu, n\sigma^2)$;

C. $\overline{X} \sim N\left(\mu, \frac{\sigma^2}{n}\right)$;　　D. $\overline{X} \sim N(0, 1)$.

6. 设总体 X 的期望为 μ，(X_1, X_2) 为来自该总体的样本，则下列 μ 的估计中最有效的无偏估计是( ).

A. $\hat{\mu} = \frac{1}{2}X_1 + \frac{1}{2}X_2$;　　B. $\hat{\mu} = \frac{1}{3}X_1 + \frac{2}{3}X_2$;

C. $\hat{\mu} = \frac{1}{4}X_1 + \frac{3}{4}X_2$;　　D. $\hat{\mu} = \frac{2}{5}X_1 + \frac{3}{5}X_2$.

三、甲、乙两个地区爆发了某种流行病，这两个地区的居民感染此病的比例分别为 4%，6%，现从这两个地区中随机抽取一地区，再从中随机抽取一人，若此人感染此病，求其来自乙地区的概率.

四、设二维随机变量 (X, Y) 的联合密度函数为

$$f(x, y) = \begin{cases} \dfrac{1}{8}(6 - x - y), & 0 < x < 2, 2 < y < 4, \\ 0, & \text{其他.} \end{cases}$$

求：(1) X，Y 的边缘密度函数 $f_X(x)$，$f_Y(y)$；　(2) 判断 X 与 Y 是否相互独立.

五、设随机变量 X 的概率密度为 $f(x) = \begin{cases} ax + 1, & 0 \leqslant x \leqslant 2, \\ 0, & \text{其他,} \end{cases}$　求：

(1) a 的值；　(2) X 的分布函数；　(3) $P\{X > 1\}$；　(4) $E(X^2)$.

六、设随机变量 (X, Y) 的联合概率分布列为

X \ Y	−1	0	1
−1	$\frac{1}{8}$	$\frac{1}{8}$	$\frac{1}{8}$
0	$\frac{1}{8}$	0	$\frac{1}{8}$
1	$\frac{1}{8}$	$\frac{1}{8}$	$\frac{1}{8}$

(1) 判断 X 与 Y 是否相关; (2) 判断 X 与 Y 是否相互独立.

七、设总体 X 的分布列为 $P\{X = x\} = \theta(1-\theta)^{x-1}, x = 1, 2, \cdots$，其中 θ ($0 < \theta < 1$)为未知参数, $(X_1, X_2, \cdots, X_n)$ 为来自总体 X 的简单随机样本, 求:

(1) θ 的矩估计量; (2) θ 的最大似然估计量.

八、已知某种口服药存在使服用者收缩压(高压)增高的副作用. 临床统计表明, 在服用此药的人群中收缩压的增高值服从均值为 $\mu_0 = 22$ (单位: mmHg, 毫米汞柱)的正态分布. 现在研制了一种新的代替药品, 并对一批志愿者进行了临床试验. 现在从该批志愿者中随机抽取16人测量收缩压增高值, 计算得到样本均值 $\bar{x} = 19.5$mmHg, 样本标准差 $s = 5.2$mmHg. 试问这组临床试验的样本数据能否支持"新的替代药品比原药品副作用小"这一结论. ($\alpha = 0.05$, $t_{0.05}(15) = 1.753$)

概率论与数理统计 自测题一答案

一、填空题

1. 0.9;　　　　　2. 0.5;　　　　　3. $\dfrac{1}{8}$;　　　　　4. $f(x)=\begin{cases}\dfrac{1}{2}, & 0\leqslant x\leqslant 2, \\ 0, & \text{其他;}\end{cases}$

5.

X ＼ Y	2	3
0	1/6	1/3
1	1/6	1/3

6. -1.

二、选择题

1. B;　　　2. D;　　　3. C;　　　4. B;　　　5. C;　　　6. C;　　　7. B;　　　8. A.

三、解　设 $A_1=$ "事件属于质量问题"，$A_2=$ "事件属于数量短缺问题"，$A_3=$ "事件属于产品包装问题". $B=$ "事件经过协商解决"，则 $P(A_1)=0.5$，$P(A_2)=0.3$，$P(A_3)=0.2$，$P(B|A_1)=0.4$，$P(B|A_2)=0.6$，$P(B|A_3)=0.75$.

由贝叶斯公式，得

$$P(A_1|B)=\frac{P(A_1)P(B|A_1)}{P(A_1)P(B|A_1)+P(A_2)P(B|A_2)+P(A_3)P(B|A_3)}$$

$$=\frac{0.5\times0.4}{0.5\times0.4+0.3\times0.6+0.2\times0.75}=\frac{20}{53}.$$

$$P(\overline{A_1}|B)=1-P(A_1|B)=1-\frac{20}{53}=\frac{33}{53}.$$

四、解　(1) 由于 $\int_{-\infty}^{+\infty}f(x)\mathrm{d}x=1$. 所以

$$\int_{-\infty}^{2}0\mathrm{d}x+\int_{2}^{4}k(3+2x)\mathrm{d}x+\int_{4}^{+\infty}0\mathrm{d}x=18k=1. \qquad \text{故}\qquad k=\frac{1}{18}.$$

(2) $F(x)=\int_{-\infty}^{x}f(t)\mathrm{d}t$.

当 $x\leqslant 2$ 时，$F(x)=\int_{-\infty}^{x}f(t)\mathrm{d}t=\int_{-\infty}^{x}0\mathrm{d}t=0$.

当 $2<x<4$ 时，$F(x)=\int_{-\infty}^{x}f(t)\mathrm{d}t=\int_{-\infty}^{2}0\mathrm{d}t+\int_{2}^{x}\frac{1}{18}(3+2t)\mathrm{d}t=\frac{1}{18}(x^2+3x-10)$.

当 $x\geqslant 4$ 时，$F(x)=\int_{-\infty}^{x}f(t)\mathrm{d}t=\int_{-\infty}^{2}0\mathrm{d}t+\int_{2}^{4}\frac{1}{18}(3+2t)\mathrm{d}t+\int_{4}^{x}0\mathrm{d}t=1$.

所以 X 的分布函数为 $F(x)=\begin{cases}0, & x\leqslant 2, \\ \dfrac{1}{18}(x^2+3x-10), & 2<x<4, \\ 1, & x\geqslant 4.\end{cases}$

(3) $P\{1 < X \leqslant 3\} = F(3) - F(1) = \dfrac{4}{9}$.

五、解 (1) $2a + 2a + a = 1$，$a = 0.2$．所以 X 的分布列为

X	-1	0	3
P	0.4	0.4	0.2

(2) 当 $x < -1$ 时，$F(x) = P(X \leqslant x) = 0$．

当 $-1 \leqslant x < 0$ 时，$F(x) = P\{X \leqslant x\} = P\{X = -1\} = 0.4$．

当 $0 \leqslant x < 3$ 时，$F(x) = P\{X \leqslant x\} = P\{X = -1\} + P\{X = 0\} = 0.8$．

当 $x \geqslant 3$ 时，$F(x) = P\{X \leqslant x\} = P\{X = -1\} + P\{X = 0\} + P\{X = 3\} = 1$．

所以 X 的分布函数为 $F(x) = \begin{cases} 0, & x < -1, \\ 0.4, & -1 \leqslant x < 0, \\ 0.8, & 0 \leqslant x < 3, \\ 1, & x \geqslant 3. \end{cases}$

(3) $P\left\{-1 \leqslant X \leqslant \dfrac{3}{2}\right\} = P\{X = -1\} + P\{X = 0\} = 0.8$.

(4) $Y = (X - 1)^2$ 的分布列为

Y	1	4
P	0.4	0.6

六、解 (1) $1 = \displaystyle\int_{-\infty}^{+\infty} \int_{-\infty}^{+\infty} f(x, y)\mathrm{d}x\mathrm{d}y = \int_0^1 \left(\int_0^y Cxy^2 \mathrm{d}x \right)\mathrm{d}y = \int_0^1 \dfrac{C}{2} y^4 \mathrm{d}y = \dfrac{C}{10}$．所以 $C = 10$．

(2) $f_X(x) = \displaystyle\int_{-\infty}^{+\infty} f(x, y)\mathrm{d}y = \begin{cases} \displaystyle\int_x^1 10xy^2 \mathrm{d}y, & 0 < x < 1, \\ 0, & \text{其他} \end{cases} = \begin{cases} \dfrac{10}{3}x(1 - x^3), & 0 < x < 1, \\ 0, & \text{其他}. \end{cases}$

$f_Y(y) = \displaystyle\int_{-\infty}^{+\infty} f(x, y)\mathrm{d}x = \begin{cases} \displaystyle\int_0^y 10xy^2 \mathrm{d}x, & 0 < y < 1, \\ 0, & \text{其他} \end{cases} = \begin{cases} 5y^4, & 0 < y < 1, \\ 0, & \text{其他}. \end{cases}$

(3) 因为 $f_X(x) f_Y(y) \neq f(x, y)$，所以 X 和 Y 不相互独立．

(4) $E(XY) = \displaystyle\int_{-\infty}^{+\infty} \int_{-\infty}^{+\infty} xy \cdot f(x, y)\mathrm{d}x\mathrm{d}y = \int_0^1 \left(\int_0^y xy \cdot 10xy^2 \mathrm{d}x \right)\mathrm{d}y = \int_0^1 \dfrac{10}{3} y^6 \mathrm{d}y = \dfrac{10}{21}$．

七、解 (1) $E(X) = \displaystyle\int_c^{+\infty} x \cdot \theta c^\theta x^{-(\theta+1)}\mathrm{d}x = \theta c^\theta \int_c^{+\infty} x^{-\theta}\mathrm{d}x = \dfrac{\theta c}{\theta - 1}$，令 $\dfrac{\theta c}{\theta - 1} = \overline{X}$，解得 θ 的矩估计量为

$$\hat{\theta} = \dfrac{\overline{X}}{\overline{X} - c}.$$

(2) 样本的似然函数为

$$L(\theta) = \prod_{i=1}^n f(x_i) = \prod_{i=1}^n \theta c^\theta x_i^{-(\theta+1)} = \theta^n c^{n\theta} \prod_{i=1}^n x_i^{-(\theta+1)}, \quad x_i > c,$$

当 $L(\theta) \neq 0$ 时，对 $L(\theta)$ 取对数得

$$\ln L(\theta) = n\ln\theta + n\theta\ln c - (\theta+1)\sum_{i=1}^{n}\ln x_i,$$

求导得

$$\frac{\mathrm{d}\ln L(\theta)}{\mathrm{d}\theta} = \frac{n}{\theta} + n\ln c - \sum_{i=1}^{n}\ln x_i,$$

令 $\dfrac{\mathrm{d}\ln L(\theta)}{\mathrm{d}\theta} = 0$，解得最大似然估计值为 $\hat{\theta}_L = \dfrac{n}{\displaystyle\sum_{i=1}^{n}\ln x_i - n\ln c}$．故 θ 的最大似然估计量为

$$\hat{\theta} = \frac{n}{\displaystyle\sum_{i=1}^{n}\ln X_i - n\ln c}.$$

八、解　假设 $H_0: \mu = \mu_0 = 4.55$，$H_1: \mu \neq 4.55$．

当 H_0 成立时，统计量 $U = \dfrac{\overline{X}-\mu}{\sigma/\sqrt{n}} \sim N(0,1)$．

$\alpha = 0.05$，查表得 $u_{0.025} = 1.96$，从而该检验的拒绝域为 $W = \{u \mid |u| > 1.96\}$．

由样本观测值，计算得 $\overline{x} = 4.364$，代入检验统计量得

$$|u| = \left|\frac{4.364-4.55}{10.8}\sqrt{5}\right| = 0.039 < 1.96.$$

所以，接受 H_0，即认为总体均值无显著变化．

概率论与数理统计　自测题二答案

一、填空题

    1. 0.8;   2. 0.4;   3. 0.5;   4. $\dfrac{1}{8}$;   5. $\dfrac{1}{6e}$;

    6. -3;   7. $\dfrac{1}{4}$;   8. 4;   9. $\chi^2(n)$.

二、选择题

    1. B;   2. D;   3. C;   4. A;   5. A;

    6. C;   7. A;   8. B;   9. C.

三、解　(1) 因为 $\int_{-\infty}^{+\infty} f(x)\mathrm{d}x = 1$. 所以 $\int_0^2 (kx+c)\mathrm{d}x = 1$, 从而

$$2k + 2c = 1. \tag{①}$$

由 $E(3X+2) = 6$ 得 $E(X) = \dfrac{4}{3}$. $\int_{-\infty}^{+\infty} xf(x)\mathrm{d}x = \int_0^2 (kx^2 + cx)\mathrm{d}x = \dfrac{4}{3}$, 从而

$$\frac{8}{3}k + 2c = \frac{4}{3}. \tag{②}$$

联立①②解得 $k = \dfrac{1}{2}, c = 0$.

    (2) $P\{|2X-1|<2\} = P\{-0.5 < X < 1.5\} = \int_{-0.5}^{1.5} f(x)\mathrm{d}x = \int_0^{1.5} \dfrac{1}{2}x\mathrm{d}x = \dfrac{9}{16}$.

    (3) $F(x) = \int_{-\infty}^{x} f(t)\mathrm{d}t$.

当 $x < 0$ 时, $F(x) = \int_{-\infty}^{x} 0\mathrm{d}t = 0$.

当 $0 \leqslant x \leqslant 2$ 时, $F(x) = \int_{-\infty}^{0} 0\mathrm{d}t + \int_0^x \dfrac{1}{2}t\mathrm{d}t = \dfrac{1}{4}x^2$.

当 $x > 2$ 时, $F(x) = 1$.

所以 X 的分布函数为 $F(x) = \begin{cases} 0, & x < 0, \\ \dfrac{1}{4}x^2, & 0 \leqslant x \leqslant 2, \\ 1, & x > 2. \end{cases}$

    (4) 由 $E(3X+2) = 6$ 得 $E(X) = \dfrac{4}{3}$.

$$E(X^2) = \int_{-\infty}^{+\infty} x^2 f(x)\mathrm{d}x = \int_0^2 \frac{1}{2}x^3\mathrm{d}x = 2.$$

$$D(X) = E(X^2) - E^2(X) = 2 - \left(\frac{4}{3}\right)^2 = \frac{2}{9}.$$

四、解　(1) $1 = \int_{-\infty}^{+\infty}\int_{-\infty}^{+\infty} f(x,y)\mathrm{d}x\mathrm{d}y = \int_0^1 \left(\int_0^1 kxy\mathrm{d}x\right)\mathrm{d}y = \int_0^1 \dfrac{k}{2}y\mathrm{d}y = \dfrac{k}{4}$. 所以 $k = 4$.

(2)　　　　$f_X(x) = \int_{-\infty}^{+\infty} f(x,y)\mathrm{d}y = \begin{cases} \int_0^1 4xy\mathrm{d}y, & 0 \le x \le 1, \\ 0, & \text{其他} \end{cases} = \begin{cases} 2x, & 0 \le x \le 1, \\ 0, & \text{其他}. \end{cases}$

$f_Y(y) = \int_{-\infty}^{+\infty} f(x,y)\mathrm{d}x = \begin{cases} \int_0^1 4xy\mathrm{d}x, & 0 \le y \le 1, \\ 0, & \text{其他} \end{cases} = \begin{cases} 2y, & 0 \le y \le 1, \\ 0, & \text{其他}. \end{cases}$

(3) 因为 $f_X(x)f_Y(y) = f(x,y)$，所以 X 和 Y 相互独立.

(4) $P\{X+Y \le 1\} = \int_0^1 \left(\int_0^{1-y} 4xy\mathrm{d}x \right)\mathrm{d}y = \int_0^1 2y(1-y)^2 \mathrm{d}y = \frac{1}{6}$.

五、解　(1)　　　　　　　　　　$E(XY) = 0.3 + 2b = 0.3$,　　　　　　　　　　　　①

$a + b + 0.6 = 1$,　　　　　　　　　　　　②

联立①②解得 $a = 0.4$，$b = 0$.

(2)

X	0	1
P	0.6	0.4

X	0	1	2
P	0.2	0.7	0.1

(3)　　$P\{X < 1 \mid Y \le 1\} = \dfrac{P\{X < 1, Y \le 1\}}{P\{Y \le 1\}} = \dfrac{P\{X=0, Y=0\} + P\{X=0, Y=1\}}{P\{Y=0\} + P\{Y=1\}}$

$= \dfrac{0.1 + 0.4}{0.2 + 0.7} = \dfrac{5}{9}$.

(4)　　$D(X+Y) = D(X) + D(Y) + 2\text{cov}(X,Y)$.

$E(X) = 0.4$,　$E(X^2) = 0.4$,　$E(Y) = 0.9$,　$E(Y^2) = 1.1$.

$D(X) = E(X^2) - E^2(X) = 0.24$,　$D(Y) = E(Y^2) - E^2(Y) = 0.29$.

$\text{cov}(X,Y) = E(XY) - E(X)E(Y) = 0.3 - 0.4 \times 0.9 = -0.06$.

所以 $D(X+Y) = 0.24 + 0.29 - 2 \times 0.06 = 0.41$.

六、解　(1)由总体 X 的概率密度知

$$E(X) = \int_0^1 \theta x^\theta \mathrm{d}x = \frac{\theta}{\theta+1},$$

令 $\dfrac{\theta}{\theta+1} = \bar{X}$，解得 θ 的矩估计量为 $\hat{\theta} = \dfrac{\bar{X}}{1 - \bar{X}}$.

(2) 样本的似然函数为

$$L(\theta) = \prod_{i=1}^n f(x_i) = \prod_{i=1}^n \theta x_i^{\theta-1} = \theta^n \prod_{i=1}^n x_i^{\theta-1}, \quad 0 < x_i < 1 \quad (i = 1, 2, \cdots, n).$$

对 $L(\theta)$ 取对数, 得 $\ln L(\theta) = n \ln \theta + (\theta-1)\sum_{i=1}^n \ln x_i$. 求导得 $\dfrac{\mathrm{d}\ln L(\theta)}{\mathrm{d}\theta} = \dfrac{n}{\theta} + \sum_{i=1}^n \ln x_i$. 令 $\dfrac{\mathrm{d}\ln L(\theta)}{\mathrm{d}\theta} = 0$,

解得最大似然估计值为 $\hat{\theta} = \dfrac{-n}{\sum_{i=1}^n \ln x_i}$.

七、解　设 A_1，A_2，A_3 分别表示螺丝钉由甲、乙、丙机器生产. B 表示取到的螺丝钉是次品，则

$P(A_1) = 0.25$，　$P(A_2) = 0.35$，　$P(A_3) = 0.4$，　$P(B|A_1) = 0.04$，　$P(B|A_2) = 0.02$，　$P(B|A_3) = 0.02$.

(1) 由全概率公式，得

$$P(B) = \sum_{i=1}^{3} P(A_i)P(B|A_i) = 0.25 \times 0.04 + 0.35 \times 0.02 + 0.4 \times 0.02 = 0.025 .$$

(2) 由贝叶斯公式，得

$$P(A_1|B) = \frac{P(A_1)P(B|A_1)}{P(B)} = \frac{0.25 \times 0.04}{0.025} = \frac{2}{5} .$$

八、解　假设：$H_0 : \mu = 0.05$，$H_1 : \mu \neq 0.05$.

当 H_0 成立时，构造检验统计量 $T = \dfrac{\bar{X} - \mu}{S / \sqrt{n}} \sim t(9)$.

$\alpha = 0.05$，查表得 $t_{0.025}(9) = 2.2622$. 从而拒绝域为 $W = \{T \mid |T| > 2.2622\}$.

因为 $\bar{x} = 0.053, s = 0.0032$，所以 $|T_0| = \left| \dfrac{\bar{X} - \mu}{S / \sqrt{n}} \right| = \left| \dfrac{0.053 - 0.05}{0.0032 / 3.16} \right| = 2.9625 > 2.2622$. 拒绝 H_0，即认为机器不处于正常工作状态.

概率论与数理统计　自测题三答案

一、填空题

1. 0.44;　　　　2. $\dfrac{8}{7}$;　　　　3. $\dfrac{95}{203}$;　　　　4. $\dfrac{7}{8}$;　　　　5.

Y	-1	1	7
P	0.2	0.4	0.4

6. 85;　　　　7. $N(-5,4)$;　　　　8. $\Phi(x)$;　　　　9. 0.6;　　　　10.

X	-2	0	1
P	1/3	1/2	1/6

二、选择题

1. A;　　　　2. A;　　　　3. B;　　　　4. A;　　　　5. C;　　　　6. A.

三、解　设 A_1 表示抽取到甲地区的人, A_2 表示抽取到乙地区的人, B 表示抽取到的人感染此病. 则

$$P(A_1)=0.5, \quad P(A_2)=0.5, \quad P(B|A_1)=0.04, \quad P(B|A_2)=0.06.$$

由全概率公式得

$$P(B)=\sum_{i=1}^{2}P(A_i)P(B|A_i)=0.5\times0.04+0.5\times0.06=0.05.$$

由贝叶斯公式得 $P(A_2|B)=\dfrac{P(A_2)P(B|A_2)}{P(B)}=\dfrac{0.5\times0.06}{0.05}=0.6.$

四、解　(1) $f_X(x)=\displaystyle\int_{-\infty}^{+\infty}f(x,y)\mathrm{d}y=\begin{cases}\displaystyle\int_2^4\frac{1}{8}(6-x-y)\mathrm{d}y, & 0<x<2,\\ 0, & 其他\end{cases}$

$$=\begin{cases}\dfrac{1}{4}(3-x), & 0<x<2,\\ 0, & 其他.\end{cases}$$

$$f_Y(y)=\int_{-\infty}^{+\infty}f(x,y)\mathrm{d}x=\begin{cases}\displaystyle\int_0^2\frac{1}{8}(6-x-y)\mathrm{d}x, & 2<y<4,\\ 0, & 其他\end{cases}=\begin{cases}\dfrac{1}{4}(5-y), & 2<y<4,\\ 0, & 其他.\end{cases}$$

(2) 因为 $f(x,y)\neq f_X(x)\cdot f_Y(y)$, 所以 X 和 Y 不相互独立.

五、解　(1) $1=\displaystyle\int_{-\infty}^{+\infty}f(x)\mathrm{d}x=\int_0^2(ax+1)\mathrm{d}x=2a+2.$ 解得 $a=-\dfrac{1}{2}.$

(2) $F(x)=\displaystyle\int_{-\infty}^{x}f(t)\mathrm{d}t.$

当 $x < 0$ 时，$F(x) = \int_{-\infty}^{x} 0 \mathrm{d}t = 0$.

当 $0 \leqslant x \leqslant 2$ 时，$F(x) = \int_{-\infty}^{0} 0 \mathrm{d}t + \int_{0}^{x}\left(-\frac{1}{2}t+1\right)\mathrm{d}t = -\frac{1}{4}x^2 + x$.

当 $x > 2$ 时，$F(x) = 1$.

所以 X 的分布函数为 $F(x) = \begin{cases} 0, & x < 0, \\ -\dfrac{1}{4}x^2 + x, & 0 \leqslant x \leqslant 2, \\ 1, & x > 2. \end{cases}$

(3) $P\{X > 1\} = \int_{1}^{+\infty} f(x)\mathrm{d}x = \int_{1}^{2}\left(-\frac{1}{2}x+1\right)\mathrm{d}x = \frac{1}{4}$.

(4) $E(X^2) = \int_{-\infty}^{+\infty} x^2 f(x)\mathrm{d}x = \int_{0}^{2} x^2\left(-\frac{1}{2}x+1\right)\mathrm{d}x = \frac{2}{3}$.

六、解 (1) 因为 $E(X) = -1 \times \dfrac{3}{8} + 0 \times \dfrac{2}{8} + 1 \times \dfrac{3}{8} = 0$,

$$E(Y) = -1 \times \frac{3}{8} + 0 \times \frac{2}{8} + 1 \times \frac{3}{8} = 0,$$

$$E(XY) = -1 \times (-1) \times \frac{1}{8} + (-1) \times 1 \times \frac{1}{8} + 1 \times (-1) \times \frac{1}{8} + 1 \times 1 \times \frac{1}{8} = 0.$$

$$\mathrm{cov}(X,Y) = E(XY) - E(X)E(Y) = 0.$$

所以 X 与 Y 不相关.

(2)

X	-1	0	1
P	$\dfrac{3}{8}$	$\dfrac{1}{4}$	$\dfrac{3}{8}$

Y	-1	0	1
P	$\dfrac{3}{8}$	$\dfrac{1}{4}$	$\dfrac{3}{8}$

$$P\{X=0, Y=0\} = 0, \quad P\{X=0\} \times P\{Y=0\} = \frac{1}{16}.$$

所以 X 与 Y 不独立.

七、解 (1) 由总体 X 的分布列知

$$E(X) = \sum_{x=1}^{+\infty} x\theta(1-\theta)^{x-1} = \sum_{x=1}^{+\infty} -\theta[(1-\theta)^x]' = -\theta\left[\sum_{x=1}^{+\infty}(1-\theta)^x\right]'$$

$$= -\theta \times \left[\frac{1-\theta}{1-(1-\theta)}\right]' = -\theta \times \left(-\frac{1}{\theta^2}\right) = \frac{1}{\theta}.$$

令 $E(X) = \overline{X}$，即 $\dfrac{1}{\theta} = \overline{X}$，解得 θ 的矩估计量为 $\hat{\theta} = \dfrac{1}{\overline{X}}$.

(2) 样本的似然函数为

$$L(\theta) = \prod_{i=1}^{n} P\{X = x_i\} = \prod_{i=1}^{n} \theta(1-\theta)^{x_i-1} = \theta^n (1-\theta)^{\sum\limits_{i=1}^{n} x_i - n}.$$

对 $L(\theta)$ 取对数，得到 $\ln L(\theta) = n\ln\theta + \left(\sum\limits_{i=1}^{n} x_i - n\right)\ln(1-\theta)$.

求导得 $\dfrac{\mathrm{d}\ln L(\theta)}{\mathrm{d}\theta} = \dfrac{n}{\theta} - \dfrac{\left(\sum\limits_{i=1}^{n} x_i - n\right)}{1-\theta}$.

令 $\dfrac{\mathrm{d}\ln L(\theta)}{\mathrm{d}\theta} = 0$，解得最大似然估计值为 $\hat{\theta} = \dfrac{n}{\sum\limits_{i=1}^{n} x_i}$.

从而最大似然估计量为 $\hat{\theta} = \dfrac{n}{\sum\limits_{i=1}^{n} X_i}$.

八、解　假设 H_0：$\mu = 22, H_1$：$\mu < 22$. 当 H_0 成立时，统计量 $T = \dfrac{\overline{X} - 22}{s/\sqrt{n}} \sim t(15)$.

对于 $\alpha = 0.05$，查表得 $t_{0.05}(15) = 1.7531$，从而拒绝域为 $W = \{T < -1.7531\}$. 计算检验统计量的观测值 $T_0 = \dfrac{4(19.5 - 22)}{5.2} = -1.923 < -1.7531$. 故拒绝原假设，即认为这次试验的样本数据能支持"新的替代药品比原药品副作用小"这一结论.

参 考 文 献

陈希孺. 2009. 概率论与数理统计[M]. 合肥: 中国科学技术大学出版社.

程述汉, 张好治. 2012. 概率论与数理统计[M]. 2 版. 北京: 中国农业出版社.

杜忠复, 崔文善, 雷鸣. 2009. 概率论与数理统计[M]. 北京: 中国农业大学出版社.

李昌兴. 2012. 概率论与数理统计及其应用[M]. 北京: 人民邮电出版社.

李书刚. 2012. 概率论与数理统计[M]. 北京: 科学出版社.

茆诗松, 周纪芗. 2007. 概率论与数理统计[M]. 北京: 中国统计出版社.

上海财经大学应用数学系. 2007. 概率论与数理统计[M]. 2 版. 上海: 上海财经大学出版社.

盛骤, 谢式千, 潘承毅. 2008. 概率论与数理统计[M]. 4 版. 北京: 高等教育出版社.

同济大学数学系. 2017. 概率论与数理统计[M]. 北京: 人民邮电出版社.

魏宗舒, 等. 2008. 概率论与数理统计教程[M]. 2 版. 北京: 高等教育出版社.

吴赣昌. 2009. 概率论与数理统计(农林类)[M]. 北京: 中国人民大学出版社.

吴小霞, 许芳, 朱家砚. 2013. 概率论与数理统计[M]. 武汉: 华中科技大学出版社.

徐梅. 2011. 概率论与数理统计[M]. 北京: 中国农业出版社.

张好治, 王健. 2017. 概率论与数理统计[M]. 北京: 科学出版社.

周奎伟, 宋彩霞. 2005. 概率论与数理统计教程(高教第四版): 辅导及习题全解[M]. 北京: 人民日报出版社.